本书由贵州省社会科学院资助出版

贵州省社会科学院学术书库 · 2016年

GUIZHOUSHENG SHEHUI KEXUEYUAN XUESHU SHUKU, 2016

# 纵欲主义：历史遗存与现实追问

蔡贞明◎著

# CARNALISM: HISTORICAL RELICS AND INQUIRY OF REALITY

中央民族大学出版社
China Minzu University Press

**图书在版编目（CIP）数据**

纵欲主义：历史遗存与现实追问/蔡贞明著. —北京：中央民族大学出版社，2016.10（2018.1重印）

ISBN 978－7－5660－1182－4

Ⅰ. ①纵… Ⅱ. ①蔡… Ⅲ. ①享乐主义—研究 Ⅳ. ①B82－062

中国版本图书馆 CIP 数据核字（2016）第 106265 号

**纵欲主义：历史遗存与现实追问**

作　　者　蔡贞明
责任编辑　舒　松
封面设计　汤建军
出 版 者　中央民族大学出版社
　　　　　北京市海淀区中关村南大街 27 号　邮编：100081
　　　　　电话：68472815（发行部）传真：68932751（发行部）
　　　　　　　　68932218（总编室）　　　　68932447（办公室）
发 行 者　全国各地新华书店
印 刷 厂　北京盛华达印刷有限公司
开　　本　787×1092（毫米）　1/16　印张：15.5
字　　数　280 千字
版　　次　2016 年 10 月第 1 版　2018 年 1 月第 2 次印刷
书　　号　ISBN 978－7－5660－1182－4
定　　价　58.00 元

# 目　录

# 引　言

纵欲主义是与禁欲主义、无欲主义和节欲主义相对应的一种对待欲望的立场、态度和主张，它是享乐主义的极端化形态，其突出表现是无限制地放纵个人欲望，特别执着于物质和感官方面的疯狂追逐和纵情享乐。纵欲主义认为，人生最大的价值在于欲望的超常满足，在于“为美厚尔，为声色尔”，在于“丰屋”“美服”“厚味”“姣色”。能够尽量占有物质生活资料，尽量满足自己的肉体需求，就是人生最大的快乐和幸福。纵欲主义者主张宁愿选择享乐而牺牲道德也不愿为了道德而牺牲享乐。纵欲主义的有关论述主要见于中国古籍《列子》《吕氏春秋》以及吴稚晖、柏拉图、伊壁鸠鲁、爱尔维修、霍尔巴赫等人的著述中。

## 一、《列子·杨朱》及其纵欲主义思想

《列子》是先秦时代道家著作，其中一篇题为《杨朱》。纵欲主义思想在《杨朱》篇里得到了集中体现。

杨朱，战国初期哲学家。生卒年代不详，据推断应该生活在墨子（公元前479—前381年）与孟子（公元前371—前289年）之间。因为墨子从未提及杨朱，而在孟子时代他的影响已经与墨子不相上下了。孟子说过：“杨朱、墨翟之言盈天下。”先秦古书中称杨朱为杨子、阳子居或阳生。杨朱反对墨子的“兼爱”和儒家的伦理思想，主张“全性保真，不以物累形”，重视个人生命的保存，反对别人侵犯自己，也反对自己侵夺别人。杨朱说：“古之人，损一毫利天下，不与也；悉天下奉一身，不取也。人人不损一毫，人人不利天下，天下治矣。”贺麟据此认为：“不拔一毛以利天下，即极言其既不损己以利人，以示与损己利人的利他主义相反，亦不损人以利己，以示与损人利己的恶人相反，而取其两端的中道。”吕思勉在评价杨朱“不利天下，不取天下”时指出：“夫人人

不损一毫，则无尧舜，人人不利天下，则无桀纣。”在《韩非子》中杨朱被称为“轻物重生之士”。杨朱没有留下著作，有关他的史料主要见于《孟子》《庄子》《韩非子》《吕氏春秋》等书。

《列子·杨朱》毫不掩饰其纵欲主义主张，认为人生最大的意义和乐趣在于声色犬马和感官刺激。“则人之生也奚为哉？奚乐哉？为美厚尔，为声色尔。”① 在《列子·杨朱》中，杨朱对纵欲主义的内容做了一个明确界定：“杨朱曰：‘丰屋美服，厚味姣色，有此四者，何求于外？有此而求外者，无厌之性。无厌之性，阴阳之蠹也。’”② 即用来居住的房屋、用来装饰的衣服、用来享用的食物、获得快感的美色，就是人生快乐和幸福的全部。前三者属于物质生活资料的消耗，后者属于肉体感官的享受。概括起来，就是应该获得本能需求方面的一切对象。

需要指出的是，《列子·杨朱》的纵欲主义思想触及了杨朱等人对人生的认识，其间包含着较多的理性思考成分，绝非信口开河，也不是一时感情冲动的产物。

## 二、《吕氏春秋》及其纵欲主义思想

《吕氏春秋》（亦称《吕览》），由吕不韦主持编纂。有八览，六论，十二纪，二十卷，一百六十篇，共20余万言，汇合了先秦各派学说，“兼儒墨，合名法”，史称“杂家”。但这个“杂”并非杂乱无章，而是兼收并蓄，博采众家之长，并用自己的主导思想贯穿其间。该书以黄老思想为中心，提倡在君主集权下实行无为而治，顺其自然，以致无为而无不为。据说书成之日，被悬于国门，声称能改动一字者赏千金。成语“一字千金”即由此来。

吕不韦（公元前292年—前235年），姜姓，吕氏，名不韦，卫国濮阳人（今河南安阳滑县）。战国末年著名商人、政治家、思想家，官至秦国丞相。前251年，秦昭襄王去世，太子安国君继位，为秦孝文王，立一年而卒。储君嬴子楚继位，即秦庄襄王，前249年以吕不韦为相国，封文信侯，食邑河南洛阳十万户，门下食客达三千人，家僮万人。庄襄王卒，年幼的太子政立为王，吕不韦为相邦，号称“仲父”。

---

① 《列子·杨朱》。

② 同上。

先秦时期，名士所养门客人数越多说明名士的声誉越高。齐国的孟尝君，赵国的平原君，楚国的春申君，魏国的信陵君，都是当时礼贤下士求贤若渴的政治名人，在列国间享有极高声望。吕不韦认为，自己身为强秦相国，不能甘拜于他人下风，也想招贤纳士，对前来门客礼遇有加，给予厚待。当时各国名士又常以所养宾客能著书立说为荣，于是吕不韦命门客编纂其所知见闻，一部辉煌的集体创作——《吕氏春秋》就这样诞生了，成书以他的名义公开并流传了下来。

纵欲主义思想在《吕氏春秋》的很多篇章里都有所体现。《吕氏春秋》以“重己”“贵生”“全性”作为其思想的出发点和落脚点，认为人不能无视自己已经产生和存在的欲望，一旦有了这种欲望就应尽力满足。否则，就会对“重己”“贵生”“全性”等造成伤害。欲望得不到最大满足的人生就是毫无意义的灰色的人生。“耳不乐声，目不乐色，口不甘味，与死无择。”① 不仅如此，《吕氏春秋》还对欲望满足的全面性做了探讨。人的欲望虽然形形色色，多种多样，但很难一一都得到满足。如果能得到全面满足，这无疑就是最为完美和圆满的状态，如果只得到部分满足，就显得残缺不全，必然会留下无穷遗憾。“子华子曰：‘全生为上，亏生次之，死次之，迫生为下。’”“所谓全生者，六欲皆得宜也。所谓亏生者，六欲分得其宜也。”②

《吕氏春秋》虽然倡导纵欲主义，但由于其以“重己”“贵生”“全性”为旨归，因而，其纵欲主义并非毫无节制，换言之，《吕氏春秋》的纵欲主义还带有一定的保守性和封闭性，在欲望的满足程度上还没有突破自身设定的边界和范围，仍然服从和服务于“重己”“贵生”“全性”这一终极目的。

## 三、吴稚晖及其纵欲主义思想

吴稚晖（1865—1953），原名吴朓，后名吴敬恒，稚晖为其字，江苏武进人，近、当代著名无政府主义者，政治家、教育家、篆书名家。他是蒋介石的亲信之一，历任“中央研究院”院士、国民革命军总政治部主任等职。曾于1962年被联合国教科文组织授予“世界文化学术伟人”荣誉称号，成为20世纪获此殊荣的首位中国人。

吴稚晖曾在日、英、法等国留学多年，他与蔡元培等人曾大力倡导中国青年

① 《吕氏春秋·情欲》。

② 《吕氏春秋·贵生》。

到法国勤工俭学。吴稚晖的伦理思想主要集中体现在《一个新信仰的宇宙观及人生观》一文中。吴稚晖1953年卒于台湾。著有《吴稚晖先生全集》《上下古今谈》等。

吴稚晖在阐述其纵欲主义思想时，认为人离不开它赖以生存的一切物质生活必需品，没有这些物质生活必需品，人的生存将会寸步难行。吴稚晖阐述其思想的方式虽然较为直白和粗糙，他对于欲望的放纵态度却是一览无余的。吴稚晖说："吃饭罢，食罢，原不过维持个体生存的代名词。个体存在的需要，类乎饭的很多。……因此把维持个体存在的需要列举出来，当说营养需饮食，呼吸需空气，肌肤躯体需光热、需衣、需住，目需色，耳需声，鼻需嗅，心脑需愉快。概括说之，可曰生活问题。"①

吴稚晖的独到之处在于，他创造了一对叫作"欲性"和"理性"的概念。这一对概念让人们清楚地把本能需求和道德需求这两种不同的需求区分开来。尽管如此，吴稚晖对纵欲主义的鼓动和倡导仍属主流，仍是他立论的重心。吴稚晖说："吃饭、生孩子，书本上便叫作饮食男女，再包括紧一点，也可以叫作食色，从前也有人大胆地说道，食色、性也。仔细一点的，分别着，叫他这是欲性。"②

从总体上看，吴稚晖的纵欲主义就是把传统儒家仁、义、礼、智的道德观念作为理论依据，而对"人欲横流"的人生观所做的加工改造，其切入点和良苦用心是不言而喻的。

## 四、普罗泰戈拉及其纵欲主义思想

普罗泰戈拉（公元前490—前420或公元前480—前410年），古希腊哲学家，智者派的主要代表人物。

普罗泰戈拉出生在阿布德拉城，多次来到当时希腊奴隶主民主制的中心雅典，与民主派政治家伯里克利结为挚友，曾为意大利南部的雅典殖民地图里城制定过法典。一生旅居各地，收徒传授修辞和论辩知识，是当时最受人尊敬的"智者"。据说晚年因"不敬神灵"被控，著作《论神》被焚，本人被逐出雅典，在渡海去西西里的途中去世。著作除少数片段外，均已失传。他的思想，只能从柏拉图的《泰阿泰德篇》和《普罗泰戈拉篇》中见到。

---

① 《中国现代哲学史资料汇编》第一集第六册，辽宁大学哲学系，1981年，第146页。

② 同上，第143页。

普罗泰戈拉对传统宗教神学提出了质疑，他说："至于神，我既不知道他们是否存在，也不知道他们像什么东西。"普罗泰戈拉强调人在现实中的地位，在当时有破除传统神学观念的启蒙作用，他把人作为重要的哲学研究对象，这是古希腊自然哲学时期向后一阶段过渡的重要标志。

普罗泰戈拉的伦理思想具有相对主义特征。他的著名命题"人是万物的尺度"，强调人的作用和价值，表现出个人主义思想倾向，后来成为人道主义的一个命题。普罗泰戈拉认为，人从自身的感觉获得知识，也以感性的欲望和私利的追求作为道德的标准。因此，道德是因人而异的。他指出，公正、智慧、节制等是人们必备的品质，人和人之间应以尊敬和正义为原则。他主张"德行可教"，并力图证明德行不能凭天性或自发生成，它是一种可以传授并需经过苦心修炼才能获得的品性。

普罗泰戈拉的纵欲主义思想是通过他与别人的对话呈现出来的。在普罗泰戈拉看来，生活得好或坏与幸运或不幸紧密相连。一个人能够快快乐乐地度过一生，是他生活幸福的有力证据。如果一个人的生活充斥着无穷的痛苦，除了意味着这个人的处境艰难以外不可能还有别的合理解释。因而，快乐与痛苦，是相互对立的两面，它们之间是非此即彼、相互排斥的关系。普罗泰戈拉认为，在快乐与痛苦面前，绝大多数人都会不假思索地选择快乐，而不会去选择痛苦。

[苏格拉底问]"那么你认为生活得好的人会在痛苦和烦恼中度过一生吗?"

[普罗泰戈拉回答说]"不会。"

"那么要是快乐地度过一生，你会把它算作生活得好吗?"

"是的。"

"那么快乐地生活就是好，痛苦地生活就是坏，对吗?"

"对，只要这种快乐是高尚的。"①

普罗泰戈拉还把是否快乐与道德善恶联系在一起。在他那里，什么是善，快乐就是善；什么是利，快乐就是利。面对程度不同的两种恶，普罗泰戈拉毫不犹豫地选择轻微的一种，这显然与"两弊相权取其轻"的理性思维不谋而合。

苏格拉底说："一切行为旨在一个目的，亦即快乐地、无痛苦地生活，为此可采取的良好行为必定是善的和有益的。"

[普罗泰戈拉] 他们表示同意。

……

① 《柏拉图全集》(第一卷)，人民出版社，2002 年版，第 476 页。

苏格拉底说："在面临两种恶的选择时，没有人会在可以选择小的恶时去选择较大的恶。"

［普罗泰戈拉］他们又再次表示同意。①

除了把快乐视为善，把痛苦视为恶以外，普罗泰戈拉令人肃然起敬的地方还在于：他看到了苦与乐的相互转化，其哲学思辨色彩不言自明。

## 五、伊壁鸠鲁及其纵欲主义思想

伊壁鸠鲁（公元前341—前270年），生于萨摩斯，父母都是雅典人，他在18岁时搬到雅典，之后曾去过小亚细亚，公元前307年建立了一个学派。传说该学派居于他的住房和庭院内，与外部世界完全隔绝，因此他被人称为"花园哲学家"。据说在庭院的入口处有一块告示牌写着："陌生人，你将在此过着舒适的生活。在这里享乐乃是至善之事。"

伊壁鸠鲁自称14岁开始学习哲学，曾就学于柏拉图学派的潘菲劳和德谟克利特学派的脑西芬尼等人，并熟悉亚里士多德和阿那克萨戈拉等早期哲学家的哲学。伊壁鸠鲁继承、修正和发展了德谟克利特的哲学，建立起一个思想上统一的完整体系。据记载，伊壁鸠鲁的著作多达300多卷，其中重要的有《论自然》《准则学》《论生活》《论目的》等。现存的只有三封信和题为《格言集》和《学说要点》的残篇。

伊壁鸠鲁认为，哲学是通过论辩和讨论的方式产生幸福生活的一种活动；正如不能治疗身体疾病的医药是无用的东西，不能解除灵魂痛苦的哲学是无用的空话。为了能够幸福地生活，必须学习伦理学；为了摆脱错误的认识和不必要的忧虑和恐惧，必须学习物理学。哲学的任务是研究自然的本性，破除宗教迷信，分清痛苦和欲望的界限，以便获得幸福生活。因此他的哲学可以分为三个组成部分：伦理学、物理学和准则学（主要讨论逻辑和认识论问题）。

伊壁鸠鲁认为，快乐是生活的目的，是天生的最高的善。但是，应当区分不同的快乐。解除对神灵和死亡的恐惧，节制欲望，远离政事，审慎地计量和取舍快乐与痛苦的事物，以达到身体健康和心灵平静。伊壁鸠鲁还认为，人是以个人快乐为准则的生物，他有一句名言常常被人所引用："让我们吃喝，因为明天我们就会死亡。"他劝人们要及时享乐。

---

① 《柏拉图全集》（第一卷），人民出版社，2002年版，第484页。

伊壁鸠鲁虽然把快乐与幸福相等同，但却坚决反对把快乐与享乐相等同。伊壁鸠鲁区分了三种不同的快乐：第一种是自然的和必需的如食欲；第二种是自然的却不是必需的如性欲；第三种则既不是自然的又不是必需的如虚荣心。伊壁鸠鲁在比较了各种快乐的利弊后，认为静态快乐高于动态快乐。

伊壁鸠鲁认为，人类行为的目的就是从痛苦和恐惧中解放出来，求得快乐。快乐是幸福生活的目的和开始，是善的唯一标准。一切导致快乐的就是善，导致痛苦的就是恶。美德只有同快乐联系起来才有价值。伊壁鸠鲁伦理思想与居勒尼学派不同，它并不把快乐仅仅归于感性的肉体快乐，而是把它区分为自然的和非自然的，认为前者是适度的、健康的，后者是过度的、令人厌恶的。感性快乐是基础，但精神的快乐高于感性的快乐。

在伊壁鸠鲁看来，友谊与快乐是分不开的，因为这种缘故所以就必须培养友谊，因为没有友谊我们就不能安然无惧地生活，也不能快乐地生活。伊壁鸠鲁认为，身体的痛苦是一件大坏事；但是如果身体痛苦得很厉害，它就会很短暂；如果它的时间拖得很长，那么就可以靠着心灵的训练以及不顾痛苦而只想念幸福事物的那种习惯来加以忍受。

在纵欲主义问题上，伊壁鸠鲁无意隐瞒他对人生极致的大胆追求和向往，他把获得快乐、体会快乐作为自己一生的理想目标来追求，认为能够实现这一目标的人生就是最高境界的人生。伊壁鸠鲁说："我们说快乐是生活的开端和目的，因为我们认为快乐是首要的好，以及天生的好。"① 伊壁鸠鲁与其说是一个纵欲主义者，还不如是一个快乐主义者。伊壁鸠鲁反复提及的其实并不是"纵欲"而仅仅是"快乐"，他所一再强调的，也只是"身体的无痛苦和灵魂的无困扰"。伊壁鸠鲁把一个人处于无灾无病和无忧无虑的状态视为人生的最佳状态，达不到这一状态或者超越了这一状态在伊壁鸠鲁看来都是令人遗憾的。初看这并非什么"高标准、严要求"，可仔细琢磨，要真正做到还不是那么容易。伊壁鸠鲁说："快乐增长的上限是所有的痛苦的除去。当快乐存在时，身体就没有痛苦，心灵也没有悲伤，或者二者都不会有。"②

① 伊壁鸠鲁、卢克来修著：《自然与快乐——伊壁鸠鲁的哲学》，中国社会科学出版社，2004 年版，第 32 页。

② 同上，第 38 页。

## 六、爱尔维修及其纵欲主义思想

克洛德·阿德里安·爱尔维修（1715—1771），法国启蒙思想家、哲学家。爱尔维修出生在巴黎一个宫廷医生家庭，他与伏尔泰、狄德罗都是巴黎大路易学校的毕业生，并与他们一道参加了《百科全书》的编纂工作。爱尔维修曾任政府总包税官等要职，后辞职专事著述。1758年出版的《论精神》一书被巴黎法院查禁。晚年撰写的《论人》在他去世后才在荷兰海牙出版。代表作品有《论精神》（1758）、《论人的理智能力和教育》（1772）等。

爱尔维修提倡“教育万能”。他认为，人的才智差别是因为人所处的环境和后天的机遇，以及所受的教育不同所造成的。爱尔维修所讲的教育是“一切生活条件的总和”，即自然环境和社会环境的总和。他一方面认为，人是教育的产物，因此要改造人就必须改造环境；另一方面又认为，人们的偏见统治着世界，即“意见支配世界”，因而要改造环境就必须破除人的偏见，即通过教育改造社会。爱尔维修重视学习过程中的自觉与努力，进而得出“真理不是恩赐之物，而是对劳动的报酬”的结论。

爱尔维修自始至终围绕着“肉体感受性”这一核心理念来阐述他的纵欲主义思想。他把经济状况不同的人们进行了分类，认为经济状况较差者的第一要务是消除自身肉体的痛苦，而经济状况较好者并不会满足和停留于此，他们的目标是在温饱已经得到解决的前提下寻求快乐。紧接着，爱尔维修赋予了女色带给人们快乐的不同寻常意义。这一方面源于女色对人感官刺激的程度最为强烈，另一方面可能是由于女色能够给人带来远远胜于日常吃喝等欲望满足所无法比拟的快感。爱尔维修在对多种欲望满足的比较中，把女色给人们带来的快乐提到了前所未有的高度，具有巨大的煽动性和影响力。爱尔维修说：“支配穷人、亦即最大多数人行动的原则是饥饿，因而是痛苦；支配贫民之上的人、亦即富人行动的原则是快乐。然而，在一切快乐中，对我们作用最强，给予我们灵魂鼓舞最大的，毫无问题是女色的快乐。”①

爱尔维修还对人类的其他社会活动进行了深入剖析。剖析的结果是，一切看似根源性的东西，其实并非根源。真正的根源已经被遮蔽起来了。这个被遮蔽起来的根源就是“肉体感受性”。在爱尔维修看来，荣誉、财富、爵位等如果能够

① 《十八世纪法国哲学》，商务印书馆，1963年版，第497页。

带来肉体的快乐，它们就是不可或缺的；如果不能为肉体的快乐助一臂之力，它们就无足轻重。因为它们无非是使肉体感受到快乐的一些手段。如果这些手段无助于肉体的快乐，它们就显得可有可无。爱尔维修说："肉体的快乐和痛苦，这就是全部统治的唯一的、真正的枢纽。真正说来，人并不是爱荣誉、财富和爵位，而只是爱这种荣誉、这些财富、这些爵位所代表的快乐。不管怎么说，就人们给工人酒钱来刺激他劳动而论，就应当同意各种感官快乐有支配我们的权力。"①

爱尔维修的过人之处还不止此。他把适度的劳动视为一种必要的有益的活动，把劳动作为填补前一种需要得到满足和后一种需要产生之间的空当的有效手段，这无疑是其他纵欲主义思想家所无法企及的。

## 七、霍尔巴赫及其纵欲主义思想

保尔·昂利·霍尔巴赫（1723—1789），原名亨利希·梯特里希，18世纪法国启蒙思想家、哲学家、无神论者。霍尔巴赫出生于德国巴伐利亚一商人家庭，1735年移居法国，1744年就读于荷兰莱顿大学。1753年继承伯父遗产和男爵封号，称为霍尔巴赫男爵。与狄德罗等人参加了《百科全书》的编纂工作，是"百科全书派"主要成员之一。代表作品有《自然体系》《社会体系》《揭穿了的基督教》《自然政治》等。其中，《自然体系》一书被誉为"无神论的圣经"。

霍尔巴赫是法国资产阶级革命的思想先驱，他反对君主专制和君权神授。他在自己的著作中对法国封建专制制度无情地加以抨击，指出法国的封建专制制度是"建立在情欲、任性以及某些统治社会的人物的个别利益之上"的不公平的社会制度。在专制制度下，君主们自己成为社会的绝对主人。霍尔巴赫无情地揭露王朝的奢侈颓靡和专制制度所造成的灾难，指出：宫廷就是使人民堕落的中心；而专制制度则是农村凋敝、土地荒芜、人民饥馑的根本原因。

霍尔巴赫深受卢梭等人的"社会契约论"和人民主权思想的影响。他认为国家起源于社会契约，由全体订约者组成的社会"经常保留着一种绝对的权威"，即国家的主权应属于全体人民；人民的共同意志就是法律。在他看来，领袖、君主只是"社会权力或大或小的一部分之受托者，而并不是它的绝对的主人，也不是国家的所有者"。君主应该服从法律，而不是法律应该服从君主。人

① 《十八世纪法国哲学》，商务印书馆，1963年版，第498页。

民可以根据需要，随时限制或取消他们委托给君主的权力。

霍尔巴赫认为，世界统一于物质。哲学研究应以自然的事物为出发点，而自然就是物质事物的总和，运动是物质存在的形式。他将物质定义为："以任何一种方式刺激我们感觉的东西。"他认为人是自然的一部分，人的灵魂和肉体共存亡。在社会观上，他承认环境对个性形成的决定作用，但又认为"意见支配世界"。

霍尔巴赫在重视感觉经验的同时，也给理性认识以一定地位。他看到感觉虽然是认识的基础，但感性认识还是浮浅的、表面的，只有上升为理性认识，人才能把握客观事物的本质。在一定程度上，霍尔巴赫克服了经验论者只重感觉，唯理论者只重理性的片面性。

霍尔巴赫是无神论者。他从唯物主义自然观和认识论出发，断然否定上帝的存在。他认为，只有物质才是唯一的真实存在；只有能被我们感官感知的东西，我们才能确信其存在。上帝既然是非物质的、无法被我们感官感知的东西，那么它肯定也是不存在的。那些吹嘘看见过上帝的人，在霍尔巴赫看来，不是说谎者，就是把自己的梦幻当作真实东西的狂人。

霍尔巴赫说："一个有感觉的生物必然要追求快乐和逃避痛苦。"① 在纵欲主义问题上，霍尔巴赫似乎并未走出一条明显区别于其他纵欲主义思想家所走过的路，那就是"趋乐避苦"。但这并不意味着就可以简单得出霍尔巴赫的纵欲主义思想没有任何创新的结论。事实上，霍尔巴赫的侧重点在于，他把这种好恶情感与外在对象紧密联系了起来。人们为何能够感受到快乐？那是因为对象作用于主体的结果。人们为何能够感受到痛苦？那也是因为对象作用于主体的结果。区别只在于对象对主体是有利还是有害罢了。因此，主体是否快乐，并非完全取决于主体的主观意愿，在很大程度上它是由对象的属性所决定的。正因为如此，霍尔巴赫才说："欲望乃是内感官的一些存在方式或变化，内感官是受到对象的吸引和排斥的，因而也是以自己的方式遵从吸引力和排斥力的物理法则的。"②

霍尔巴赫的过人之处在于，他没有把主体获得快乐的源泉仅仅局限在个人与对象之间这样一个狭小的范围之内，而是以更加开放的姿态和更为宽广的胸怀去审视周围的一切。结果他不得不承认，主体要获得持久的而不是一时的快乐，必然离不开自己的同类，离不开主体置身其间的纷繁复杂的社会。

① 《十八世纪法国哲学》，商务印书馆，1963年版，第579页。

② 同上，第635页。

从对中西纵欲主义思想的概述中，我们发现，纵欲主义虽然很早就被提出，但无论是在中国还是在西方，这一思想都没有得到其他思想家应有的关注、继承和发展，少则几百年，多则上千年才有人论及纵欲主义。从人数上看，纵欲主义思想家也寥寥无几，中国较有影响的首推杨朱，西方影响较大的主要是伊壁鸠鲁、爱尔维修和霍尔巴赫。他们虽然属于纵欲主义思想家，但把他们的整个著述综合起来分析，纵欲主义思想在他们的整个思想体系中所占的比重并不大；他们并非都是地地道道的纵欲主义者，换言之，他们的纵欲主义思想呈现出不彻底性特征。具体表现在：要么为自己的理论另外设置了一个前提，纵欲主义只能建立在这个前提之上；要么一边提倡纵欲主义，一边又对纵欲主义做出种种限制；要么一边鼓吹纵欲主义，一边又严肃指出纵欲主义所可能产生的危害；要么把个体的极乐扩大到群体，从而使纵欲主义目标受到削弱。尽管如此，纵欲主义的存在仍然是不能否认和不可忽视的。纵欲主义倡导者虽然不多，纵欲主义认同者、纵欲主义追随者和纵欲主义践行者却不计其数。在某些特殊时期，纵欲主义思潮会重新活跃起来，以致形成一种难以遏制的蔓延之势。

纵欲主义在现实生活中并未绝迹。前几年社会上曾经流传过这样一段顺口溜："一万两万不贵（受贿），三步四步都会（跳舞），五个六个不累（玩弄女性），七两八两不醉（喝酒），九圈十圈不睡（打麻将）。"这是对甚嚣尘上的享乐行为真实而生动的描述。据媒体披露："中国公款吃喝开支 1989 年为 370 亿元，1994 年突破 1000 亿元大关，2002 年达 2000 亿元，2005 年突破了 3000 亿元大关。"① 很多官员还振振有词地说："不贪污不受贿，吃吃喝喝有啥罪？"一位记者就消费事宜采访可支配财力才 1 亿元的广东省陆丰市一个酒店的经理，对方说："这可没个底，三千五千、三万五万都有，这里最高的一桌吃了 15 万元。"② 由于官员们是公款吃喝，自己不从腰包里掏一分钱，因而，市场上 1 条香烟竟然卖到 39000 元；1 瓶 53 度飞天茅台酒也卖到 2700 元，商家还强制规定要凭身份证才能购买，每人只能买 1 瓶，而且还不能保证酒的真伪。一般的酒店、会所、餐馆的包房内都设有用来"娱乐"的麻将桌，更为奢华的地方还能提供融吃、喝、嫖、赌为一体的"一条龙"服务。无怪乎"当官不发财，请我都不来"会不约而同地成为包括原福建政和县委书记丁某某在内的很多为官者的共识。物质财富的消耗和挥霍如此，感官方面的享乐情形是否不同？答案是：形势依然不容

① 见 2012 年 2 月 7 日《人民日报》。
② 见 2004 年 7 月 12 日《新京报》。

乐观。“现行《婚姻法》修改起草专家小组主要负责人巫昌祯教授调查发现，官员腐败60%以上跟包‘二奶’有关系，被查处贪官中95%的人有‘情妇’。”①民间“十个贪官九个淫，还有一个在调情”的说法并非耸人听闻的不实之词。由于腐败官员和美女之间相互怀着不可告人的目的，因而双方是谁主动追求，是谁被动接受已经无关紧要，但遵循“互利双赢”的原则是肯定的。腐败官员包养情妇花样百出，甚至达到令人咋舌的程度：有的官员包养情妇多达140多名；有的官员包养的情妇年龄一律要在16岁到18岁之间；有的官员包养情妇对学历有专门要求，必须是本科生及以上；有的官员包养的情妇一天就花掉23万元人民币；有的官员包养的情妇能实现最大限度的“团结和谐”，同一官员的20余名情妇竟然能够“友好”地坐在一起吃团圆饭；有的官员要求每个被包养的情妇为自己生一个孩子。当然，类似于由多名情妇组成“告状团”合力把“激起众怒”的腐败官员拿下的也不在少数。一时间，整个官场弥漫着一种“不以包养情妇为耻、反以包养情妇为荣”的极不正常的现象。

人们不禁要问：这些腐败官员在物质享受、感官刺激和色情满足方面为何如此无法自拔？其他的旁观者何以如此趋之若鹜？他们究竟是出于迷茫无知还是明知故犯？他们为何只沉溺于声色犬马却对精神文化生活毫无兴趣？这一现象仅仅是社会发展到某一阶段的必然产物还是受到某种神秘暗示的结果？需要警惕的是，这些腐败官员挥霍无度和穷奢极欲的行为往往会产生某种示范效应，它会从腐败官员本人向社会的其他人群迅速地扩散和蔓延开来。如果那些暂时还不具备腐败条件的人们盲目地加以效仿和追随，争相把对物质利益的占有和对感官色情的享受作为衡量社会成员自我价值的唯一标准，而不是看他贡献的大小，那么，整个社会就已经滑向了危险的边缘。

尽管大大小小的腐败官员并不一定自觉地意识到自己的吃喝玩乐就是实实在在的纵欲行为，支配自己的思想就是不折不扣的纵欲主义思想，事实上，他们的所思所想已经与纵欲主义不谋而合，他们的所作所为已经具备了纵欲主义的基本特征。因此，要想从根本上消除这一现象，除了要“擒贼先擒王”，创新体制机制，让腐败分子没有藏身之地和生存空间以外，更为重要的，还要在思想认识上狠下功夫，从人性视角入手去深究一切形形色色的享乐行为产生和存在的原因，从学理上进行具有说服力的分析论证。鉴于此，本书拟从纵欲主义的生存土壤、纵欲主义的表现形式、纵欲主义的伦理维度、纵欲主义的主要根源、纵欲主义的

① 见2010年7月31日《民主与法制时报》。

突出特征、纵欲主义的内在本质、纵欲主义的外围比较、纵欲主义的双重困境、纵欲主义的不利后果、纵欲主义的合理改造 10 个方面对纵欲主义做一个比较全面和深入的探讨，旨在让人们对纵欲主义有一个清晰而完整的认识，从而更好地促进社会的稳定和谐。

# 第一章　纵欲主义的生存环境

从对纵欲主义思想产生和演变的历史追溯中我们发现，中国在春秋战国时期的《列子》和《吕氏春秋》等古籍中就出现了纵欲主义思想，到十九世纪末二十世纪初吴稚晖重拾纵欲主义，时间跨度长达两千年以上；西方纵欲主义最早的代表人物是古希腊的普罗泰戈拉和伊壁鸠鲁，到十八世纪出现爱尔维修和霍尔巴赫这两位纵欲主义的著名代表人物，前后的时间间隔也在两千年左右。从表面上看，纵欲主义的倡导似乎十分偶然，纵欲主义的存在和沉寂亦无任何规律可循。值得注意的是，纵欲主义的倡导与纵欲主义的认同、纵欲主义的追随和纵欲主义的践行之间并不是一一对应的关系。就是说，虽然纵欲主义的倡导没有呈现出连贯性和不断壮大等特征，但这并不意味着纵欲主义就缺乏成千上万的认同者、追随者和践行者。换言之，纵欲主义的倡导与纵欲主义的认同、纵欲主义的追随、纵欲主义的践行之间存在着一定错位。因此，考察纵欲主义不仅要考察纵欲主义的有关思想，而且还应考察纵欲主义的认同、追随和践行问题，以及纵欲主义在漫长的历史长河中时隐时现的身影。而要全面考察纵欲主义首先得考察纵欲主义赖以生存的环境，纵欲主义的生存环境主要包括政治、经济和文化等诸多方面。

## 第一节　不良的政治环境

### 一、纵欲的必备要素

不是所有的政治环境都适合纵欲主义生存，只有某些特殊的政治环境才适合纵欲主义生存。那么，什么样的政治环境才适合纵欲主义生存呢？一般来说，不良的政治环境是纵欲主义生存的最佳土壤，良好的政治环境不会有纵欲主义产生和存在。由于政治总是与权力密不可分，因而我们说政治环境较差是指掌握政权的统治者在治国理政方面存在着这样或那样的问题，说政治环境较好是指掌握政权的统治者在治国理政方面不存在什么问题，甚至还有出色表现。通常情况下，纵欲必须具备两个基础性要素，一是主体主观上要有纵欲的意愿，二是主体客观上要有纵欲的能力。这两个要素当然就大多数人而言是不存在任何问题的，而最重要的，是主体要具备升华性要素。纵欲的升华性要素一是指纵欲的资格，二是指欲望对象除了能够满足主体的需求以外还有所剩余。如果不具备这四个必备要素，纵欲就不能成立。平民百姓当然不乏纵欲的能力，如果他们有了纵欲的意愿，他们的愿望是否能够顺利地实现呢？回答是否定的。原因在于他们用来满足欲望的对象必须靠辛勤劳动才能获得。他们辛辛苦苦劳动一年有时连填饱肚子都极为困难，纵欲在他们那里也就成了非分之想。哪些人才能实现其纵欲愿望呢？不用说，只有那些既具备纵欲资格，欲望对象又有所富余的人。这里所说的资格，是指主体支配和处理欲望对象的权利。虽然欲望对象有所剩余，但如果主体没有支配和处理它的权利，主体只能眼睁睁地看着它，纵欲从而也就成为不可能。而如果主体具有支配和处理欲望对象的权利，但没有多余的欲望对象供其处理，那也等于是白搭。哪些人才既具备支配和处理欲望对象的权利而又有人为其提供富余的欲望对象呢？毫无疑问，首先当然是那些手中握有政治权力的人。这些人手中的权力既可能是通过自身能力和努力获得的，也可能是上一代人传给他们的。其次是那些具有雄厚经济实力的人。这些人虽然既具备支配和处理其欲望对象的权利，也不乏富余的欲望对象供他们支配和处理，但由于那些对象往往是他们的劳动和经营所得，因而他们即使有支配和处理的权利，他们支配和处理的态度也总是非常谨慎。需要说明的是，由于他们的身份与政治关系不大，他们对其他人是否纵欲不会产生实质性的影响，因而他们并非我们关注的焦点，我们讨论的重点是那些掌握着政治权力的人，因为这些人不仅拥有举足轻重的实权，而且他们的一言一行往往能够左右一个国家的政治状况。

## 二、不良政治环境的主要表现

中国有两句俗语，一句叫作“上梁不正下梁歪”，另一句叫作“有其父必有其子，有其母必有其女”，这两句俗语所表达的意思非常接近，它们强调的就是上层统治者或一家之主以身作则和率先垂范的重要性。身为一国之君，如果自身在言行举止方面不过硬，尤其在思想品质方面存在着严重缺陷，那么，你要想让辅佐你的百官风清气正、品行端正就缺乏足够的底气和说服力。身为一个地方的官员，你得身体力行，言必信、行必果，想百姓之所想，急百姓之所急，为民造福，这样才会赢得当地百姓的拥护和支持。身为一家之主，你要想让你的孩子令行禁止，尊重你、敬佩你，你就必须做好表率，起到良好的“领头羊”和引路人作用。在这方面，中国古代思想家有很多精辟论述，值得后人很好地借鉴。“季康子问政于孔子。孔子对曰：‘政者，正也。子帅以正，孰敢不正？’”① 在孔子看来，治国理政其实并不神秘，只要你能够秉持公道正直的理念，只要你的行为经得起推敲和检验，一切都会顺理成章、迎刃而解。因为在大多数情况下，作为上级或上司，下级或下属不但要听你说什么、怎么说，最主要的是要看你干什么、怎么干。一句话，就是看你表现得如何。这显然与不但要“听其言”而且还要“观其行”不谋而合。“季康子问政于孔子曰：‘如杀无道以就有道，何如？’孔子对曰：‘子为政，焉用杀？子欲善而民善矣。君子之德风，小人之德草，草上之风必偃。’”② 在这里，孔子并未改变其上行下效的一贯立场，就是说，孔子反对言传，孔子对试图通过长篇大论、喋喋不休的方式来解决问题持不信任态度。孔子接着说：“上好礼，则民莫敢不敬；上好义，则民莫敢不服；上好信，则民莫敢不用情。”③ “其身正，不令而行；其身不正，虽令不从。”④ “苟正其身矣，于从政乎何有？不能正其身，如正人何？”⑤ 作为春秋末期的思想家、政治家、教育家，孔子对外在的灌输并不看好，他也没有涉及表里不一、言行分离之类的问题，而他反复强调无声的语言能够收到意想不到的教育效果却给人留下深刻的印象。孔子说的率先垂范者或以身作则者，虽然没有明指国君、上级、上司、老师、家长，但透过“子”“上”“其”“君子”等用语，我们仍不难体悟出他语重心长的告诫背后的良苦用心，我们仍能把握住他所说的其实就是那些负有起模范带头作用责任的人，亦即那些身先士卒者。

作为战国末期思想家、教育家，荀子在行为表现方面的看法与孔子可谓一脉相承，显示出高度的认同，他们的区别仅仅在于：孔子主要从正面论述行为示范的不同寻常意义，荀子则侧重于从反面提醒人们不良行为所可能带来的负面效

① 《论语·颜渊》。
② 同上。
③ 《论语·子路》。
④ 同上。
⑤ 同上。

应。荀子说："合符节，别契券者，所以为信也；上好权谋，则臣下百吏诞诈之人乘是而后欺。探筹、投钩者，所以为公也；上好曲私，则臣下百吏乘是而后偏。衡石、称县者，所以为平也；上好覆倾，则臣下百吏乘是而后险。斗、斛、敦、概者，所以为啧也；上好贪利，则臣下百吏乘是而后丰取刻与，以无度取于民。"① 可见，荀子对于上层统治者们的本来面目不但认识深刻，而且一针见血。荀子接着说："君者，仪也，仪正而景正；君者，盘也，盘圆而水圆；君者，盂也，盂方而水方。君射则臣决。楚庄王好细腰，故朝有饿人。"② "君者，民之原也，源清则流清，源浊则流浊。"③ 荀子的上述言论表明，作为身居高位的统治者，自己应当是一面纤尘不染的镜子，只有镜子清晰，反映到镜子里的影像才会清晰；如果镜子模糊，反映到镜子里的影像必定会模糊。概括地说，就是身处上位者要力争成为下位者的楷模，让下位者学习和效仿，而不是成为一本反面教材，让下位者避之唯恐不及。

既然孔子和荀子都一再告诫人们示范、榜样和引领作用至关重要，那么，什么样的政治权力持有者才会为纵欲主义提供不良的政治环境呢？不用说，肯定就是贪图享乐、不思进取和玩物丧志之类的人物了。这些人，他们虽然处于金字塔的顶端，但是他们并不关心百姓的安危冷暖，并不在为百姓谋福祉。纵观整个中西方历史，昏庸无能、荒淫无度的帝王国君比比皆是。这些政治权力的持有者，他们登上统治者的宝座之后，头脑里所谋划的，不是如何发展经济、振兴军事、繁荣文化、改善民生，而是如何把社会的物质利益据为己有，如何终日过着挥金如土、纸醉金迷、寻欢作乐的生活。上层统治者如此，处在社会底层的平民百姓自然就看不到应有的希望和前途，找不到可资努力的方向，失去了奋斗拼搏的动力，最终陷入无尽的苦闷和迷茫。不良的政治环境主要表现在五个方面：

第一，廉政缺失。廉政就是为官清廉，不贪污、不受贿、不索贿。凡是不属于自己的非法利益一分不要，清清白白做事，坦坦荡荡做人，堂堂正正，光明磊落。但在不良的政治环境中，那些有一官半职的人，总是不择手段，想方设法把本该属于国家、集体和他人的利益捞到手，以充实自己的腰包。他们心无敬畏，胸中无戒，所有的制度、法律、道德在他们看来纯粹是用来束缚自己手脚的枷锁，他们视若无形，肆意践踏，从不放在眼里。他们做官的唯一目的就是发财，

① 《荀子·君道》。
② 同上。
③ 同上。

就是为了享受人间的一切荣华富贵。舍此无他。

第二，勤政缺位。勤政就是在治国理政方面所表现出来的积极进取和有所作为，就是敢于担当、敢于负责、敢于直面现实、敢于攻坚克难的昂扬向上的精神风貌，就是取得实实在在的政绩。常言说："当官不为民做主，不如回家卖红薯"，正常情况下，集决策和执行双重任务于一身的统治者，应该肩负起带领一个国家走向富裕和强大的使命，深谋远虑，高瞻远瞩，为民解愁，为国分忧。但在不良的政治环境中，这些人高高在上，浑浑噩噩，醉生梦死，不理朝政，得过且过，不关心民众疾苦，逃避困难，远离社会矛盾冲突，整天寻思如何变换着花样住豪华别墅，吃山珍海味，穿绫罗绸缎，玩绝代佳人。他们置国家存亡于不顾，把百姓祸福忘得干干净净。

第三，制度残缺。制度残缺首先是制度缺乏。所谓制度缺乏，是指统治者没有制定出任何相对稳定的可供人们遵循的制度。这样，究竟什么可行，什么不可行，人们心里没有数，整个社会处于一种随心所欲、为所欲为、一盘散沙的状态，大家无拘无束，我行我素，一切都以自己的情感好恶和主观意志为转移。这种情况在历史上虽然存在，但不多见。其次是制度不完善。所谓制度不完善，是指制度残缺不全。社会成员的行为在某些方面会受到约束，在某些方面完全不受约束，这往往给那些图谋不轨的投机钻营者以可乘之机，他们会避实就虚钻制度的空子，以达到其不可告人的目的。再次是制度不合理。所谓制度不合理，是指制度制定者不是从公众利益出发，而是从自身或自己所在的小团体的利益出发，按照有利于自身和自己所在的小团体的原则去拟出各种条款，从而达到损人利己的目的。这样的制度显然有失公正公平，由于得不到多数人的认可，而难以得到广泛持久的推行。最后是制度不科学。所谓制度不科学，是指制度不但没有给人带来应有的便利，而且还会给人增添不必要的麻烦。不科学同时就意味着制度存在的价值值得怀疑，制度的可行性和可操作性不强等。这样的制度不仅不能起到正面和积极作用，反而会给社会添乱。

第四，法律疏漏。法律不仅是一国政治意志的体现，而且是一国制度的具体化，其重要性自不待言。法律疏漏首先是无法可依。在此情况下，盗窃诈骗，杀人放火都没有成文的法律可供适用，找不到与违法犯罪行为对应的法律依据，整个社会处于无政府状态。爱尔维修说："由于缺乏良好的法律，才处处燃起贪图巨富的欲火。"① 其次是有法不依。在此情况下，法律虽然摆在那里，但无异于

① 《十八世纪法国哲学》，商务印书馆，1963 年版，第 532 页。

一纸空文，违法犯罪事实和法律条文彼此脱节，违法犯罪分子照样大行其道，逍遥法外，法律的威慑力无从得到体现。再次是执法不严。在此情况下，执法者完全不遵循“王子犯法与庶民同罪”的原则，对位高权重者的态度是网开一面，对自己的亲属是睁一只眼闭一只眼，对那些偷偷给了自己私利的人则“高抬贵手”，而对所有无钱无势、非亲非故者却一律“照章执行”。最后是违法不究。在此情况下，法律条文和违法犯罪行为各在一边，两者好像并不存在任何关联。违法不究与无法可依实际上没有任何差别。

第五，道德失范。制度和法律作为成文的刚性约束如果已经形同虚设，那么作为柔性约束的道德更是苍白无力，不堪一击。在正常情况下，人们不道德的言行举止都因为会受到社会舆论的普遍谴责产生某种内疚心理而有所顾忌，而在不良的政治环境中，道德的善恶评价被抛到了一边，人们根本不在乎什么是高尚的值得提倡的行为，什么是卑劣的应该遭到指责的行为，什么举动对他人有利应当坚持下去，什么举动对他人有害必须立即停止。整个社会处于混乱无序的状态，人们应有的文明素质已经不见了踪影。在此情况下，弄虚作假、虚伪自私、歪门邪道等现象充斥于社会的每一个角落，对于粗制滥造、偷工减料、短斤少两等行为人们也不会觉得大惊小怪。

从上述情况看，不良的政治环境无论是在廉政、勤政方面，还是在制度、法律、道德等维度上都有着诸多表现，这些表现综合起来，就构成了一个国家政治的大致面貌和总体特征。人往往有趋利避害和好逸恶劳的倾向，这种倾向在一个政治环境令人担忧的国度里表现得尤为突出，这就是见到利益大家就一窝蜂去拼命追逐，遇到危险大家就争先恐后地退缩，贪图清闲安逸，害怕吃苦耐劳，整个社会弥漫着一种沉闷的消极颓废之气，整个国家处于一种乌烟瘴气的局面。对此，爱尔维修曾经发出过严正警告，他说：“一个国家最奢侈的时代，通常也就是它接近式微衰亡的时代。”① 爱尔维修还说：“贪恋奢华的民族绝不是一个强壮的民族；它的公民有一些因淫佚而虚弱，另一些则因贫困而亏损。”② 由此可见，奢侈对于奢侈者本人来说似乎无关紧要，而对于一个国家和民族来说却不是一件可以掉以轻心的小事，甚至可以说具有致命的危险性。奢侈者之所以要选择奢侈，那是因为这种选择至少对他自身是有利的，如果对他自身不利，他肯定不会轻率地做出选择。但从整个国家和民族的情况来看，他的这种选择对他自身有利

① 《十八世纪法国哲学》，商务印书馆，1963 年版，第 445 页。

② 同上，第 446 页。

未必对别人就有利，对他自身有利未必对整个国家和民族就有利。因为他正在消耗和享受着的利益，或许就是别人利益的一部分，或许就是整个国家和民族利益的一部分。从整个社会的利益总量看，奢侈者既然不事稼穑，过着一种不劳而获的生活，那么，在整个社会利益格局不变的情况下，他消耗和享受着的当然只能是别人创造的劳动成果，除此之外，不可能还有别的劳动成果供他消耗和享受。霍尔巴赫的看法与此类似，他说："国家的灾难与其说来自大多数公民的欲望、放肆和糊涂，不如说来自少数恶人的胡作非为。"① 霍尔巴赫把少数恶人的胡作非为提到了能够给一个国家带来灭顶之灾的高度，其忧虑可想而知。在霍尔巴赫看来，普通公民即使存在着一定的物质利益需求，甚至不排除他们有时会出现过分的情况，会有偶尔放纵一下的时候，但是，他们的需求首先是正当的，他们需求的满足并没有逾越制度、法律和道德的底线，他们需求的满足对象是他们自力更生的结果。因此，这种需求比起那些挥金如土、一掷千金的奢侈者来说，他们并没有损害别人的合法利益，也不会对整个国家构成威胁。

不光是西方的思想家们意识到了这一点，我国古代的很多思想典籍也表达过类似的主张："是故君子安而不忘危，存而不忘亡，治而不忘乱，是以身安而国家可保也。"② "入则无法家拂士，出则无敌国外患者，国恒亡，然后知生于忧患，而死于安乐也。"③ 欧阳修说："忧劳可以兴国，逸豫可以亡身。"④ 可见，忧患意识无论对于单个个人而言还是对于整个国家而言都必不可少。一个人如果缺乏忧患意识，他可能就会陷于青黄不接、朝不保夕的境地，一个国家如果没有忧患意识，它可能就会招致覆灭的厄运。

江泽民同志站在党和国家事业发展全局的高度，认为一些在目前看来还只是带有苗头性和倾向性的不良现象，如果不及时地加以制止，任其演变发展下去，后果将不堪设想。他说："一个国家、一个民族，如果不提倡艰苦奋斗，人们只想在前人创造的物质文明成果上坐享其成，贪图享乐，不图进取，那么，这样的国家，这样的民族，是毫无希望的，没有不走向衰落的。现在，西方发达国家中有的头脑比较清醒的政治家，对于人们追求物质生活上的纵欲无度，导致社会越来越腐败，已经公开表示忧虑，担心这样的生活方式和价值观念可能把自己的国家引入绝境，陷入不可解脱的危机。但是，我们有些人对腐朽生活方式和价值观

---

① 《十八世纪法国哲学》，商务印书馆，1963年版，第660页。

② 《周易·下经》。

③ 《孟子·告子下》。

④ 欧阳修著《新五代史·伶官传序》。

念失去鉴别和抵制能力，自己中了毒害，至今还执迷不悟，我看是应该向他们大喝一声的时候了。”① 他接着说：“我们的同志绝不可以沉浸到‘灯红酒绿’的地方去。我衷心希望共产党员特别是领导干部，要自觉地起来大兴艰苦奋斗之风，抵制在一些地方蔓延起来的铺张浪费之风，不要去参与那些豪华性娱乐，更不能去追求奢靡腐朽的生活方式。”②

总体而言，一个国家的政治环境不但决定着这个国家未来的前途和命运，而且在很大程度上还决定着这个国家国民的人生追求和精神风貌。政治环境良好的国家，它的各个阶层的社会成员都会把其全部精力投入到生产劳动之中，力求创造出更多用于满足自身和社会需要的物质财富。反之，政治环境较差的国家，由帝王将相带头，各级官吏紧随其后，他们不问政事，只知道一味大肆挥霍和纵情享乐，这种不正之风一旦从官方刮到民间，从顶层刮到底层，那么，最终结果除了“坐吃山空”以外，必是自取灭亡。

## 第二节　恶劣的经济环境

经济环境状况也是纵欲主义能否得以生存的一个重要因素。如果经济环境良好，纵欲主义就没有其赖以产生和存在的土壤，如果经济环境恶劣，纵欲主义就很容易滋生并呈现出逐渐扩散的趋势。什么样的经济环境才算恶劣呢？恶劣的经济环境通常有如下特征：

### 一、生产与分配不对应

任何完整的社会再生产过程，即社会生产总过程，一般包括既相互联系又相互制约的生产、分配、交换和消费四个环节。在这四个环节中，生产是起点，起着决定性作用。它有两方面的含义：一方面，用来分配、交换和消费的内容，只能是生产的结果。生产的内容和生产的数量，决定着分配的内容和分配的数量，交换的内容和交换的数量，以及消费的内容和消费的数量。另一方面，生产的社会形式即生产关系决定着分配关系、交换关系和消费关系。但是，分配、交换和

① 《十四大以来重要文献选编》（中），中央文献出版社，2011 年版，第215—216 页。
② 《十四大以来重要文献选编》（中），中央文献出版社，2011 年版，第216 页。

消费又不完全是消极被动因素，它们会反作用于生产，也就是能促进或阻碍生产的发展。如果分配、交换和消费与生产相适应，就能促进生产的发展，反之，则会阻碍生产的发展。当生产过程结束，社会再生产过程就会进入下一个环节。

值得注意的是，在分配、交换和消费这三个环节中，分配又有着不同寻常的意义。因为只有分配到的利益多，用于交换和消费的空间才会更大。如果分配到的利益少，那么可供交换和消费的余地相应也较小。分配环节的关键之处在于：利益一旦分配到手，不管是作为交换者还是作为消费者而言，他就获得了对该利益的支配权和处理权。具体说来，就是他既可以把获得的利益立即用于交换，也可以暂时不用于交换；既可以立即用于消费，也可以暂时不用于消费；既可以多交换或多消费，也可以少交换或少消费。分配的重要性主要体现在所获利益的数量上。由于生产决定分配、交换和消费，因此，要使人们分配到更多利益，并把分配到的利益用于购买自己所需的生产和生活资料而最终进入消费环节，就必须大力发展生产，提高劳动生产率。如果生产不发展，劳动生产率不高，人们生产一定数量的产品需要花费大量时间，或者在一定时间内生产的产品数量很少，那就意味着经济不发达，就意味着可供人们分配、交换和消费的利益极其有限。因此，千方百计地发展生产，大力提高劳动生产率是使这一状况得以改善的唯一切实可行的途径。而当经济发展到了一定程度，劳动生产率有了明显提高，此时，社会的主要任务就是使现存利益得到更加公正合理的分配。因为经济总量的积累不是一两个社会成员所能独立完成的，它是整个社会成员共同努力的结果。在社会经济总量中，如果用来扩大生产规模的比重过大，那么用来改善人们生活的比重就会缩小；如果分配给生产部门的份额多了，那么分配给非生产部门的份额就会减少；如果可供政府支配的利益多了，那么其他直接或间接创造社会利益的人群获得的利益就会减少。假如把社会比喻为一部机器，那么，职能不同的各个部门和职责各异的每一个社会成员都是这部机器上不可或缺的零部件。社会利益的分配自然呈现出此消彼长的状态。

在商品经济时代，由于社会分工已经成为现实，人们生产的内容不再完全用于自给自足，而主要用于交换目的时，货币就理所当然地成了利益的唯一代表。此时，谁拥有的货币量更多，意味着谁拥有的利益量就更大，也就意味着谁的欲望会得到更全面更充分的满足。反之，谁拥有的货币量更少，意味着谁拥有的利益量就更小，也就意味着谁的欲望会无法得到更全面更充分的满足。在这种情况下，分配制度是否公正合理，以及各个社会成员在分配中能得到多少利益就成了人们密切关注的焦点。

在恶劣的经济环境中，那些全身心致力于生产劳动的人，他们分配到的利益往往很少，而那些很少参与生产劳动的人，他们分配到的利益总是很多。生产与分配之间呈现出一种不相对应的“倒挂”现象，这一方面表明，生产者大多处于社会的中下层，他们没有支配和处理他们创造出来的利益的权利，另一方面则表明，那些不参加实际生产劳动的人却拥有着支配和处理别人创造出来的利益的权利。由于趋利避害的人性因素始终在起作用，因而，在制定利益分配原则时，拥有支配和处理利益权利的人，肯定是从有利于自身的立场出发来分配利益的，结果，那些虽然投入了大量劳动的生产者所分配到的利益却很少，而没有投入过什么劳动或投入劳动很少的非生产者，分配到的利益却很多。生产与分配之间发生的这种偏离，实质上就是生产与分配之间关系不对应的表现。

爱尔维修说：“几乎所有的人和民族都普遍地不幸，这种不幸是由于他们的法律不完善，由于财富分配太不平均。在大多数王国中，只有两个公民阶级：一个无衣无食，另一个醉饱欲死。”“第一个阶级只有靠过度的劳动才能满足它的需要。这种劳动对于所有的人来说都是一种肉体上的痛苦，对于某些人来说则是一种刑罚。”“第二个阶级生活阔绰，但是也生活得无聊苦闷。然而，厌倦无聊是一种与赤贫几乎同样可怕的痛苦。”“因此在大多数帝国里只应当住着不幸的人民。怎样做才能使那些地方恢复幸福？减少一些人的财富，增加另一些人的财富，使穷人处在一种小康的状态中，能够凭着七八小时的劳动充分地满足自己和家属的需要。这样，他就变得尽可能地幸福了。”“那时候，在肉体快乐方面，他就尝到富豪的一切快乐。穷人的胃口从本性上说就是财主的胃口；用一句流行的谚语来说，就是：阔人也一下吃不了两顿。我知道有一些费钱的享乐超出了小康之家的范围：但是总可以用另一些快乐来代替它们，以一种愉快的方式填补一个已满足的需要与一个重新产生的需要之间的空当，也就是一顿饭与另一顿饭之间的空当，第一次享受与另一次享受之间的空当。在一切明智的统治之下，人们在满足需要的时刻可以享受同样的幸福，在一个已满足的需要与一个重新产生的需要之间的时刻也可以享受同样的幸福。然而，如果人生只是这两类时刻的总和的话，小康的人就会像我打算证明的那样，能够在幸福方面与最有钱和最有势的人们相等。”①

上述引文大致包含三层意思。首先，爱尔维修认为导致人们不幸的根源在于经济制度的不合理，其具体表现就是分配不公，由于分配不公，应得到较多利益

① 《十八世纪法国哲学》，商务印书馆，1963 年版，第 531 页。

的人实际上只得到较少的利益，应得到较少利益的人反而得到较多的利益，这种不公正的分配原则所导致的直接后果就是严重的贫富悬殊和两极分化。其次，适度劳动是人们走向幸福的可行途径。在爱尔维修看来，过度的劳动与其说是一种痛苦还不如说是一种刑罚，尽管如此，那些只有通过劳动才能换来生活必需品的穷人还是不得不选择这种苦不堪言的方式，否则，他们就难以生存下去，而那些无须劳动就已衣食无忧的富人，如果整天游手好闲，他们就会陷入百无聊赖之中，其烦恼并不亚于那些连温饱问题都没有真正得到解决的穷人。用什么办法才能消除他们的烦恼呢？爱尔维修认为，最有效的办法是劳动。最后，爱尔维修认为，只有公正的分配原则才能使大多数人的幸福梦想变成现实。具体做法是尽量使利益均衡化，设法削减富人的利益，增加穷人的利益。这样，不仅能够实现社会的正常运转，而且在一定程度上还能够有效避免因贫富悬殊和两极分化所引发的矛盾冲突。

## 二、义务与权利不对等

义务是法律规定的人们应履行的某种责任。具体表现为要求负有义务的人必须做出一定的行为或抑制一定的行为，以维护国家利益或保证权利人的权利得以实现。权利是法律赋予人们享有的权益。具体表现为权利的享有者有权做出一定的行为或有权要求他人做出某种行为，在必要时可请求有关国家机关以强制方式使其权益得以实现。义务与权利之间是相反相成的关系。在承认义务不是权利、权利不是义务的同时，还必须承认既然承担义务就应享有权利、既然享有权利就要承担义务。义务与权利共同构成法律关系必不可少的内容，也就是通过法律这一特定手段来调整的社会关系的内容。在法律关系中，一般说来，同一主体既是义务的承担者，同时又是权利的享有者。

就某一社会的经济活动而言，要发展生产，提高劳动生产率，就不能没有主体要素和客观要素的共同参与。主体要素，主要指具有一定劳动能力并掌握一定劳动技能的人在生产过程中的有目的有计划的活动。客观要素，就是生产资料，它包括劳动资料（主要指生产工具）和劳动对象等。在主体要素和客观要素共同构成的经济活动中，如果没有主体要素，没有具备一定劳动能力并掌握一定劳动技能的人的劳动的投入，无法取得生活资料，生产的目的也就无从实现；同样，如果缺少客观要素，缺少用来获取生活资料的劳动资料和劳动对象，那么，“巧妇难为无米之炊”，经济活动也就无法正常进行。然而，并非主体要素和客观要素同时具备且机械相加后符合人们需要的产品就能自然而然地被制造出来。由于好逸恶劳是人的一种普遍倾向，因而那些拥有劳动能力和劳动技能的人并不一定都会积极、主动、自觉地投入到劳动过程中，因为他们从自身的亲身经历中得知，既然是劳动就免不了要付出一定的体力和脑力，而体力和脑力的付出比起娱乐和休息来，其生理和心理上的感觉就不会轻松。在此情况下，如果不是迫不得已，没有人会自觉自愿地去劳动。而如果听任这种情况持续下去，人们的欲望就无法得到满足，人类生存下去的愿望也就会失去保障。鉴于此，劳动作为一种义务被规定下来并通过各种方式加以提倡，目的就是让正常的经济活动得以顺利进行。而人们既然付出了劳动代价就不应该得不到任何回报。因为这些劳动者承担了一种为人们提供满足其欲望的对象的义务，他们当然有充分的理由享有与他们的义务相对等的权利。不如此，义务与权利就出现了脱节，人类的生存就受到了严重威胁。

从理论上说义务与权利应该对等，就是说义务的履行者应当享有与其义务相匹配的权利，而在实际的社会生活中，履行了无数义务的人所拥有的权利却很少，而那些众多权利的享有者，却常常只尽极少的义务。这种情况如果存在，除了意味着这个社会的经济环境比较恶劣以外，显然没有更加合理的解释。其所导致的直接后果是，那些曾经履行过很多义务的人不愿意再继续履行义务，而如果人人都不愿意再继续履行义务的话，整个社会离彻底崩溃也就为时不远了。

爱尔维修说："一个专制君主，作为人，是爱别人喜欢自己的。他要求幸福；作为个人，他感到自己分沾着周围的人们的哀乐。他的利益就在于使他的人们、亦即侍臣们满意。然而他们对于黄金的贪欲是无法满足的。……因此他将永远不断地掏空人民的腰包来填充侍臣们的腰包；他将把国家的财富几乎全部分配给他的侍臣们。有了这样的分配，怎么能限制他们的奢侈呢？分配的数量越大，在当时国家所处的情况之下，这种奢侈就越有用。毛病只在于产生奢侈的原因上，也就是说，只在于国民财富分配太不平均，只在于君主势力过大，不认识自己的天职，在于昏庸而挥霍无度，多行不义，却自以为慷慨。"① 爱尔维修的上述言论实际上是对义务与权利不对等现象的展开和具体化。爱尔维修认为，之所以会出现人民享有的权利很少而承担的义务过多，君主及其侍臣享有的权利很多而承担的义务过少的不正常情况，主要是因为君主及其侍臣剥夺了人民的正当权利，人民却承担了那些本应由君主和侍臣来承担的义务。

① 《十八世纪法国哲学》，商务印书馆，1963年版，第521—522页。

恩格斯指出，阶级社会“几乎把一切权利赋予一个阶级，另一方面却几乎把一切义务推给另一个阶级”。[①] 正常情况下，任何人履行了义务就应当享有权利；同样，任何人要享有权利就必须承担义务。既不允许只履行义务而不享有权利的现象出现，也不允许只享受权利而不承担义务的事实存在。义务与权利在恩格斯所说的阶级社会中所表现出来的不对等状况，无形之中为纵欲主义的生存埋下了伏笔。

## 三、奉献与回报不相称

一个完整的社会再生产过程包括生产、分配、交换和消费四个环节，如果做进一步分析，就会发现，在这个过程中，不是每个环节所投入的劳动量都是完全相同的。一般说来，在生产环节，劳动者所要投入的劳动量较多，而在接下来的分配、交换和消费环节，所投入的劳动量相对要少一些。生产环节直接创造利益，直接使利益从无到有，从少到多，而到了分配、交换和消费环节，由于他们各自的职能不同，因而一般不会再直接增加利益总量，而只可能使现存的利益总量减少。鉴于此，在分配中，就应当优先考虑置身于生产环节的劳动者的利益，他们在生产环节中所付出的体力和脑力理应得到相应回报。如果他们所投入的劳动量与他们所获得的回报不成正比，或者说比例失调，这不仅会挫伤他们生产的积极性、主动性和创造性，而且在一定程度上还能反映出社会分配制度合理性的缺失。强调生产环节的重要性，并不意味着其他环节就可有可无。作为一个正常的社会有机体，分配、交换和消费仍然是必不可少的。在分配环节上如果出现了问题，交换和消费也不可能继续顺利进行；而如果在交换环节出现了障碍，那么，不仅生产者的利益难以得到实现，就连普通消费者的愿望也会落空。从这个意义上讲，不管是社会的任何成员，无论他们的社会分工如何，只要他们已经付出了劳动，他们都有理由获得属于自己的一部分利益。如果那些已经付出了劳动代价的社会成员没有获得自己应得的利益，如果那些付出了较多劳动代价的社会成员只获得较少的利益，如果那些没有付出任何劳动代价的社会成员获得了不该属于自己的利益，如果那些付出了较少劳动代价的社会成员获得了较多利益，那么，社会的分配制度就有失公允。也就是说，如果奉献与回报呈现出不协调、不平衡、不相称的状态，随之而来的后果是，那些原先付出了劳动代价的社会成员

① 《马克思恩格斯选集》第4卷，人民出版社，1995年版，第174页。

就可能不再参与劳动，那些付出了较多劳动代价的社会成员就可能投入较少劳动，这样，就会形成所有社会成员好吃懒做的危险局面。而如果整个社会不再有人愿意劳动，那么，用来满足他们各种欲望的对象的获得就会成为不可能，因为它违背了劳动创造利益从而创造价值的原理。在社会成员需要满足各种欲望才能得以生存的前提下，生产、分配、交换和消费这四个环节不仅必不可少而且不能中断，劳动从而就成了每一个社会成员无可推卸的责任。而如果每一个社会成员都付出了或多或少的劳动，他们就应当按照其投入劳动量的多少而得到相应的回报。从伦理学的角度看，只要求一个人奉献而不给予其回报是一种不道德，而要求一个人有较多奉献而只给其较少回报也是一种不道德。当一个人对社会的奉献少而对社会的索取多，或者一个人根本没有对社会做过任何奉献而白白获取他人的劳动成果，以不正当手段占有他人利益，则不仅仅是不道德，而且简直就是不可饶恕的罪恶。

对于奉献与回报不相称所可能导致的极端结果，爱尔维修曾表示出深深的忧虑，他说："七八百万人啼饥号寒，五六千人却生活阔绰，这种阔绰是只会给他们招怨，不会使他们幸福的。"① 他还说："有些人过着淫佚的生活，而淫佚是既无思想又无远见的；另一些人则啼饥号寒，碌碌终日，但求一饱，是无从想望自由的。"② 在爱尔维修看来，一个社会如果奉献与回报严重失调，如果贫富悬殊、两极分化已经到了让人无法容忍的地步，这不仅意味着统治者自身不会感到丝毫幸福，而且还意味着统治者继续统治下去的美梦即将破灭。在这样的社会中，贫穷潦倒者渴望获得自由尚且是一种奢侈，而那些过着骄奢淫逸生活的人，他们虽然危在旦夕却浑然不知。爱尔维修还进一步分析了其中的原因："奢侈给一个国家带来的那些财富如果分配得不甚悬殊，奢侈和财富是只会使臣民更加幸福的，而且每一个人都能够取得那些迫于贫困而放弃的快乐。""因此奢侈之所以有害，并不在于它是奢侈，而仅仅在于它是公民财富分配太不均匀的结果。财富分配不太悬殊的时候，奢侈也决不趋于极端；财富越是积聚在一小撮人手里，奢侈的程度也就越高；当国家分成两个阶级，一个穷奢极欲，另一个衣食无着的时候，奢侈就达到它的最高阶段了。"③ 在这里，"奢侈"一词首先是作为一个中性词来使用的，其意为多余的或额外的部分。爱尔维修认为，物质财富有所剩余不是坏

① 《十八世纪法国哲学》，商务印书馆，1963 年版，第 444 页。

② 同上，第 448 页。

③ 同上，第 443 页。

事，只要是在合理的前提下所进行的分配就无可厚非，因为既然利益总量增加了，那么如果继续按照同一比例进行分配的话，所有有权参与分配的人，他们都会获得或多或少的好处。但是如果原有的分配本身就有失公允，那么多余出来的部分就只可能被那些贪得无厌的富人无偿占有，对于那些一直在贫困线上挣扎的穷人来说却毫无意义。此时，“奢侈”一词又重新回到了它本来的贬义上来。

## 第三节　污浊的文化环境

不良的政治环境和恶劣的经济环境是纵欲主义得以生存的重要基础，污浊的文化环境对纵欲主义同样起着推波助澜的作用。而文化环境在很大程度上又取决于社会生活中的人们的价值取向。换言之，人们的价值取向如何，它与纵欲主义的生存状况有着千丝万缕的联系。以功利主义作为主流价值取向的社会，必然为纵欲主义的生存提供得天独厚的环境，而以精神追求作为主流价值取向的社会，纵欲主义就难以存活下来。由于功利主义与纵欲主义往往相互纠缠在一起，彼此是“你中有我”“我中有你”的交织状态，因而，即使是明眼人也难以把纵欲主义从功利主义的树干上剥离开来。在以功利主义作为主流价值取向的文化环境中，人们把与利益、好处等有关的一切看得极重，甚至视为他们人生的唯一或全部，而亲情、友情、爱情等通通被抛到九霄云外，制度、法律、道德等形同虚设，整个社会时时处处散发着一种铜臭味，呈现出全面世俗化和势利化倾向，人与人之间是一种赤裸裸的交易和利用关系。具体表现在：

### 一、拜金主义甚嚣尘上

在拜金主义居于垄断地位的社会里，人们的所思所想、一言一行都始终不离金钱半步。他们奉行“有钱能使鬼推磨”“有钱就是大哥大”“金钱万能”“什么都可以缺，就是不能缺钱”等价值信条。金钱的力量何以如此巨大？不少人曾对此做过有益探讨。西晋隐士鲁褒说：“钱多者处前，钱少者居后。处前者为君长，在后者臣仆。君长者丰衍而有余，臣仆者穷竭而不足。”“钱之所在，危可使安，死可使活。钱之所去，贵可使贱，生可使杀。是故忿诤辩讼，非钱不胜。孤溺幽滞，非钱不拔。怨仇嫌恨，非钱不解。令问笑谈，非钱不发。”“钱无耳，可闇使?”① “子夏云：‘死生有命，富贵在天。’吾以死生无命，富贵在钱。何以明之？钱能转祸为福，因败为成，危者得安，死者得生。性命长短，相禄贵贱，皆在乎钱，天何与焉？天有所短，钱有所长。四时行焉，百物生焉，钱不如天。达穷开塞，振贫济乏，天不如钱。”② “今之成人者何必然？唯孔方而已。夫钱，穷者能使通达，寒者能使温暖，贫者能使勇悍。故曰：君无财则士不来，君无赏则士不往。”③ 上述言论所透露出来的信息是，西晋是一个黑白颠倒、是非不分的时代。在这个时代，一切均无能为力，只有钱神通广大，一切都以钱为中心，一切都以钱为转移。其政治之腐败，社会之昏暗，由此可见一斑。文艺复兴时期的荷兰哲学家爱拉斯谟的看法也与此类似，他说：“金钱在教皇们、君主们、长官们、法官们、友人们、敌人们、高贵的人或低贱的人中间，都会说话；由于聪明人鄙视金钱，所以金钱就小心地避开他们。”④ 爱拉斯谟发现了一个出人意料的事实，这就是：金钱背离了它本来的流通手段和中介功能，而被某种不可告人的目的所驱使，被某种阴暗的动机所利用，结果，人们不是从对金钱的掌控中获益，而是成为金钱的受害者和牺牲品。穆勒说：“钱原本并不比那些闪光的石头更值得向往，它的价值就在于它能买到东西；钱是一种满足人们需要的手段，人们更向往的是通过钱买到的东西。但是对钱的喜爱不仅是人们生活最强劲的推动力，而且在很多场合钱自身就成了人们追求的对象。对钱的占有欲常常要比花钱的欲望更强烈，当所有通过钱来实现的欲望降低的时候，这种强度还会上升。它作为实现幸福的手段，自身已经变成了个体幸福概念的一个原则性组成部分。人类生活的大多数目标也是如此——例如，权力、名誉；不过，权力和名誉能够马上给人带来快乐，似乎快乐是它们的固有本性；而钱并不能马上就给人带来快乐。不过仍然可以说，权力和名誉最强、最自然的吸引力还是在于它们能够给予我们实现自己的愿望以极大的帮助；在权力、名誉和我们所崇拜的目标之间存在强烈的关联，所以我们对它们直接具有很强的欲望，甚至我们对它们的欲望强度超过了其他事物。在这些事例中，手段都变成了目的的一部分，并且是重要的一部分。它们的重要性远胜于它们作为手段要实现的东西。曾经只是实现幸福手段的东西，变成了欲求的直接对象，在这种转变的过程中，它们还是作为实现幸福

① 鲁褒著：《钱神论》。

② 同上。

③ 同上。

④ 《西方哲学原著选读》上卷，商务印书馆，1981 年版，第 315 页。

的一部分。人们获得了它们就获得了幸福，没有获得它们就感到不快乐。对它们的欲望、对音乐的爱、对幸福的向往并无不同。它们都是幸福欲望的组成要素。幸福不是一个抽象的概念，而是一个具体的整体；这些都是它的组成部分。……这些能够满足我们原始欲望的东西比原始的欲望更有价值，无论就其持久性、其所及的人类存在的空间范围还是就其强度而言。”① 在这里，穆勒已将金钱的本质从政治生活和社会乱象中剥离出来，它不再是人与人之间赤裸裸的相互利用的关系的见证，而被还原到它本身的用途，且被视为直接通往幸福的手段。穆勒对金钱的详细论述甚至可以说就是拜金主义的最好注脚，他对金钱本质的揭示几乎达到无人企及的高度。安·兰德说：“金钱是一种交换的工具，如果没有商品的生产和能进行生产的人，金钱也就不会存在了。”②“但金钱也只是工具而已。它能将你带到你想去的任何地方，但却不能使你代替司机。它能提供满足你欲望的途径，但却不能直接为你提供欲望。”③“金钱无法为愚人买到才智，无法为懦夫买到赞美，无法为毫无能力的人买到尊重。一个人如果想用金钱买到比他高明的人为他服务，想用他的金钱取代他的判断，那么他最终会成为他的下属的牺牲品。……金钱是你活命的手段。你所宣称的你谋生的基础，也就正是你生命的基础。”④“诅咒金钱的人是以不名誉的方式得到它的；尊重金钱的人是靠自己的本事挣来的。”⑤ 安·兰德的论述可看作对穆勒思想的发挥，同样是从经济学意义上对金钱所做的考察。安·兰德一针见血地指出，钱虽然是商业社会里从事经济活动所不可缺少的交换工具，但它的作用仍然不是无限的。这表明，安·兰德对金钱的认识更趋于理性和客观。

金钱在社会现实中所扮演的重要角色无须赘言，连三岁的小孩也知道钱可以买到他特别钟爱的东西，更不要说那些天天要靠钱来换取生活必需品的成年人了。我们不能设想一个身无分文的人能在一个任何东西都需要通过钱来换取的社会里过得轻松自如，我们同样不能想象人世间的一切只要有了钱就意味着如愿以偿和大功告成。在金钱问题上，并非所有人都已经有了清醒认识和正确态度，为数不少的人仍然深陷于金钱构织的重重迷雾之中。鉴于此，有必要对金钱的本质做一简要分析。首先，不能否认金钱的特殊功能。马克思说过：“金银天然不是

① 约翰·斯特劳斯·穆勒著：《功利主义》，光明日报出版社，2007 年版，第 55—57 页。
② 安·兰德著：《致新知识分子》，新星出版社，2005 年版，第 109 页。
③ 同上，第 111 页。
④ 同上，第 112 页。
⑤ 同上。

货币，但货币天然是金银。”① 当一切物质产品都必须通过金钱才能换取之后，金钱既具有衡量其他商品价值的功用，同时又能够使商品交换得以顺利进行；既可以作为财富的代表被贮藏起来，又可以被债务人用来向债权人支付所欠债务。金钱的这种以小见大、以弱胜强的功能是不容置疑的。在一个到处充斥着商品的社会，没有钱可以说是寸步难行。因为任何东西都需要钱才能购买，如果你身无分文，虽然眼前的东西触手可及，但被活活饿死的危险依然是存在的。即使你暂时不打算购买任何东西，但是，你也必须多少有一点积蓄，否则，意料之外的支付突然降临，也会使你陷入手足无措的被动境地。金钱的重要性不言而喻。其次，无论金钱如何重要，它最多也只能是通往生存这一最终目的的必要手段。不幸的是，很多人却将手段误作目的，且将其作为一种凌驾于一切之上的目标来追求。由于把握不住目的和手段谁主谁次，因而，拼命追逐金钱就成了这些人不遗余力的目标，结果，不少人成了金钱可怜的奴隶，还有一些人因为过分贪恋金钱而命丧黄泉。这些人要是临终前能够幡然悔悟，他们必会发现金钱无法让一个人起死回生。如果世界上已经没有了可以用来充饥的食物，没有了可以用来救命的药品，守着再多的金钱也只能是一堆废纸。最后，一旦温饱问题已经解决，人们通常还会有社会性和精神性的需求。那么，在物质世界里一向被看好和受追捧的金钱，到了社会和精神领域就会显得捉襟见肘和破绽百出。

尽管如此，在一个拜金主义甚嚣尘上的社会，人们根本不会去辩证地看待金钱的本质，有些人即便明知金钱存在着一定的局限性，他们也不会坦率承认，而是一如既往、执迷不悟地把金钱作为最为迷人和最具诱惑力的对象去疯狂攫取，无限夸大金钱的作用，过分强调金钱至高无上的地位。拜金主义者不但骨子里时时刻刻梦想着大发横财，嘴巴里开口闭口谈论金钱，在行动上更是紧紧地攥住钱袋子不放，与“瞎子见钱眼开，跛子见钱起来，婊子见钱解裤带”的说法珠联璧合。更危险的是，拥有金钱的多少还成了他们用来衡量人生成败的最高标准。那些幸运地发了点小财的人，因把钱存入银行担心人家不知悉，于是就有意识地让金钱外在化、有形化，或购买土地，或购买房子，或购买汽车，让别人知道自己属于成功人士；那些尚未跻身于有钱人行列的，便觉得自己的处境暗无天日，命不如人，他们在充满着对于金钱的神往及对于有钱人的羡慕的同时，也为自己没能拥有万贯家财而羞愧难当。所有把金钱奉若神明、对金钱趋之若鹜的人，并非不知道金钱不能当饭吃、当衣穿、当房住、当美色享用，他们却一口咬定金钱

① 《马克思恩格斯全集》第23卷，人民出版社，1972年版，第107页。

可以换来食物、衣服、房屋、美色，在此情况下，使出浑身解数，展开一场永无止息的对于金钱的殊死争夺，即在情理之中。我们说纵欲主义与功利主义总是藕断丝连，原因亦在于此。

## 二、官僚主义挥之不去

官僚主义是一种以掌控权力为核心且把做官看得高于一切的思想观念。官僚主义古已有之，至今仍然未能根除。在一个官僚主义盛行的社会里，为官者官本位思想极其严重，不为官者也对做官充满着好奇和渴求，拥有一官半职成为大多数人孜孜以求的梦想，权力的重要性可想而知。韩非子说："事在四方，要在中央。圣人执要，四方来效。"[①]"要"的含义就是权力。韩非子认为，对一位国君来说，核心和关键之处在于牢牢地掌握着权力。只要掌握了权力，什么问题都会迎刃而解。"明君之所以立功成名者四：一曰天时，二曰人心，三曰技能，四曰势位。"[②]明君要立功成名，权力显然是一个必不可少的因素。"夫有材而无势，虽贤不能制不肖。故立尺材于高山之上，下临千仞之谿材非长也，位高也。桀为天子，能制天下，非贤也，势重也；尧为匹夫，不能正三家，非不肖也，位卑也。千钧得船则浮，锱铢失船则沉，非千钧轻而锱铢重也，有势之与无势者也。故短之临高也以位，不肖之制贤也以势。"[③]在这里，韩非子通过材之长短与物之轻重的形象类比，道出了权力的特殊作用，即德高望重的圣王之所以表面看来不如一无是处的暴君，并非因为他们的能力有别，而在于他们各自拥有权力的大小不同。"故古之能致功名者，众人助之以力，近者结之以成，远者誉之以名，尊者载之以势。"[④]就成就功名而言，权力的作用非同小可。尼采对权力的推崇和鼓吹可谓登峰造极，他在《权力意志》一书中有过对于权力的集中论述。尼采认为，权力意志可以分为四个方面：一是追求食物的意志，二是追求财富的意志，三是追求工具的意志，四是追求奴仆的意志。"何者为幸福？权力在增长着的感觉，抵抗被压迫时的那种感觉。"[⑤]尼采从其"超人"哲学的立场出发，极力夸大并大肆宣扬权力的作用，要人们不惜一切代价去追逐并获取权力。

---

① 《韩非子·扬权》。

② 《韩非子·功名》。

③ 同上。

④ 同上。

⑤ 《反基督教》，转引自《现代西方著名哲学家述评》，三联书店，1980年版，第7页。

掌控权力之所以成为官僚主义的核心，主要是因为，生活在社会中的人总是有高低之分，主次之别，人与人之间不可能完全处于平起平坐、彼此等同的地位。为了保持社会生产生活的正常进行，以及安宁与和谐局面的稳定延续，不出现“公说公有理，婆说婆有理，媳妇出来大道理”的混乱情形，以一个声音说话、用一个意志行事就成为必然，权力的掌控就具有必要性和合理性。亚里士多德说：人是天生的政治动物。人希望拥有一定权力原本无可厚非，问题在于，一旦权力成为人们争先恐后去争夺的“高价值目标”以后，作为主体的人又如何来加以有效处置和应对？把握好权力与公正、权力与利益以及权力与等级观念这三者之间的关系就被提上了议事日程。首先，要处理好权力与公正的关系。权力的获取和运行必须有公正的制度作为保障，否则，权力持有者的权力越大，其危害性也就越大。因此，公正制度的确立和正常发挥作用是基本前提。根据公正的要求，权力持有者所拥有的权力和其所承担的责任必须成正比例关系。就是说，权力持有者不能只拥有权力而不承担责任，或者拥有很大的权力，而只承担很小的责任。如果出现这种情况，那就叫作不公正或者公正制度已经被歪曲。既然公正制度如此重要，那么，在赋予谋求权力的主体权力时，就必须坚持公正的选拔原则。把主体的品质和才能与其所可能获得的权力结合起来，德才越高，他持有的权力就应越大，反之，德才越低，他持有的权力就应越小。在此阶段，要杜绝一切“任人唯亲”的不良现象和“唯才是举”的偏颇做法发生。“德才兼备”通常是符合公正要求的。主体获得了与其品质和才能大体相当的权力之后，仍然必须用公正原则来进行考察和监督，以保证其权力不被滥用。其次，要处理好权力与利益的关系。权力与利益具有千丝万缕的联系，掌握着一定权力的人往往附带拥有某种利益，无权无势者一般不会拥有这种利益。由于权力背后利益的客观存在，因而使得利益始终难以从权力中被彻底剥离出来，这势必造成少数人在谋取一官半职时，其攫取私利的动机可能会大于增进公众福祉的动机。因而，必须把权力与利益强行分开，以达到有权不一定有利、有利不一定有权的权、利分离状态。最后，要处理好权力与等级观念的关系。大多数社会都存在着严重的等级观念，在此情形下，人们往往被分成三六九等，如果再与权力相结合，就会导致身处社会上层的个别高官与为数众多的平民百姓在生活质量、行为习惯、经济条件和价值观念等方面存在巨大差距，结果，两者因为各自处境的不同而在心理和情感上也会产生明显的隔阂和对立。鉴于此，执政者不应过分强调等级观念，并刻意把它与权力联系起来，而应时刻牢记“人是生而自由平等的”的理念。

然而，要处理好权力与公正、权力与利益、权力与等级观念之间的关系绝非易事。一般来说，权力与公正之间总是彼此隔离，就是说，权力的取得并没有遵循公正原则，通过金钱获取权力者有之，通过继承获取权力者有之，通过肮脏的人情关系获取权力者亦有之。既然获取权力的来源、程序、方式等缺乏正当性和合理性，那么，权力持有者在其行使权力的过程中就很难会受到严肃高效的监督，要使他不滥用权力简直就是天方夜谭。权力持有者在获得了权力之后，由于自己已经大权在握，因而，除了可能会给那些曾经给予过他权力的极少数人以适当回报，对其他大多数人则完全是有恃无恐、忘乎所以。这样，发号施令、盛气凌人、欺上瞒下、专横跋扈、耀武扬威等恶劣表现也就在情理之中。既然连制度、法律和道德他都可以随意践踏，那些与他权力相当或权力小于他的人他就更不会放在眼里。权力与公正虽然难以结合，奇怪的是，权力与利益、权力与等级观念却能紧紧地结合在一起。权力与利益之间的关系，实质上就是当官与发财之间的关系。“千里做官为求财”这句话表明，人们之所以想获取权力，之所以想捞个一官半职，除了不时能听到有人毕恭毕敬地称呼自己的官衔、有一帮人前呼后拥、有一些人阿谀奉承之外，权力持有者一个不可告人的目的就是凭借自己手中掌握的权力获取不义之财。所谓“三年清知府，十万雪花银”就是通过手中权力来获得巨额好处的例证。而“一人得道，鸡犬升天”更是指权力持有者不但能为自己谋取私利，还能惠及与自己关系密切的一个群体。权力持有者获取利益的来源一般是国家、集体和个人，获得利益的方式通常有贪污、受贿、索贿等。不管来源如何，不管方式怎样，只要那些外来的利益一朝进了自己的腰包，自己就可以任意支配和随便处理了。权力与等级观念之间的关系也很紧密。由于权力有大有小，等级有高有低，因而，权重者位必高，权轻者位必低，权力与地位之间由此而形成了一种一一对应的关系。所谓“官大一级压死人”就是指不管是非曲直，不论青红皂白，只要别人的官职比你大，只要别人的权力比你重，只要别人的地位比你高，你就得规规矩矩、老老实实地服从，你就不得有半句怨言，你就不敢说半个“不”字。此外，权力与色情之间的关系也不可掉以轻心。由于权力持有者往往既是利益获得者又是地位高贵者，因而，一部分既想获取利益又很爱慕虚荣的异性就会冲着这些权力持有者而来。此时，权力与色情就巧妙地结合到了一起。权与钱、钱与色、权与色之间的关系就演变成了一种说不清道不明的关系。也许正因为如此，人们才从来不曾停止过对于权力的追逐，官僚主义才如此根深蒂固。

# 第二章　纵欲主义的表现形式

虽然人们用来满足自己欲望的对象有物质性的、感官性的、社会性的、精神性的，纵欲主义者的与众不同之处在于，他们并不寻求欲望的全面满足，也就是说，纵欲主义者并非对所有的欲望对象都感兴趣，他们只对物质利益和感官色情这两大类别着迷，其他诸如社会性和精神性之类的对象，他们从不过问。他们的所思所想和言行举止都集中在物质利益和感官色情上，从这个意义上说，纵欲主义者的满足是一种片面满足，或者叫作畸形满足。正常情况下，人们在物质性和感官性的基本需求得到满足后，他们还会参加一些社会活动，还很注意自身的道德修养，还有对于精神文化生活方面的需求及满足。为何纵欲主义者只乐于停留在物质性和感官性这一比较低级的需求层次上，这是让人百思不得其解的问题，也是下面将要着重探讨的问题。

## 第一节　沉溺于对物质利益的占有和消耗

### 一、物质利益的一般性特征

物质利益是欲望主体赖以维持其生命和健康的必需品。它包括人们吃的食物、穿的衣物、住的房屋、乘坐的车辆、消耗的能源、使用的工具等。由于物质需求是欲望主体最基本、最直接、最紧迫的需求，而物质利益又恰巧是欲望主体用来满足其需求的对象，因而物质利益的重要性自不待言。人类的物质需求对象无论是在数量和质量方面，还是在内容和形式方面都大大地超过了动物。

人类对于物质利益必不可少的需求，在日常用语中有着普遍而集中的反映。“饥不择食，寒不择衣，慌不择路，贫不择妻”，是欲望主体的本能需求迫切需要得到满足的真实写照。此时，一切都来不及考虑，一切都没有回旋余地，满足才是当务之急。“人为财死，鸟为食亡”，更是对人为了获得其赖以生存的物质利益的激烈争夺、残酷现实和悲惨结局的逼真描述。此刻，“人”之于“财”，犹如“鸟”之于“食”，胜过一切，其余的通通不在话下。

孟子说：“饥者易为食，渴者易为饮。”① 吃喝在孟子看来极其自然，犹如家常便饭。因为食物的需求是人最为重要的需求，它关涉人的自然属性，为人的本能所需。不可更改，不可移易。韩非子在强调物质利益重要性的同时，还有意识地把它与道德礼义联系起来，他探讨了物质利益与道德礼义之间的关系。韩非子说：“饥岁之春，幼弟不饷；穰岁之秋，疏客必食。非疏骨肉爱过客也，多少之实异也。”② 韩非子显然认为物质利益的多寡在很大程度上决定着道德水平的高低。人与人之间的关系即使亲如骨肉，如果没有必要的物质利益作为支撑，道德礼义就会被搁置到一边。反之，如果拥有充裕的物质利益，即使是对待陌生路人，态度也会变得友好亲切。从待人态度发生的逆转表明，韩非子是在强调物质利益的基础性和前提性。但重视物质利益并不意味着物质利益就能轻而易举地获得，“人莫不欲富贵全寿，而未有能免于贫贱死夭之祸也”。③ 虽然物质利益不可或缺，但人们往往不能如愿以偿。越想得到物质利益越得不到物质利益，越希望“富贵全寿”摆在眼前的现实越是“贫贱死夭”。这或许正是追逐和争夺物质利益的脚步一直停不下来的缘故。管子的看法与韩非子类似。管子说：“仓廪实而知礼节，衣食足则知荣辱。”④ 显然，礼节和荣辱是建立在物质利益充实的基础之上的。离开物质利益基础，侈谈任何仁义道德都显得不切实际。“礼生于有而废于无。故君子富，好行其德；小人富，以适其力。渊深而鱼生之，山深而兽往之，人富而仁义附焉。富者得执益彰，失执则客无所之，以而不乐。夷狄益甚。谚曰：‘千金之子，不死于市。’此非空言也。故曰：‘天下熙熙，皆为利来；天下攘攘，皆为利往。’夫千乘之王，万家之侯，百室之君，尚犹患贫，而况匹夫编户之民乎！”⑤ 在这里，司马迁没有回避物质利益的重要性，在财富与仁义两

① 《孟子·公孙丑上》。
② 《韩非子·五蠹》
③ 《韩非子·解老》
④ 《管子·牧民》。
⑤ 司马迁著：《史记·货殖列传》。

者孰轻孰重的问题上，他对财富的思想倾向清晰可见。王充认为，社会的治乱，以及人们的道德水平、思想品质，并不是由明君、圣贤所决定，而是由人们的物质生活水平决定的。“夫世之所以为乱者，不以贼盗众多，兵革并起，民弃礼义，负畔其上乎？若此者，由谷食乏绝，不能忍饥寒。夫饥寒并至而能无为非者寡，然则温饱并至而能不为善者希。传曰：‘仓谷实，民知礼节；衣食足，民知荣辱。’让生于有余，争起于不足。谷足食多，礼义之心生；礼丰义重，平安之基立矣。故饥岁之春，不食亲戚，穰岁之秋，召及四邻。不食亲戚，恶行也；召及四邻，善义也。为善恶之行，不在人之质性，在于岁之饥穰。由此言之，礼义之行，在谷足也。”[①] 王充认为社会治乱的根本原因在于物质生活水平，或在于粮食产量的多少。在他看来，老百姓没有饭吃，就必然要为非作歹；能够吃饱穿暖，就会道德高尚。“使治国无食，民饿。弃礼义，礼义弃，信安所立？”“夫去信存食，虽不欲信，信自生矣；去食存信，虽欲为信，信不立矣。”[②] 这里的“食”，主要指吃饭问题，如果老百姓无衣无食，怎么能叫他们为统治者守“信”呢？东汉著名政治家、伦理思想家王符说：“礼义生于富足，盗窃起于贫穷，富足生于宽暇，贫穷起于无日。圣人深知，力者乃民之本也，而过之基也，故务省役而为民爱日。”[③]“民贫则背善”，“饥寒并至，安能不为非？”[④] 王符的观点与上述思想家并无根本区别，他不仅没有否定物质利益的重要性，而且还特别提醒统治者，要他们大力发展生产，设法增加物质财富，只有这样，他们的统治根基才会更加牢固和坚实。如果底层百姓依然处于吃不饱穿不暖的状态，统治者的统治就会面临严重威胁。

休谟说：“财富的本质就在于获得生活中的快乐和舒适的能力。……财富产生快乐和骄傲，贫穷引起不快和谦卑，由于同样理由，权力必然产生前一种情绪，而奴役就产生后一种情绪。”[⑤] 这是休谟对于财富功能所做的客观考察，其断言无疑是令人信服的。“一个富人如果把他的境况与一个乞丐的境况相比，他就更加感觉到他的幸福。”[⑥] 物质利益的持有者之所以要拼命追逐财富，主要原因是财富本身能够给他带来“幸福”，这一说法与前面的财富能够带来“快乐和

① 王充著：《论衡·治期》。
② 王充著：《论衡·问孔》。
③ 王符著：《潜夫论·爱日》。
④ 王符著：《潜夫论·浮侈》。
⑤ 休谟著：《人性论》下册，商务印书馆，1980 年版，第 351 页。
⑥ 同上，第 351—352 页。

舒适”的观点是完全一致的。“货币所以是财富，也并非因为它是赋有某种性质，如坚固性、重量和可溶性等的一种金属，而是因为它对人生的快乐和方便有一种关系。”① 在物物交换逐步演变到用货币来充当一切交换活动的媒介时，撇开货币本身的外在和非本质属性，它最终仍然是财富的代表和象征，它背后隐藏着的仍然是“物质利益”。马克思说：“我们首先应当确定一切人类生存的第一个前提也就是一切历史的第一个前提，这个前提就是：人们为了能够‘创造历史’，必须能够生活。但是为了生活，首先应需要衣、食、住以及其他东西。因此第一个历史活动就是生产满足这些需要的资料，即生产物质生活本身。”② 在《政治经济学批判》序言中，马克思又说：“物质生活的生产方式制约着整个社会生活、政治生活和精神生活的过程。”③ 很明显，马克思的论述仍然把物质利益放在首要位置。在马克思看来，与社会生活、政治生活、精神生活相比，物质生活的基础地位和决定作用牢不可破、坚不可摧。

综上所述，我们发现物质利益具有如下特征：第一，欲望主体对于物质利益具有绝对依赖性。欲望主体要维持其生命和身体的正常状态，就必须拥有物质利益。尽管不同欲望主体之间会存在着对于物质利益数量、质量、内容、形式上的要求差异，但物质利益能够满足欲望主体的欲望的本质和功能不会发生任何改变。第二，物质利益对于欲望主体来说虽然极其重要，但一定时期内物质利益的数量是有限的。在欲望主体持续增加而物质生产水平相对滞后的情况下，要完全满足欲望主体的需求仍然存在着巨大困难。第三，物质利益需求和性需求都是欲望主体本能需求的重要组成部分，这是由欲望主体的自然属性决定的。从“饱暖思淫欲”之说来看，物质利益需求和性需求并非完全平起平坐，物质利益的支撑性作用仍是显而易见的，我们很难想象一个衣食无着的人还有心思和精力去寻花问柳，但并不能说就没有“牡丹花下死，做鬼也风流”的个案存在。第四，不管纷繁复杂的物质形态最后会如何聚焦于利益，利益又如何以金钱的形式呈现出来，它都不会改变其能给欲望主体带来快乐、舒适和幸福的实质。第五，从满足欲望主体自身的需求来说，物质利益的丰歉和多寡只对欲望主体本人有意义，对该主体之外的其他人来说并没有什么意义。具体说来就是物质利益给欲望主体什么感觉只是该主体能够感知得到，别人则处于一无所知的状态。鉴于此，对物质

① 休谟著：《人性论》下册，商务印书馆，1980 年版，第 347 页。
② 《马克思恩格斯全集》第 3 卷，人民出版社，1972 年版，第 31 页。
③ 《马列著作选读——政治经济学》，人民出版社，1977 年版，第 4 页。

利益应当持一种正确的态度，即既不能因为物质利益特别重要而把它视为唯一或全部，也不能将其看得可有可无。

## 二、纵欲主义在物质利益上的特殊表现

虽然纵欲主义都有占有和消耗物质利益的露骨倾向，但在具体实践中，并不是每一个纵欲主义者的兴趣都会集中于一点。就吃喝玩乐这些人们司空见惯的生活内容而言，有的偏重于吃，有的专注于喝，有的则热衷于玩乐。在中国漫长的历史长河中，有不少人在这方面可谓“声名远播”，公孙朝在纵酒方面就特别具有典型性。对他来说，酒之外的一切均不在考虑之列，他对酒的痴迷程度可想而知。下述文字是他沉湎于酒的有力见证。“［公孙］朝之室也聚酒千钟，积成封，望门百步，糟浆之气逆于人鼻。方其荒于酒也，不知世道之安危，人理之悔吝，室内之有亡，九族之亲疏，存亡之哀乐也。虽水火兵刃交于前，弗知也。”① 虽然公孙朝的纵酒行为已经让人瞠目结舌，但他与卫端木叔比起来，似乎还要稍逊一筹。因为公孙朝的纵欲行为仅仅局限于饮酒，卫端木叔则一应俱全，内容几乎囊括了物质生活的所有方面，包括吃、穿、住、行、乐等，其生活的奢华程度与一国之君不相上下，从“无不为也，无不玩也”这句话即可看出。卫端木叔虽说是一个地地道道的纵欲主义者，但细心的人会发现，他还有着与普通纵欲主义者不同的地方，这就是在他吃饱喝足玩得尽兴的前提下，如果多少尚有结余，他会将剩余之物按照与自己关系的亲疏远近程度散发给他人，从他的纵欲行为背后我们似乎还能感受到一丝“爱意”。“卫端木叔者，子贡之世也。藉其先货，家累万金。不治世故，放意所好。其生民之所欲为，人意之所欲玩者，无不为也，无不玩也。墙屋台树，园囿池沼，饮食车服，声乐嫔御，拟齐楚之君焉。至其情所欲好，耳所欲听，目所欲视，口所欲尝，虽殊方偏国，非齐土之所产育者，无不必致之，犹藩墙之物也。及其游也，虽山川阻险，涂逞修远，无不必之，犹人之行咫步也。宾客在庭者日百往，庖厨之下不绝烟火，堂庑之上不绝声乐。奉养之余，先散之宗族；宗族之余，次散之邑里；邑里之余，乃散之一国。”② 而秦二世胡亥与卫端木叔相比，可谓有过之而无不及。下述描述生动地再现了当时其纵欲的盛况。“五步一楼，十步一阁；廊腰缦回，檐牙高啄；各抱地势，

---

① 《列子·杨朱》。

② 《列子·杨朱》。

钩心斗角。盘盘焉，囷囷焉，蜂房水涡，矗不知其几千万落！长桥卧波，未云何龙？复道行空，不霁何虹。高低冥迷，不知西东。歌台暖响，春光融融；舞殿冷袖，风雨凄凄。一日之内，一宫之间，而气候不齐。”“燕、赵之收藏，韩、魏之经营，齐、楚之精英，几世几年，摽掠其人，倚叠如山。一旦不能有，输来其间。鼎铛玉石，金块珠砾，弃掷逦迤，秦人视之，亦不甚惜。”①

从对上述形形色色的纵欲行为的简要解读中我们不难看出，纵欲主义者的突出表现就是把物质利益看得高于一切，其程度已经趋于极端化和绝对化。非纵欲主义者尽管也有食物、衣物、房屋、车辆、能源、工具等物质利益方面的紧迫需求，但他们需要这些对象主要是出于谋生的目的。而对于纵欲主义者来说，既不存在温饱需求没有得到满足，也不存在生存问题需要迫切解决，甚至可以说纵欲主义者已经到了衣食无忧、应有尽有的程度。既然如此，他们为何对物质利益还这么乐此不疲呢？第一，纵欲主义者与非纵欲主义者对物质利益数量的要求不同。纵欲主义者要求吃要色鲜味美，穿要时尚漂亮，住要富丽堂皇，行要舒适快捷，乐要开心尽兴。而非纵欲主义者只要求吃得饱、穿得暖、住得下，至于行和乐则几乎成了非分之想。由于纵欲主义者和非纵欲主义者在同一时间内消耗的欲望对象的数量没有明显差异，就像伊壁鸠鲁所说的那样：“肚子并不像大众所想象的那样难以满足；真正难以满足的是关于口腹之欲难以餍足的错误信念。”②当金钱成为物质利益的代表之后，纵欲主义者就一门心思在金钱上大作文章。由于经济实力不同的人所消耗的物质利益可以通过其所花费金钱的数量来衡量，因而纵欲主义者想在物质利益的数量上占上风的想法很快就变成现实。此时，一个纵欲主义者与一个非纵欲主义者所吃的食物虽然在数量（或者说重量）上没有多少区别，可是这个纵欲主义者吃一顿饭花了1000元钱，而那个非纵欲主义者吃一顿饭却只花了10元钱。纵欲主义者的优越感正是从他们所花费的金钱数量存在的巨大悬殊上得到具体体现的。第二，纵欲主义者与非纵欲主义者对物质利益质量的要求不同。对纵欲主义者来说，即使拥有锦衣玉食他们也不会满足。而就非纵欲主义者而言，拥有粗茶淡饭他们就已经相当满足。锦衣玉食给身体带来的感受与粗茶淡饭给身体带来的感受当然不可同日而语。在这里，锦衣玉食所耗费的金钱的数量肯定远远高于粗茶淡饭所耗费的金钱的数量。因而，如果人们从

① 杜牧：《阿房宫赋》。

② 伊壁鸠鲁、卢克来修著：《自然与快乐——伊壁鸠鲁的哲学》，中国社会科学出版社，2004年版，第49页。

食物、衣物、住房、车辆、能源、工具等方面给人们带来的快乐和舒适程度上不能直接发现两者的差别，他们通过所花费的金钱的数量就可以轻易发现。第三，纵欲主义者与非纵欲主义者对物质利益内容的要求不同。纵欲主义者在物质利益的内容上要求很高，越多越好，越全越好。非纵欲主义者的要求却很低，他们的生活中不是缺吃就是少穿，不是缺油就是少米。第四，纵欲主义者与非纵欲主义者对物质利益形式的要求不同。纵欲主义者不会满足于千篇一律的单调乏味的生活方式，他们总是设法花样翻新，不断变换着用来满足其欲望的对象的外在形式。非纵欲主义者由于受到自身经济条件的限制，他们可能天天吃的都是同一种食物，一年四季穿的都是同一套衣服，一辈子住的都是同一间房屋。至于乘坐的车辆、消耗的能源和使用的工具，更是"涛声依旧"，一成不变。而不同的物质欲望满足对象所需花费的金钱数量是存在着差别的，一般情况下，陈旧的物质欲望满足对象容易获得，而新型的物质欲望满足对象却需要高科技的投入和创新能力的发挥，这样，取得新型的物质欲望满足对象就必然要付出更大的代价。第五，纵欲主义者往往与其贪婪的本性紧密相关。在纵欲主义者那里，不是欲望满足的客观能力超过欲望满足的主观意愿，恰恰相反，是欲望满足的主观意愿超过欲望满足的客观能力。用一句通俗的话来表达就是虽然"力不足"但是"心有余"。为了实现纵欲的目的，他们不但自己要最大限度地占有物质利益，而且他们还要想方设法地为其家人、亲戚、朋友等谋取物质利益。非纵欲主义者极少有贪婪的表现，只要物质利益需求得到基本满足，他们就会把注意力转移到其他更有意义的活动上去。王符敏锐地发现了对物质利益过分地占有和消耗的严重后果，他说："自古于今，上以天子，下至庶人，蔑有好利而不亡者，好义而不彰者也。"[①] "知利之可娱己也，不知其积而必有祸也。"[②] 物质利益虽然一刻也不可或缺，追求物质利益却应有一定限度，如果人人都不择任何手段、不惜一切代价去竞相争夺，势必就会危及国家的统治、社会的稳定和道德的秩序。

① 王符著：《潜夫论·遏利》。

② 同上。

# 第二节　痴迷于对感官色情的追逐和享受

## 一、感官色情的一般性特征

感官色情是指与欲望主体性需求得以实现有关的一切内容。性需求虽然对欲望主体的生命存在和身体健康不直接构成威胁，但它的实现与否及实现的程度对欲望主体的生命存在和身体健康状况具有重大的影响。如果把“感官”和“色情”分开来理解，我们就会发现，两者所指并非完全相同，前者主要指欲望对象给欲望主体带来的官能感受，亦即欲望对象是否具有一定的审美价值，是否能够给欲望主体带来一定的心理愉悦；后者则主要是指对异性的向往、追求及性欲望的最终实现。“感官”所指较为宽泛，可以视为通往“色情”的必要过渡或铺垫，而“色情”指向明确，就是欲望主体以某一特定对象为目标且由此而获得的性欲满足。感官色情与物质利益虽然都是纵欲主义者津津乐道的对象，但由于两者的性质不同，因而欲望主体对它们的感觉就存在着明显差别。感官色情的承载者是人，而人是有生命有感情的动物，物质利益的承载者为物，物无所谓生命和感情，因而，感官色情对欲望主体心灵的刺激和震撼不仅不亚于物质利益，有时甚至还远远超过物质利益。

孔子曾经探讨过道德需求与本能需求之间的关系，探讨的结果使他大吃一惊，他说：“吾未见好德如好色者也。”① 孔子虽然一直致力于伦理道德的建构，把提升人的道德修养和道德境界视为己任，把君子和贤人作为理想人格来加以塑造，但他发现收效甚微。在孔子看来，人们最喜欢的、最迷恋的，并不是与道德有关的一切，而是美色，是对美色的获得和占有。至于人们为何对美色的兴趣远远超过对仁义道德的兴趣，孔子并未做进一步的考察。“告子曰：‘食色，性也。仁，内也，非外也；义，外也，非内也。’”② 很明显，告子没有再继续停留在对于道德需求与本能需求之间关系的探讨上，告子的考察重心已经发生了转移，这就是，他把物质利益需求与性需求置于同等重要的位置。在告子看来，物质利益

① 《论语·子罕》。
② 《孟子·告子上》。

需求与性需求都是人的本能需求不可或缺的组成部分，由于这两种需求与生俱来，因而肯定其中一种需求而否定另一种需求就是片面的，重视其中一种需求而轻视另一种需求就是偏颇的。

伊壁鸠鲁说：“我从你的信中得知你的天性使你过分地沉溺于性爱。这么说吧，只要你不违反法律或社会习俗或干扰邻居或搞垮身体或花光钱财，你可以跟着天性走，做你想要做的事情。但是你几乎不可能不受到这当中起码一种问题的困扰。”① 伊壁鸠鲁的上述言论显然包含着两层意思：一是性爱无可厚非，二是性爱不能具有什么危害性。在伊壁鸠鲁看来，性爱的危害性至少可能包括五种，即违反法律、破坏社会习俗、干扰邻居、损害身体、耗费钱财。伊壁鸠鲁提及的这些危害性实际上是对性爱所做的限制。在这里，伊壁鸠鲁已经把性欲望的满足与其可能导致的社会问题联系起来，这些社会问题涉及法律、习俗、他人的感受、个体健康及经济损失等，我们发现，在伊壁鸠鲁所做的含蓄表述中，性爱都不如这些社会问题重要。换言之，在性爱与性爱所可能产生的负面影响之间，宁可选择不违反法律、不破坏社会习俗、不干扰邻居、不损害身体、不花光钱财，也不能选择性爱。伊壁鸠鲁对性爱明显持一种有所保留的态度。休谟说：“异性不但是性欲的对象，而且是它的原因。不但当我们受到性欲的激动（从上下文看，用‘驱动’一词去替换‘激动’更符合作者原意。——笔者注）时，要把观点转向异性，而且一想到异性，就足以刺激起性欲来。”② 休谟深刻地揭示了性欲本身的实质。从休谟的上述论述中，我们发现休谟涉及两大问题：一是主体性欲产生的根源，二是主体性欲得以满足的对象。他的论述表明，主体性欲产生的根源是异性，主体性欲得以满足的对象也是异性。既然如此，在有关性欲的问题上，把关注的目光投向同性显然是错误的，而只有投向异性才是唯一正确的选择（同性恋作为异类自然不在讨论之列）。爱尔维修通过对众多历史事实的考察，他发现了一个奇特现象，这就是人们对于美色的兴趣似乎远远超过了世界上任何东西，军事统帅就利用人性的这一致命弱点，把美女作为至高无上的奖品奖给那些在险恶的战争环境中出生入死并立下赫赫战功的士兵，其目的在于激励另一些士兵继续英勇杀敌、冲锋陷阵，以此达到最终获胜的目的。爱尔维修说：“事实上，感官的快乐对我们有多么大的威力啊！他们把特拜人的军团造成了一

① 伊壁鸠鲁、卢克来修著：《自然与快乐——伊壁鸠鲁的哲学》，中国社会科学出版社，2004 年版，第 48 页。

② 休谟著：《人性论》下册，商务印书馆，1980 年版，第 434 页。

支战无不胜的军团；当征服者瓜分被征服者的财物和妇女的时候，子女玉帛鼓舞了古代民族最大的勇气，培养了这些道德的桑姆尼特人（古代意大利中一个民族，屡胜罗马——译者注）的性格，在他们那里最大的美人乃是最大的美德的奖赏。”① 爱尔维修接着说：“我还要举出一种风俗，表面看来非常离奇，流行在昆斯那伽尔王国，它的京城是那尔辛伽。根据一些流行家的报道，这个帝国的国君为了培养战士的勇敢，收买、养育并且以最冶艳、最华丽的衣饰打扮了一些标致女人，专供立有殊功的战士享乐。他用这个办法鼓舞了他的臣民最大的勇气；他把邻邦的战士都吸引到自己的宫廷里来了，他们满心希望享受这些美女，抛弃了自己的故土，来到那尔辛伽安家立业；他们在这里吃的只是狮肉虎肉，喝的只是狮血虎血。”“从以上所举的例子里可以得出结论：感官的痛苦和快乐可以激起我们的各种欲望、情感和美德。……”“我对于感情的起源所说过的这些话的总的结论就是：感官的痛苦和快乐致使人们行动和思想，它们是推动精神界的唯一砝码。”②

把上述分析概括起来，我们发现感官色情具有如下特征。第一，感官色情虽然不像物质利益那样直接威胁到人的生命存在和身体健康，人们对于感官色情需求的强烈程度却可能胜于一切，这从爱尔维修的下述言论可以得到证明：“事实上，如果说爱情的快乐对于男子来说是一种最强烈的快乐，又有哪一种包含在这种快乐里的勇敢的种子、哪一种对于美德的热忱不能为好色的欲望所鼓动呢？”③“连见了最软弱的动物也会发抖的胆怯的动物，也由于爱情而胆大起来。动物奉了爱情的命令停下脚步，抛弃一切恐惧，起来攻打与它同样的，甚至比它气力大的动物。爱情不怕任何危险，任何劳苦。它是生命之源。欲望衰退，人也就失去了活力，死亡也就逐渐占据了他。”④ 第二，感官色情虽然只是人的本能需求的一部分，但由于它的指向是多姿多彩的异性，因而与冷冰冰和硬邦邦的物质利益相比，它往往具有物质利益所无法比拟的生动性和诱惑力。第三，人类进入文明时代以后，由于政治、宗教、道德等多方面的原因，两性之间正常的性需求及其满足常常受到人为的压抑和扭曲，这样，在一种“物以稀为贵”的心理驱使下，原本极为平常的与吃饭、穿衣没有任何区别的性活动就被赋予了具有政治意图、宗教禁忌和道德观念的不同寻常的含义，感官色情的自然属性和真实面目从而被

---

① 《十八世纪法国哲学》，商务印书馆，1963 年版，第 473 页。

② 同上，第 474—475 页。

③ 同上，第 474 页。

④ 同上，第 498 页。

遮蔽了起来。第四，感官色情的对象一般应具备两种功能。其一是实用功能。这种功能基于同性相斥、异性相吸的原理。异性的身体为欲望主体所必需，别的任何东西无法取代，这是一种生物学意义上的规定性。其二是审美功能。这种功能的核心是欲望对象与欲望主体的审美标准之间的契合度。具体说来就是，在众多的异性之中，欲望主体偏偏只钟情于某一特定对象而对其他对象却未表现出丝毫兴趣。一般来说，对象的整体形象与欲望主体审美标准的契合度越高，主体就越有可能将其纳入自己的视野并作为重要目标来追求，反之，则可能视而不见，更不可能与其发生任何关系。中国古代著名美女夏姬就兼具了实用和审美这两种功能，因而，很多男性见到她就被她深深地吸引。据说，夏姬有三个丈夫，即妫御（又称御叔、夏御叔）、连尹襄老、屈巫；有五个情人，即公子蛮、孔宁仪、行父、陈灵公、黑要。[①] 史书上说："陈女夏姬者，陈大夫夏征舒之母，御叔之妻也。其状美好无匹，内挟伎术，盖老而复壮者。三为王后，七为夫人。公侯争之，莫不迷惑失意。夏姬之子征舒为大夫，公孙宁仪、行父与陈灵公皆通于夏姬，或衣其衣，或裴其幡，以戏于朝。泄冶见之，谓曰：'君有不善，子宜掩之。今自子率君而为之，不待幽闲于朝廷，以戏士民，其谓尔何？'二人以告灵公，灵公曰：'众人知之，吾不善无害也。泄冶知之，寡人耻焉。'乃使人征贼泄冶而杀之。灵公与二子饮于夏氏召征舒也，公戏二子曰：'征舒似汝。'二子亦曰：'不若其似公也。'征舒疾此言。灵公罢酒出，征舒伏弩厩门，射杀灵公。公孙宁仪、行父皆奔楚，灵公太子午奔晋。其明年，楚庄王举兵诛征舒，定陈国，立午，是为成公。庄王见夏姬美好，将纳之，申公巫臣谏曰：'不可。王讨罪也，而纳夏姬，是贪色也。贪色为淫，淫为大罚。愿王图之。'王从之，使坏后垣而出之。将军子反见美，又欲取之。巫臣谏曰：'是不祥人也。杀御叔，弑灵公，戮夏南，出孔仪，丧陈国。天下多美妇人，何必取是！'子反乃止。庄王以夏姬与连尹襄老，襄老死于邲，亡其尸，其子黑要又通于夏姬。巫臣见夏姬，谓曰：'子归，我将聘汝。'及恭王即位，巫臣聘于齐，尽与其室俱，至郑，使人召夏姬曰：'尸可得也。'夏姬从之，巫臣使介归币于楚，而与夏姬奔晋。大夫子反怨之，遂与子重灭巫臣之族而分其室。诗云：'乃如之人兮，怀昏姻也，大无信也，不知命也。'言嬖色殒命也。"[②] 被誉为明末清初"秦淮八艳"之一的陈圆圆（陈沅）与此类似，因其"声甲天下之声，色甲天下之色"而倾倒了无数男人。

① 见百度百科词条："夏姬"。

② 刘向著：《列女传》

据说吴三桂见到陈圆圆后，深感“神移心荡”，田弘遇便将其赠送吴三桂做爱妾。谁知李自成领导的农民军攻占北京后，大将刘宗敏却把陈圆圆据为己有。吴三桂得知陈圆圆遭劫，愤而引清兵入关，攻打李自成，致使大顺王朝覆灭，轰轰烈烈的明末农民起义最后以失败而告终。[①] 明末清初诗人吴伟业在其《圆圆曲》中写道：“恸哭六军俱缟素，冲冠一怒为红颜。”史料亦有佐证：“初，三桂奉诏入援至山海关，京师陷，犹豫不进。自成劫其父襄，作书招之，三桂欲降，至滦州，闻爱姬陈沅被刘宗敏掠去，愤甚，疾归山海，袭破贼将。”[②]

## 二、纵欲主义在感官色情上的特殊表现

纵欲主义把感官色情推向了前所未有的极致和巅峰，非纵欲主义对感官色情却没有特殊要求，对他们来说，不要说感官需求，就是性需求也只是一种平常的本能需求，没有必要无限地夸大它的重要性，更不能将其上升到取代一切的地步。在实践中，纵欲主义者与非纵欲主义者存在着明显区别，具体体现在：第一，纵欲主义者与非纵欲主义者在感官色情方面的沉醉程度不同。对纵欲主义者来说，什么都可以缺少，就是感官色情的满足不能缺少；什么都可以放弃，就是对美色的享受不能放弃。用来满足其需求的对象，只要是相貌出众，他们就觉得难以割舍；只要是楚楚动人，他们就无法自拔。公孙穆即是一个典型的例子。“［公孙］穆之后庭比房数十，皆择稚齿婑媠者以盈之。方其耽于色也，屏亲昵，绝交游，逃于后庭，以昼足夜；三月一出，意犹未惬。乡有处子之娥姣者，必贿而招之，媒而挑之，弗获而后已”。[③] 非纵欲主义者往往显得克制和冷静，只要能够得到适当满足，他们就不再见异思迁。他们对与其朝夕相处的生活伴侣相当专一，这种专一是把感情和心思倾注到一个固定的对象上，它与纵欲主义者不问世事，只对所有有姿色的异性着迷的情形大相径庭。第二，纵欲主义者与非纵欲主义者对异性数量的要求不同。纵欲主义者往往贪得无厌，对于有一定姿色的异性，他们不但来者不拒，而且希望多多益善。只要能把那些让人耳目一新的异性弄到手，他们甚至可以赴汤蹈火、在所不辞。非纵欲主义者对异性的数量没有什么非分之想，在他们看来，能够和一个异性和睦相处、共同生活就已经不错，要

① 见百度百科词条：“陈圆圆”。
② 张廷玉等著：《明史·流贼》。
③ 《列子·杨朱》。

是异性数量太多，不仅不是什么好事，而且可能还会给自己带来无穷烦恼。第三，纵欲主义者与非纵欲主义者对异性长相的要求不同。纵欲主义者对异性的长相要求很高，不但要五官端正，体型性感，青春年少，而且还要具备一定的文化素质和艺术修养，能歌善舞者最佳。中国古代的不少皇帝都有这种倾向。他们先是让一群美女在自己面前唱歌跳舞，继而从中选出最让自己动心者陪自己共度良宵。南北朝时期陈朝后主陈叔宝就是这方面的典型。据史书记载："后主愈骄，不虞外难，荒于酒色，不恤政事，左右嬖佞珥貂者五十人，妇人美貌丽服巧态以从者千余人。常使张贵妃、孔贵人等八人夹坐，江总、孔范等十人预宴，号曰'狎客'。先令八妇人襞采笺，制五言诗，十客一时继和，迟则罚酒。君臣酣饮，从夕达旦，以此为常。而盛修宫室，无时休止。税江税市，征取百端。刑罚酷滥，牢狱常满。"① 对这种花天酒地的生活，陈叔宝不但没有刻意掩饰，而且还写了一首叫作《玉树后庭花》的诗把他骄奢淫逸的纵欲生活栩栩如生地展示给世人："丽宇芳林对高阁，新装艳质本倾城。映户凝娇乍不进，出帷含态笑相迎。妖姬脸似花含露，玉树流光照后庭。花开花落不长久，落红满地归寂中。"这首诗被后人称为"亡国之音"。对此，朱敬则评价道："嬖妾五十，尽有珥貂之容；丽服一千，咸取夭桃之色。加以贵妃夹坐，狎客承筵。玉貌绛唇，咀嚼宫徵；花笺彩笔，吟咏烟霞。长夜不疲，略无醒日。……嗟乎！龙盘虎踞之地，露草衣；千门双阙之间，风烟歇绝。临江离别之感，赴洛呜咽之悲。五百里之俘囚，累累不绝；三百年之王气，寂寂长空。一国为一人兴，前贤以后愚灭，其来尚矣。"②第四，纵欲主义者与非纵欲主义者获取异性的方式不同。为了取得觊觎已久的美色，纵欲主义者往往采取不正当手段，或借助于手中掌握的政治权力，或凭借手中握有的大量金钱，或施展阴谋诡计，或通过暴力手段……中国古代的大多数帝王能够达到妻妾成群，拥有三宫六院，最主要的原因，就是他们的手中握有生杀予夺的大权。在这些帝王根深蒂固的意识中，整个天下都是他自己的，难道天下的异性还不是自己的？因此，他们看中谁谁就是他们纵欲的对象，他们喜欢谁谁就没有办法逃脱他们的掌心。对所有属于他们的纵欲对象，他们不但拥有使用权，最主要的是拥有所有权。既然拥有所有权，那就神圣不可侵犯。这些人即使常年苦守深宫，也不能与其他异性随便乱来。从这个意义上讲，帝王们与他们选中的异性之间的关系实际上就是一种人身依附关系。徐昭佩虽然是南朝梁元帝萧

① 李延寿著：《南史·陈本纪》。

② 朱敬则著：《陈后主论》。

绎做湘东王时的正室王妃，但他们两人关系并不融洽，这主要是因为梁元帝存在着明显的生理缺陷：只有一只眼睛，相貌不雅。每次梁元帝临幸徐妃，徐妃“必为半面妆以俟”，理由是只有那只正常的眼睛能够看到化过妆的那半边脸，对于另外一只不存在的眼睛来说就没有任何化妆的必要。这种做法无疑极大地伤害了梁元帝的自尊心，他于是“大怒而出”，从此长年不入徐妃寝宫。徐昭佩既是一个有着七情六欲的女人，同时又是一个不安分守己的女人。由于耐不住寂寞，便与荆州瑶光寺中的智远僧人时常私通。不久又看中了朝中大臣暨季江，由于暨季江丰姿神态犹如玉树临风，徐妃便悄悄将其引入后宫，密与交欢。梁元帝得知此事后忍无可忍，不仅逼徐妃投井自杀，把包括智远僧人在内所有与徐妃私通过的人全部杀掉，而且还写了一篇名叫《荡妇秋思赋》的文章述其淫行，以泄其愤。[1] 中国历史上唯一的女皇帝武则天也与此不相上下。武则天有两任丈夫：第一任丈夫兼公爹是唐太宗李世民，第二任丈夫是唐高宗李治。除此而外，她还有不少面首（男宠）。据（晋）刘昫在《旧唐书》中的记载，武则天的面首起初有薛怀义、张易之、张昌宗、沈南等，他们都是相貌英俊、体格健壮的男人。后来数量增多，为了加强对他们的管理，公元 698 年，武则天成立了控鹤监。公元 700 年，她又将控鹤监改为奉宸府，由张易之、张昌宗二兄弟亲自管理，张氏兄弟以“皇后”和“贵妃”的身份出现，俨然武则天所有“妃嫔”的总管。[2] 第五，纵欲主义者与非纵欲主义者追求异性的动机不同。由于纵欲主义者追求异性的唯一动机就是为了最大限度地满足其生理和心理的需要，最大限度地获得刺激和快感，因而，他们对那些供他们寻欢作乐的异性没有任何尊重可言，更谈不上有什么感情，无论对方长得如何貌若天仙，到了他们那里都成了他们打发时光、发泄私欲的工具。非纵欲主义者则不然，他们之所以要获得异性，满足其性需求仅仅是其中一个目的，另一个重要目的则是为了繁衍子孙（所谓“为后，非为色也”即属此类情形），鉴于异性同时具备满足性欲和再生产人口的双重功能，因而成为非纵欲主义者的最佳选择对象也就顺理成章。在此情况下，欲望主体对与其在一起生活的异性不但能够做到尊重谦让，而且还能够做到关心体贴。

由于纵欲主义者过分沉溺于美色，因而由此衍生出任何结果都不会让人感到吃惊。美色既然是一种不可多得的“高价值目标”，那些鹤立鸡群的异性就容易被政治策略和军事斗争所利用。中国古代四大美女之一，春秋时期越国民女西施

① 见百度百科词条：“徐昭佩”。

② 见百度百科词条：“武则天”。

就没能摆脱这种厄运。越王勾践三年（公元前494），吴王夫差在夫椒（今江苏省吴县西南）击败越国，越王勾践被吴军围困于会稽山（今浙江省绍兴南），被迫向吴国求和，勾践入吴为质。释放归越后，为了报仇雪恨，勾践卧薪尝胆，并针对吴王淫而好色的弱点，接纳大夫文种的灭吴九策，其中一策便是美人计。文种把西施作为最珍贵的礼物献给夫差，吴王夫差得到西施，便终日沉浸在对于美色的纵情享乐之中，不理朝政，放松了对越国的戒备和警惕。曾经不可一世的吴国最终为越国所灭。[①] 同属中国古代四大美女之一，东汉末年司徒王允歌女貂蝉，则成了一场军事斗争的牺牲品。因貂蝉相貌倾国倾城，王允眼看董卓将篡夺东汉王朝，便设下连环计。王允先把貂蝉暗地里许给吕布，再公开把貂蝉献给董卓。吕布英雄年少，董卓老奸巨猾。为了拉拢吕布，董卓收吕布为义子。两人都非常好色。从此以后，貂蝉周旋于两人之间，送吕布以秋波，报董卓以好感，两人被撩拨得神魂颠倒。自董卓收貂蝉入府为姬之后，吕布便心怀不满。一日，乘董卓上朝时，吕布入董卓府探望貂蝉，并邀其到凤仪亭相会，貂蝉见了吕布，伤心哭诉被董卓霸占之苦，试图以此激怒吕布。这一幕恰巧被回府的董卓撞见，盛怒之下，董卓抢过吕布的方天画戟直刺吕布，吕布飞身逃走，从此两人因争风吃醋而互相猜忌，王允便说服吕布，铲除了董卓。[②]

① 见百度百科词条："中国古代四大美女"。

② 同上。

# 第三章　纵欲主义的伦理维度

无论是对于物质利益的超常占有和消耗，还是对于感官色情的过分追逐和享受，纵欲主义既不是一种孤立无助的现象，也不是无缘无故产生的。就是说，每一种纵欲行为的背后都一定有一种理念始终在支配着、指导着它。那么，这种始终支配着并指导着它的理念是什么呢？通过考察，我们发现，纵欲主义的产生和存在具有一定的理论基础，这种理论基础就是伦理学依据。众所周知，“善”与“恶”是伦理学的两大核心范畴，纵欲主义就把这两大核心范畴与它自身紧密地联系起来，进而认定：凡是能够给自己带来快乐的东西都是善的，凡是能够给自己带来痛苦的东西都是恶的。不仅如此，当面对程度不同的两种快乐时，就选择较大的那种快乐，当面对程度不同的两种痛苦时，就选择较小的那种痛苦。纵欲主义正是通过理性地权衡利弊得失的方式来达到其趋乐避苦的目的的，也就是达到其从善弃恶的目的的。

## 第一节　凡乐皆善

### 一、快乐至上

纵欲主义把获得、经历和体验快乐看得高于一切。在纵欲主义看来，凡是能给人带来快乐的东西都是值得向往和追求的，都是应该全身心地投入的。《吕氏春秋》从“贵生”的理念出发，把快乐分为局部快乐和整体快乐。具体地说，就是实现主体的某一感官或某些感官的快乐固然重要，但这种快乐应当服从和服务于主体的生命存续这一终极目标。在生命存续不受到任何负面影响的前提下去追求局部快乐无可厚非，如果生命存续受到了负面影响，那么就只能放弃局部快乐。耳朵想听到悦耳的声音，眼睛想看到美丽的景色，鼻子想闻到馥郁的气味，嘴巴想吃到可口的食物，所有这一切都极为正常，如果这些听觉上的、视觉上的、嗅觉上的和味觉上的目标都实现了，相关的感觉器官就会产生舒服感，这种舒服感也就是一种快乐，这种快乐无疑是值得肯定和赞许的。由于所有局部结合在一起就是整体，因而局部快乐的实现在某种意义上就是整体快乐的实现。实际生活中却常常出现这样的情形，局部快乐实现了，但整体快乐没有实现，有时甚至局部快乐的实现还会严重阻碍整体快乐的实现。"因小失大""小不忍则乱大谋"等说法的含义正与此相通。在此情况下，就必须从全局出发，暂时牺牲局部快乐，只有这样，才能为整体快乐的实现铺平道路和创造条件。因为整体大于局部，整体快乐的实现就意味着局部快乐的实现，而局部快乐的实现并不等于整体快乐的实现。"圣人深虑天下，莫贵于生。夫耳目鼻口，生之役也。耳虽欲声，目虽欲色，鼻虽欲芳香，口虽欲滋味，害于生则止。"[①]《列子》则从"乐生"和"逸身"的立场出发，它不仅没有背离快乐的宗旨和原则，而且还在其纵欲主义中注入了主从理念。身体的快乐胜于一切，其他的虚名浮利都无足轻重。如果放弃身体的舒服和生命的快乐去干那些沽名钓誉的没有任何实际意义的事，那无疑是轻重倒置的愚不可及的表现。鉴于此，顺其自然、"从心而动""从性而游"才是人生的最佳选择。不仅如此，在追求快乐的时候，还要把着眼点放在当下，放在实实在在的现实生活中。为了某种虚幻目的而刻意地压抑和克制自己正常欲望的行为是一种不可取的行为，拥有丰衣足食却偏偏要过艰苦日子、拥有万贯家财却偏偏要过守财奴生活的做法是一种不值得提倡的做法。一句话，就是要不失良机及时行乐。"太古之人知生之暂来，知死之暂往；故从心而动，不违自然所好；当身之娱非所去也，故不为名所劝。从性而游，不逆万物所好，死后之名非所取也，故不为刑所及。名誉先后，年命多少，非所量也"。[②] 管子则根据欲望满足的状况来判断主体的具体感受。在他看来，如果主体的欲望得到满足，主体就会感到快乐。反之，则会感到痛苦。值得注意的是，欲望满足的状况决定主体的具体感受这一结论不仅适用于某个人或某类人，而且对所有人群都适用，因而具有普遍性。只要是人，不管这个人的权力是大还是小、职位是高还是低、身份是贵还是贱，他都得受制于它。因此，主体欲望的满足也就成了当务之急。管子

① 《吕氏春秋·贵生》。

② 《列子·杨朱》。

说："凡人之情，得所欲则乐，逢所恶则忧，此贵贱之所同有也。"①

普罗迪科说："喜悦只能通过学习和参与心灵的理智活动获得，但是快乐是从吃喝玩乐这些身体享受的形式中产生的。"② 显然，普罗迪科把"喜悦"和"快乐"做了一个明确的区分，区分的结果显示，"愉悦"来自于心灵或精神，而"快乐"来自于身体或感官。他的这种区分虽然具有一定启发性，但他究竟是倾向于获得来自于心灵或精神的"愉悦"还是倾向于获得来自于身体或感官的"快乐"，我们不得而知。在快乐问题上，普罗泰戈拉则在"高尚""好"和"快乐"等概念之间画上了等号。在普罗泰戈拉看来，"高尚"就是"快乐"，"好"也是"快乐"，"高尚"和"好"都是"快乐"。但究竟什么才算"高尚"，什么才算"好"，什么才算"快乐"，普罗泰戈拉未做具体说明。因此当苏格拉底说："如果它是高尚的和好的，那么它也是快乐的。"普罗泰戈拉就回答说："我们对此一定会表示同意。"③ 在古希腊哲学家当中，西米亚斯是一个在快乐问题上态度相当偏执的人。这具体表现在：他认为，快乐是生命的内在要求，人如果失去了身体快乐，或者说不喜欢身体快乐，那活着就没有任何意义，没有意义的生活就无异于死亡。在这里，西米亚斯明显地把快乐片面化和绝对化了。除了身体快乐，人还有着其他快乐。另外，不是人们不喜欢身体快乐，而是他们通过自身努力，无法获得身体快乐。因而当苏格拉底问"希米亚斯，许多人会想，在这些事情中找不到快乐或者根本没有身体快乐的人不配活着，从来不想要身体快乐的人已经有一只脚伸在坟墓里了，对吗？"时，西米亚斯就毫不犹豫地回答说："完全正确。"④ 伊壁鸠鲁的看法则与《列子》的主张大同小异。伊壁鸠鲁说："如果带来放荡快乐的东西真的能够解除内心对于天象的、死亡的和痛苦的恐惧，如果它们能够教导人明白欲望的界限，那么我们也就看不出有什么指责他们的必要了，因为他们沉醉在一片快乐中，一点也不感到身体的痛苦和心灵的悲伤。"⑤ 伊壁鸠鲁接着说："我们决不能抵抗自然，而应当服从她。当我们满足必要的欲望和不会引起伤害的身体欲望的时候，当我们坚决地拒绝有害欲望的时候，我们

---

① 《管子·禁藏》。

② 《柏拉图全集》（第一卷），人民出版社，2002年版，第460页。

③ 同上，第486页。

④ 同上，第62页。

⑤ 伊壁鸠鲁、卢克来修著：《自然与快乐——伊壁鸠鲁的哲学》，中国社会科学出版社，2004年版，第39页。

就是在满足自然［的欲望］。”[①] 在伊壁鸠鲁看来，人应当尽力满足自己的欲望，这是自然本身的要求。饿了就要吃，渴了就要饮，冷了就要穿，遭遇日晒雨淋就要设法找一个栖身之所。这种做法就是顺应自然的做法，也是获得快乐的做法。如果人们饿了故意不吃，渴了故意不饮，冷了故意不穿，遭遇日晒雨淋也不设法躲避一下，明明可以获得快乐而偏偏去选择痛苦，这显然就是在有意与自然作对，这样的人是不值得尊重的。但伊壁鸠鲁还是不忘为他的主张设定一个前提，这就是，不能产生任何负面影响，不能出现任何不利后果。伊壁鸠鲁一直保持着一份难得的理性和冷静态度。当这个问题得到了妥善解决，当这种顾虑被完全排除，接下来的一切都顺理成章。伊壁鸠鲁说：“最大的好事［快乐］开始的时间，就是它被享受的时间。”[②] 伊壁鸠鲁在把快乐的开始视为享受的开始的同时，实际上他已经把快乐等同于享受了。

总体而言，上述思想家在快乐问题上尽管存在着这样或那样的差别，他们的主旨自始至终却只有一个，这就是：唯有快乐至高无上，舍此无他。

## 二、有欲即遂

主体一旦产生了需要得到某种对象的欲望，他就希望获得满足。如果得不到满足，他就会感到异常痛苦。同样，主体一旦对某种对象产生了排斥和厌恶心理，他就希望这种对象赶紧远离他。如果这种对象始终没有被摆脱，他就会感到特别痛苦。主体喜欢也好，厌恶也罢，总之，这些对象的降临都是不以人的主观意志为转移的。只要是主体，他既可能会碰到使自己愉悦的对象，也有可能遭遇到让自己反感的对象。不能说主体渴求某种对象，这种对象就会自动出现，也不能说主体厌烦某种对象，这种对象就不会到来。《吕氏春秋》所表达的正是这样一种思想。“天使人有欲，人弗得不求；天使人有恶，人弗得不辞。欲与恶，所受于天也，人不得与焉，不可变，不可易”。[③] 荀子的主张与此相近。荀子认为，在相互对立的两种状态中，人们都有获得美好的、积极的、正面的、肯定性的对象这样一种向往和追求，如果他们的目标没有达到，他们一定会想方设法去达

① 伊壁鸠鲁、卢克来修著：《自然与快乐——伊壁鸠鲁的哲学》，中国社会科学出版社，2004 年版，第 45 页。

② 伊壁鸠鲁、卢克来修著：《自然与快乐——伊壁鸠鲁的哲学》，中国社会科学出版社，2004 年版，第 47 页。

③ 《吕氏春秋·大乐》。

到。如果他们已经达到了，他们就会获得暂时的满足，他们继续实现这种目标的脚步就会停下来。因而荀子说："夫薄愿厚，恶愿美，狭愿广，贫愿富，贱愿贵，苟无之中者，必求于外，故富而不愿财，贵而不愿势，苟有之中者，必不及于外。"[①] 不仅如此，荀子还发现了暗含于其中的普遍性和规律性。这种普遍性和规律性表现在人们"好荣恶辱""好利恶害"的趋势不因其身份的不同而存在任何差别，差别只在于他们达到自己目标所采取的手段或方式。荀子说："好荣恶辱，好利恶害，是君子、小人之所同也，若其所以求之之道则异矣。"[②] 荀子还把考察的视野从宏观转向微观，他对一国之君也做了深入探讨，探讨的结果是一国之君也不例外，他们也同样要受到这种普遍性和规律性的制约。一国之君虽然在权力、地位、身份等方面与普通百姓不可同日而语，但他们也有七情六欲，他们也不乏普通人的心理和想法，他们都不希望看到自己的国家处于弱小、危险和屈辱的境地，而是相反，都希望看到自己为政的国家强大、安全和荣耀。怎么才能实现这一宏大目标呢？荀子认为没有任何捷径可走，最重要的是要确定主攻方向，制定合理方案，然后每一个人都尽到自己的主观努力。"为人主者莫不欲强而恶弱，欲安而恶危，欲荣而恶辱，是桀纣之所同也。要此三欲，辟此三恶，果何道而便？曰：在慎取相，道莫径是矣"。[③]

在欲望及其满足问题上，中西方思想家之间除了表述不同，好像并无明显差异。苏格拉底问："一个有欲望、有爱慕之心的人有可能不去爱他想要得到的爱慕的事物吗？"美涅克塞努的回答是，"我认为不可能。"[④] 这里的所谓"想要得到的爱慕的事物"实际上就是指用来满足欲望的对象。如果不是用来满足欲望的对象，欲望主体就不想得到，更不可能表示出爱慕之情。苏格拉底问："凡是有欲望，必定是想要得到缺乏的东西。不对吗？"美涅克塞努答："对。"苏格拉底说："缺乏者对想要的东西表示友好。"美涅克塞努答："我想是这样的。"苏格拉底问："变得缺乏就想要获得吗？"美涅克塞努答："当然。"[⑤] 苏格拉底和美涅克塞努的上述对话包含着如下思想：第一，欲望产生的根源在于缺失。缺失的内容究竟是什么，这要根据主体的具体情况而定，有可能是用来充饥的食物，有可能是用来取暖的衣物，有可能是用来居住的房屋，有可能是用来出行的交通工

① 《荀子·性恶》。
② 《荀子·荣辱》。
③ 《荀子·君道》。
④ 《柏拉图全集》（第一卷），人民出版社，2002 年版，第 227 页。
⑤ 同上，第 227—228 页。

具，还有可能是用来满足性需求的异性。第二，欲望主体对缺失的对象表示出好感。饥饿而没有食物时当然就喜欢食物，寒冷而缺少衣物时当然就喜欢衣服，遇到刮风下雨而没有遮风避雨之所时当然就喜欢房屋，想到达遥远的目的地而没有交通工具时当然就喜欢交通工具，面临性饥渴而身边没有合适的异性可以满足时当然就喜欢合适的异性。第三，欲望主体迫切希望得到缺失的对象。只有吃了食物才能饱腹，只有穿上衣物才能暖和，只有钻进房屋才能免受风吹雨打之苦，只有乘上了交通工具才能免受徒步之累，只有得到合适的异性才能免除因性饥渴而引发的身心不适。霍尔巴赫曾对动物的需要做过分析，他认为，动物的需要不但不是固定的，而且还呈现出从简单到复杂的变化轨迹，这一轨迹并非外来因素所致，而是由动物自身的本性所决定的。霍尔巴赫虽然没有直接提及身为高等动物的人，但既然属于动物，人也不可能偏离这一变化轨迹。不仅如此，人的需要可能还远比普通动物要多得多。霍尔巴赫说："同一个动物，凭着它的机体，连续不断地由简单的需要走向更为复杂的需要，而这些复杂的需要也同样是它的本性的结果。"[①] 在人性问题上，霍尔巴赫虽然持性无善恶论，但他仍然坚持人一直在寻求自己的幸福，仍然没有否定人有趋乐避苦的倾向。"人从本性上说既不善也不恶。他一生之中时时刻刻都在寻求幸福，他的一切能力都用在取得快乐和规避痛苦上面。"[②] 霍尔巴赫的与众不同之处在于，他对"幸福"和"快乐"这两个概念做了比较明确的区分。区分的结果是，"幸福"不仅是一种连续的和稳定的快乐，而且还应当无损于人的生存。从这种界定可以看出，人要达到幸福的状态是很困难的，获取快乐就已经不易，如果还要在此基础上保持一种连续性和稳定性就更是难上加难。无损于人的生存这个条件其实也很难具备。由于快乐往往与痛苦并存，利益常常和弊端共生，因而想要单纯获得快乐而不受到任何痛苦的困扰，或者想要单纯得到利益而不附带任何弊端确实不可思议。尽管如此，霍尔巴赫还是认为，人们从来就不曾停下过他们追求幸福的脚步。霍尔巴赫说："幸福只是连续的快乐。我们无法怀疑：人在一生中的任何时刻都在寻求幸福；由此可见，最持久、最扎实的幸福，乃是最适合于人的幸福。因此道德学应当鼓励人追求幸福，而不应当阻碍他。建立道德学，为的是给人指出最持久、最实在、最真实的幸福或快乐，并且向人证明应当宁取这种幸福而不要那暂时的、表面的、骗人的幸福。""要感到幸福，就必须生存；所以人凭着本性就应当寻求自保，

① 《十八世纪法国哲学》，商务印书馆，1963年版，第570页。
② 同上，第644页。

逃避能够危害他的生存或使他的生存艰苦的一切。由此可见，人应当在他的各种快乐中间进行选择，他看成幸福的，应当只是那些决不损害他的存在的快乐，无论是当下的损害，还是凭着遥远的后果造成的损害。”①

## 三、满足欲望的手段

主体产生了欲望无疑就需要得到满足，满足的对象从何而来却很少有人做过专门的思考。通常，用来满足欲望的对象大致可以分为两类，一类是现存对象，另一类是非现存对象。空气、阳光、土地、燃料等属于现存对象。由于这些对象的数量基本能够满足整个人类的需要，因而无须通过人类劳动的投入即可获得。食物、衣物、房屋和交通工具等属于非现存对象。在此类对象中，有一些虽然属于天然存在物，比如植物的果实和动物的肉类，但由于人类的不断繁衍和人口的持续增加，它们逐渐被消耗掉了，因而，即使还有一定数量，这一数量也已经不能满足人类巨大的需求，需要重新被创造出来；有一些对象并非天然存在物，比如说房屋和交通工具等，它们一开始就是人类劳动的产物，没有人类的时候，它们是不存在的。由于此类对象一直为人类的生存所需，因而它们就必须被源源不断地创造出来。这样，不管是天然存在物，还是非天然存在物，只要它们的数量不足以满足人类生存的需要，都必须被创造出来。而创造绝非易事，它需要人类付出艰辛的代价。这里的艰辛代价不是别的，主要是指体力或脑力的付出。而不管是付出体力还是脑力，它都会给人带来痛苦。在此情况下，并不是人人都愿意付出一定的体力或脑力。爱尔维修是少数探讨过这方面问题的思想家之一。他说：“为了穿衣，为了打扮自己的情妇或妻子，使他们得到快乐，为了养活自己和家属，总之为了享受与肉体需要的满足相联系的快乐，工匠和农夫才思想、想象和劳动。因此肉体的感受性乃是人的唯一动力。因此像我就要证明的那样，人只能感受两类的痛苦和快乐。一类是肉体的快乐和痛苦，另一类是预料或记忆的痛苦和快乐。”② 在这里，爱尔维修首先揭示了欲望满足与劳动之间的关系。爱尔维修认为，欲望要得到满足，就必须身体力行，就必须参与到劳动活动之中，否则，人们的欲望越多，他们需要的对象就越多，如果没有数量可观的对象来加以满足，他们就会感到痛苦。此外，爱尔维修还把快乐和痛苦分为两种，一种是

① 《十八世纪法国哲学》，商务印书馆，1963 年版，第 649 页。

② 同上，第 496 页。

“肉体的快乐和痛苦”，另一种是预料的或记忆的快乐和痛苦。可以把前者理解为现实的快乐和痛苦，后者理解为非现实的快乐和痛苦。所谓现实的快乐和痛苦就是肉体直接感知到的快乐和痛苦，所谓非现实的快乐和痛苦就是曾经留存在记忆里的快乐和痛苦或者还没有发生的快乐和痛苦。爱尔维修如此区分的目的在于：不管是现实的快乐和痛苦还是非现实的快乐和痛苦，它们都必然对人产生重大影响，因而都需要设法得到解决。爱尔维修接着说：“人的推动力是肉体的快乐和痛苦。为什么饥饿是支配人行动的最经常的原则？因为在一切需要中，这是最经常重视的，是支配人最为紧迫的。……使前者得到多种巧妙办法攻击和捕捉猎物的，是饥饿。使野蛮人留在湖上和林中整整六个月，教他们扳弓结网，安设陷阱的，是饥饿。在各个文明民族中使一切公民行动，使他们耕种土地，学一种手艺，从事一种职业的，也还是饥饿。但是在执行这种职务时，人人都忘了使他这样做的动机；这是因为我们的精神并不专注于需要，而专注于满足需要的办法。困难的不是吃饭，而是做饭。”“快乐和痛苦永远是支配人的行动的唯一原则。如果天满足了人的一切需要，如果滋养身体的食品同水跟空气一样是一种自然元素，人就永远懒得动了。”“自然把最大的陶醉放在女色的享受上，要想从其中建立起支配我们行动最有力的原则之一。”①（有人说：在学者中间，有些人离开人群，甘愿过隐居生活。那么，怎样使自己信服，在这些人身上，爱才学的基础是爱肉体快乐，尤其是爱女人？这两件不相容的事怎样调和？为了这个，我们假定有一个有才学的人和一个守财奴。如果守财奴今天拒绝享受必需的东西，那是因为希望明天享受过分的东西。守财奴不是希望得到一座美丽的别墅，有才学的人不是希望得到一个美丽的妻子吗？如果要博得这两样东西，必须要有很大的财富和很大的名声，那么这两个人就各干各的，一个埋头扩大自己的钱财，一个埋头扩大自己的名气。然而，在致力取得这笔钱财和这种名声的期间，如果他们已经老了，如果他们已经养成了一些习惯，非努力不能改掉，而年龄已经不允许做这种努力了，那么，这个守财奴和这个有才学的人，一个将会没有别墅而死，一个将会没有情妇而死。

不仅这两个人之间有类似之处，而且风骚女人和这个守财奴之间也有无数类似之点。这两个人都是幸福得不可思议，都是以同样的方式享受幸福的。守财奴数着他的金钱，享受着自己将来拥有一切可以用金钱换来的东西；风骚女人照着镜子，也同样预先享受着风姿美貌将给自己带来的各种奉承。我给他们的劝告是

①《十八世纪法国哲学》，商务印书馆，1963 年版，第 497 页。

维持这种状态。他们最好是没有别墅，没有情人；他们在享受自己欲望的对象时，将会在这种享受前面感到莫名其妙的乏味。

欲望状态乃是一种享受状态。钱财、美貌、才学所能带给他们的别墅、情郎和女人，乃是一种预料的快乐，当然没有现实的肉体快乐那么强烈，然而更持久。身体会衰弱，想象从不衰退。而且在所有的快乐中间，预料的快乐一般也是在我们一生中给我们幸福最多的一种。——原注）

把爱尔维修的上述引文和原注概括起来，我们发现，他表达了如下几层意思。第一，人们之所以要劳动，目的是要消除饥饿。饥饿如果不被消除，人们的生命就会受到威胁。第二，在维持生命存在的整个过程中，人们往往忽略了行为的动机而只专注于行为的手段，爱尔维修特别强调，获得欲望对象的过程远比其结果艰难。第三，人有好逸恶劳的本性。如果用来满足欲望的所有对象都是现存的，人们就不会自愿去参加任何劳动。第四，由于女色能够给人带来最为强烈的快乐，因而人们为了获得这种快乐，他们就甘愿为此而做出种种努力。即使从表面上看似乎不是露骨地冲着女色而去，实际上其行为背后所隐藏着的真正根源仍然在于女色的获得和享受。第五，不同身份的人们（比如说学者、守财奴和风骚女人）之所以要牺牲暂时的快乐，目的只有一个，那就是日后获得更大的快乐。第六，把现实的快乐与预料的快乐做一对比，前者更为强烈，后者则更为持久。尽管如此，爱尔维修还是主张要抓紧时间享受现实的快乐。

## 四、快乐与善的关联

纵欲主义以获取快乐作为最高境界和首要目标，如果有人就此提出质疑：第一，主体要最大限度地实现自身欲望的满足可以理解，问题是，连正常欲望都尚未得到满足，因而奢侈欲望的满足是否能够实现？上文对此已经已做过详细分析。就是说，主体没有欲望则可，一旦产生了某种欲望，就要设法去满足这种欲望。只有正常欲望得到了满足，超常欲望才有满足的可能。任何一个主体，如果肚子饿了没有食物，身子冷了缺少衣物，遭受风吹雨打而没有住所，打算去远方而找不到交通工具，产生性欲而缺乏可资满足的异性，这一切都属于欲望对象缺失而引发的正常欲望得不到满足的表现。而如果客观上并不缺乏用来满足欲望的对象，但由于某种外力造成主体无法实现自身正常欲望的满足，这同样属于正常欲望没有得到满足的表现。因此，不管是由于对象缺失还是迫于外来压力所导致的正常欲望未得到满足，都与主体的愿望背道而驰。既然与主体的愿望背道而驰，主体肯定就不会感到快乐。纵欲主义是在假定主体的正常欲望都已经得到满足的前提下的一种对待欲望的态度，因此这种担心大可不必。第二，主体为何只关心用来满足自身欲望的对象的占有、消耗和享受，却只字不提这些对象从何而来？爱尔维修对此也已经明确地做出过回答，即需要通过付出一定的体力或脑力。劳动既然能够消除饥饿，劳动从而也就能够消除痛苦。劳动不仅能够让人们获得现实的快乐，而且还能够让人们获得记忆的或想象的非现实的快乐。纵欲主义这种对待欲望的态度只把现存对象的占有、消耗和享受作为其考量的重点，除此之外的东西均超出了其考量范围。换言之，纵欲主义只对劳动的果实感兴趣，至于劳动者是谁、劳动工具是落后还是先进、劳动的强度是大还是小、劳动的过程是艰辛还是容易却从不关心。既然如此，那么，从伦理学的角度看，纵欲主义主张快乐至上是否具有一定的理论依据呢？

冯友兰说："所谓善恶，即是所谓好坏。"[①] 冯友兰对善恶的定义虽然简单，但他已经道出了问题的要害和实质。如果把"善恶"两字分开来解释，亦即"善"就是"好"，"恶"就是"坏"。不知善恶为何物的人只要知道好坏为何物就已经足够。所谓好的就是那些正面的、应该肯定的、具有积极意义的、人们希望获得的。坏的则与此相反，就是那些反面的、应该否定的、具有消极意义的、人们避之唯恐不及的。好坏是相互对立着的两面，两者不管是附着于人还是附着于物，人们都会不假思索地从中做出取好弃坏的选择。斯宾诺莎说："所谓善是指我们确知对我们有用的东西而言。反之，所谓恶是指我们确知那阻碍我们占有任何善的东西而言。"[②] 斯宾诺莎对善恶的定义尽管在表述上与冯友兰不同，两者所表达的意思却基本一致。按照斯宾诺莎的定义，善即有用，反过来，恶就是对主体获得有用的东西的限制、阻挠和干涉。斯宾诺莎虽然没有进一步说明有用的是什么，但毫无疑问，有用的不是物就是人。主体希望得到于他有用的物或人却遭到限制、阻挠和干涉，这当然让人无法接受。罗素说："由此可见，善的定义必须出自愿望。我认为，当一个事物满足了愿望时，它就是善的。或者更确切些说，我们可以把善定义为愿望的满足。"[③] 罗素关于善的定义与冯友兰和斯宾诺莎的定义大同小异。他认为，愿望得到满足就是善。言下之意是，愿望得不到满足就是恶。谁不希望自己的愿望得到满足，谁希望自己的愿望落空呢？

---

① 冯友兰著：《三松堂全集》，河南人民出版社，1986 年版，第 91 页。

② 斯宾诺莎著：《伦理学》，商务印书馆，1962 年版，第 157 页。

③ 罗素著：《伦理学和政治学中的人类社会》，中国社会科学出版社，1992 年版，第 66 页。

先把上述冯友兰、斯宾诺莎和罗素三人对善的定义做一个简要概括，自然而然就会得出：凡是属于好的、有用的、愿望得到满足的，就是善的。凡是属于坏的、无用的、愿望得不到满足的，就是恶的。然后再与纵欲主义本身联系起来，看看它们之间是否存在着一定的内在关联。纵欲主义的基本内涵是对物质利益最大限度地占有和消耗，同时也是对感官色情最大限度地追逐和享受。如果我们把纵欲主义的这一基本内涵做一个合乎逻辑的引申，那就是主体能够最大限度地占有并消耗物质利益同时追逐并享受感官色情，不用说就是好的，当然就是有用的，愿望得到了满足的，从而就是善的。反之，主体没能最大限度地占有并消耗物质利益同时追逐并享受感官色情，不用说就不是好的，当然就是无用的，愿望没有得到满足的，从而也就是不善的。显然，纵欲主义快乐至上的主张并非一时的心血来潮，也不是单纯的空发议论，它确实有一定的理论基础作支撑——这就是快乐至上的伦理学依据。

## 第二节　凡苦皆恶

### 一、无欲可遂

与快乐的舒服感和愉悦感相反，痛苦是一种身体或精神感到难受的状态。身体受伤、患病、困倦、劳累等属于身体痛苦，而亲人离世、自身受到法律制裁或受到行政处罚、妻离子散、失恋等属于精神痛苦。痛苦是与快乐相对立的一种状态，痛苦与快乐相伴相生。只有快乐没有痛苦或者只有痛苦没有快乐的状态都不存在。痛苦虽然不为任何人所喜欢和接纳，但我们还是难以轻易地排斥和拒绝它。如果从数量、质量、内容和形式等方面来考察主体欲望的满足状况，那么，当用来满足欲望的对象数量丰富，远远超过了主体的预期时，主体就会感到快乐；如果用来满足欲望的对象数量不足，甚至空缺，主体就会感到痛苦。当用来满足欲望的对象质量很高，大大超过了主体的想象时，主体就会感到快乐；如果用来满足欲望的对象质量低劣，完全没有达到主体心目中的要求，主体就会感到痛苦。当用来满足欲望的对象内容齐全，应有尽有，主体就会感到快乐；如果用来满足欲望的对象内容残缺不全，主体就会感到痛苦。当用来满足欲望的对象形式富于变化，给主体以新鲜之感，主体就会感到快乐；如果用来满足欲望的对象千篇一律，没有任何变化，主体就会感到痛苦。

纵欲主义在追求快乐至上的同时，对痛苦必然持一种规避态度。在纵欲主义看来，物质利益的不足，感官色情的欠缺，都是无法接受和不可容忍的。“天下有至乐无有哉？有可以活身者无有哉？今奚为奚据？奚避奚处？奚就奚去？奚乐奚恶？夫天下之所尊者，富贵寿善也；所乐者，身安厚味美服好色音声也；所下者，贫贱夭恶也；所苦者，身不得安逸，口不得厚味，形不得美服，目不得好色，耳不得音声。若不得者，则大忧以惧，其为形也亦愚哉！夫富者，苦身疾作，多积财而不得尽用，其为形也亦外矣！夫贵者，夜以继日，思虑善否，其为形也亦疏矣！人之生也，与忧俱生。寿者惛惛，久忧不死，何苦也！其为形也亦远矣！烈士为天下见善矣，未足以活身。吾未知善之诚善邪？诚不善邪？若以为善矣，不足活身；以为不善矣，足以活人。故曰：‘忠谏不听，蹲循勿争。’故夫子胥争之以残其形；不争，名亦不成。诚有善无有哉？今俗之所为与其所乐，吾又未知乐之果乐邪？果不乐邪？吾观夫俗之所乐，举群趣者，径译然如将不得已，而皆曰乐者，吾未之乐也，亦未之不乐也。果有乐无有哉？吾以无为诚乐矣，又俗之所大苦也。故曰：‘至乐无乐，至誉无誉。’天下是非果未可定也。虽然，无为可以定是非。至乐活身，唯无为几存。请尝试言之：天无为以之清，地无为以之宁，故两无为相合，万物皆化。芒乎芴乎，而无从出乎！芴乎芒乎，而无有象乎，万物职职，皆从无为殖。故曰：天地无为也而无不为也，人也孰能得无为哉！”①《庄子》的上述言论表明：第一，人们之所以感到痛苦，主要是因为欲望得不到满足。身体感觉不到舒服，嘴巴没有吃到美味食物，身子没有穿上漂亮衣服，眼睛看不到令人愉快之物，耳朵听不到让人心情舒畅之声。凡此种种，都是欲望没有得到满足的具体表现，都属于无欲可遂。无欲可遂是一种极其糟糕的状况，很多人因此而忧心忡忡、心烦意乱、愁眉不展、叫苦不迭。第二，贫穷、卑贱、夭亡、邪恶也是人们所极力回避的。每一个人都希望吃穿不愁，实际情况却常常是食不果腹衣不蔽体；每一个人都希望有权有势有地位有身份，实际情况却常常是被人使唤受人欺凌；每一个人都渴望长命百岁寿终正寝，实际情况却常常是怪病突发一命呜呼；每一个人都渴望时时处处遇到好人善事，实际情况却常常是豺狼当道污浊不堪。产生这些不以人的主观意志为转移的结果在出乎人们的意料之余总是让人们感到悲观失望。第三，在《庄子》看来，纵使人们家有万贯资财，也并不意味着他们的日子就能过得称心如意。他们起早贪黑忙忙

① 《庄子·至乐》。

碌碌一辈子，好不容易才积攒了一笔丰厚的钱财，如果自己不拿来充分享受，到头来富裕对他们也没有多少意义。纵使人们掌握了显赫权力，也不意味着他们的生活就能过得春风得意。他们不分昼夜地绞尽脑汁，好不容易才弄到个一官半职，如果没能让权力给自己带来生理的或心理的快乐，权势对他们来说也就一文不值。纵使人们尽其天年，寿比南山，但到了晚年，不仅行动不便，而且疾病缠身，这样的长寿与其说是一种难得的福气，还不如说是一种残酷的折磨。扶危济困，多做善事，这在很多人看来功德无量，但对施善者来说毫无用处，既不能给其延续生命，也不能为其增添健康。《庄子》明显流露出消极悲观的情绪。第四，人们趋之若鹜的所谓快乐，人们孜孜以求的所谓荣誉，究竟是不是真正的快乐和荣誉尚处于一种不可知的状态之中。因为你觉得快乐的我不一定觉得快乐，你对某一事物感到骄傲和自豪，我对该事物却不一定感到骄傲和自豪。一切皆因人而异。《庄子》突出地表现出其怀疑论的倾向。第五，放弃一切追求“富贵寿善”的想法，忘记一切“贫贱夭恶”带来的不快，不为功名利禄所累，不为荣华富贵所困，不为无欲可遂所苦，就能抵达无为的境界。而无为境界的抵达，正是人生的价值所在。《庄子》最后回到了道家“无为而无不为”的终极理念之中。《列子》表达了与《庄子》类似的思想。“而美厚复不可常厌足，声色不可常玩闻。乃复为刑赏之所禁劝，名法之所进退；遑遑尔竞一时之虚誉，规死后之余荣；偊偊尔顺耳目之观听，惜身意之是非；徒失当年之至乐，不能自肆于一时。重囚累梏，何以异哉”?[①]《列子》中的消极悲观情绪依然相当明显。《列子》认为，人们总是念念不忘“丰屋”“美服”“厚味”“姣色”，实际情形却无法如愿以偿。由于应当满足的欲望得不到满足，因而人们就难以避免由此生出种种痛苦。鉴于此，在条件允许的前提下，就应当趁生命还存活之时，不要放过任何一个可以享乐的机会。一旦死亡来临，生命终结，再大的名声，再高的奖赏，也于事无补。那些沽名钓誉之人，那些为了某种莫须有的所谓高尚目标而眼睁睁地看着世俗的快乐白白流失的人，在《列子》看来是极其愚蠢的。“晏平仲问养生于管夷吾。管夷吾曰：‘肆之而已，勿壅勿阏。’晏平仲曰：‘其目奈何？’夷吾曰：‘恣耳之所欲听，恣目之所欲视，恣鼻之所欲向，恣口之所欲言，恣体之所欲安，恣意之所欲行。夫耳之所欲闻者音声，而不得听，谓之阏聪；目之所欲见者美色，而不得视，谓之阏明；鼻之所欲向者椒兰，而不得嗅，谓之阏颤；口之所欲道者是非，而不得言，谓之阏智；体之所欲安者美厚，而不得从，谓之阏适；意

① 《列子·杨朱》。

之所欲为者放逸，而不得行，谓之阏性。凡此诸阏，废虐之主。去废虐之主，熙熙然以俟死，一日、一月、一年、十年，吾所谓养。拘此废虐之主，录而不舍，戚戚然以至久生，百年、千年、万年，非吾所谓养。'"[1] 透过管夷吾的上述言论我们得知，人们应当放纵情欲，顺其自然，人身上的各种感觉器官，人的生理和心理，都需要得到各种各样的满足。欲望满足的所有渠道都必须随时保持畅通，一旦这些渠道遭遇强行中断或意外堵塞，人就会被各种痛苦所围困。此时，人们犹如被一种强大的超自然力紧紧抓住一样，要想达到起码的身心健康尚且不可能，就更别说快乐了。主体的欲望渠道受到阻碍不管是客观原因所致，还是出于主观原因，都是偏离正常的养生之道的表现。

## 二、痛苦与恶的关联

纵欲主义认为快乐与善具有内在关联，即是说，纵欲主义所推崇的快乐至上原则是有其伦理学依据的。那么，与此相反的痛苦是否与恶具有内在关联，纵欲主义所极力回避的痛苦是否也有其伦理学依据呢？

古希腊哲学家除了对快乐做过深入探讨，他们也没有忽视过痛苦这一始终困扰着人类的问题。苏格拉底与普罗泰戈拉的对话就是一例。苏格拉底说："我们已经承认人们会把他害怕的东西当作恶的，没有人会自愿遇到或接受他认为是恶的事情。"普罗泰戈拉回答说：他们全都表示同意。[2] 上述对话表明，苏格拉底与普罗泰戈拉的立场是相同而不是对立的，换言之，普罗泰戈拉对苏格拉底的观点并未持反对意见。苏格拉底用"害怕"解释恶，进而认定凡是恶的都是人们不愿遇到或接受的。什么东西让人害怕？人们为什么会感到害怕？对于使人感到害怕之人或使人感到害怕之物应当采取什么措施？苏格拉底显然没有对此展开阐述。与死亡、疾病、灾难、惩罚、伤害、恶魔、歹徒、坏人、阴谋、损失等相关的一切可能都属于我们害怕的对象。人们之所以会对这些东西感到害怕，主要是因为这些东西的降临就意味着生命的结束，意味着健康的丧失，意味着安全不复存在，意味着对于错误和过失的追究，意味着身体或心灵的不完整，意味着危险的到来，意味着生命或财产的被剥夺，意味着遭人暗算，意味着平安日子不能延续，意味着利益的减少。所有这些，都与快乐相背离，或者说就是对快乐的剥

① 《列子·杨朱》。

② 《柏拉图全集》（第一卷），人民出版社，2002 年版，第 485 页。

夺，而这一切，恰恰就是人们害怕的对象。因此，要想使快乐得以保持，首先就必须铲除那些让人害怕的对象。然而，虽然人们一直不希望看到他们害怕的对象，虽然人们一直在设法加以铲除，最终却仍然收效甚微。在此情况下，人们怎么会自愿遇到或接受让他们害怕的东西呢？既然让人们感到害怕并深恶痛绝，那么，人们将害怕与恶联系起来即在情理之中。施太格缪勒则从另一侧面对恶加以界定，他说："肯定的价值的承担者，就是善。如果涉及的是否定的价值，那我们就称之为恶。"① 施太格缪勒没有使用苏格拉底的字眼"害怕"一词，而是用否定去对恶做界定。正确的、好的、有利的、积极的、高尚的、健康的、正常的、合法的、合理的、科学的、先进的、美丽的，所有这些，通常都是值得肯定的。反过来，错误的、坏的、不利的、消极的、卑鄙的、病态的、反常的、非法的、不合理的、迷信的、落后的、丑陋的，所有这些，通常都是被否定的。既然值得肯定，那就说明凡是具有这些属性的人或物都能起到正面的作用，既然应当被否定，那就说明凡是具有这些属性的人或物所起的作用都只能是负面作用。这样一来，起着正面作用的理应属于善，而起到负面作用的显然就是恶。斯宾诺莎说："所谓善或恶是指对于我们的存在的保持有补益或有妨碍之物而言，这就是说，是指对于我们的活动力量足以增加或减少，助长或阻碍之物而言。因此，只要我们感觉到任何事物使得我们快乐或痛苦，我们便称那物为善或为恶。"② 斯宾诺莎把善恶与生存紧密地联系起来。在他看来，凡属对生存有好处的就是善，反之，如果给生存造成障碍的就是恶。他的着眼点在于对生存是有利还是有害。按照他的思路，食物能够充饥、衣物能够保暖、房屋能够遮风挡雨、交通工具能够代步、异性能够消除人的性饥渴，所以这些对象对人的生存来说无疑都是有利的，而阻挠人们获得他们赖以充饥的食物、赖以保暖的衣物、赖以遮风挡雨的房屋、赖以出行的交通工具、赖以满足性欲的异性的想法和行为，不用说对人的生存都是有害的。把他的这一思路往下推演的结果就是，凡是有益于人的生存的就是善的，凡是有害于人的生存或对人的生存起着阻碍和破坏作用的就是恶的。

综上所述，无论是苏格拉底和普罗泰戈拉的使人感到害怕的对象会让人产生痛苦，施太格缪勒的被否定的对象令人痛苦，还是斯宾诺莎的阻碍人的生存的想法和行为会给人带来痛苦，概言之，它们都是让人的身体或精神难受的状态，这

① 施太格缪勒著：《当代哲学主流》，商务印书馆，1989 年版，第 329 页。

② 斯宾诺莎著：《伦理学》，商务印书馆，1962 年版，第 165 页。

种状态都与快乐水火不容，都不会使人感到舒服和愉悦，因而，它们都与恶具有一种必然的联系。从这个意义上讲，纵欲主义对痛苦的拒斥仍然不乏其伦理学依据。

## 第三节　择善而从

### 一、同类事物内部的比较和选择

纵欲主义在对快乐与痛苦所做的一般比较中，发现快乐对自身有利，从而选择了快乐，同时发现痛苦对自身有害，从而规避了痛苦。纵欲主义对快乐与痛苦的比较和取舍实际上就是对善与恶的比较和取舍。然而，客观事实远非如此简单，也就是说，人们在实际生活中并不是只有两种对立的事物在等待着他们去加以区分并做出选择。再具体一些，就是人们在实际生活中遇到的并不都只是能给人带来快乐的对人有利的善的事物和能给人造成痛苦的对人有害的恶的事物，果真如此，问题就很清楚明白且迎刃而解了。绝大多数时候，人们必须在同类事物之间进行比较然后做出选择，比如对于快乐与快乐的比较和选择，或者对于痛苦与痛苦的比较和选择。此时，两相比较的事物在性质上往往不存在任何差异，在数量或程度上却表现出明显不同。在此情况下，比较者和选择者总是感到非常棘手，如果不通过理性的思考和全面的权衡，就难以从中看出两者的优劣并做出合理的取舍。古希腊思想家并未停留在快乐与痛苦的一般比较和选择的层面上，他们同样对同类事物的比较和选择进行过有益的探讨。可以说，这种探讨在快乐与痛苦的直观比较和选择及善与恶的直观比较和选择的基础上又大大前进了一步，并使其理论建构不断走向立体和纵深。苏格拉底说："把快乐与快乐做比较，人们一定总是选择较大的快乐和更大的快乐。"① 苏格拉底的上述言论显然与"两利相权取其重"之说如出一辙。为什么在面对两种快乐时，要选择较大的或更大的快乐呢？或者说，当面对两种对人有利的事物时为什么要选择更有利的那种事物呢？这与人们趋乐避苦、趋利避害的本性密切相关。在人们的心目中，凡是快乐的就是善的，由于两相比较，小乐不及大乐，因而小善也就不及大善。与此相

① 《柏拉图全集》（第一卷），人民出版社，2002 年版，第 481 页。

联系，凡是有利的就是善的，由于两相比较，小利不如大利，因而小善也就不如大善。这是对正面事物的比较和选择。苏格拉底还说："把痛苦与痛苦做比较，人们一定总是选择较小的痛苦和更小的痛苦。"① 苏格拉底的这句话与"两弊相权取其轻"之说极为相似。当快乐变成了痛苦，或者说，当利变成了弊，为什么在数量上或者程度上就要做出相反的改变呢？这仍然是人们趋乐避苦、趋利避害的本性在起作用的结果。如果说痛苦为恶，那么把大小不同的两种痛苦互相比较，即是把大小不同的两种恶互相比较，人们当然愿意选择较小的或更小的恶，因为恶往往是反面事物的代表。与此相联系，如果说弊端为恶，那么当人们面对大小不同的两种弊端时，他们也就是面对大小不同的两种恶，由于恶是反面事物的代表的缘故，他们首当其冲选择的当然是较小的或更小的恶了。伊壁鸠鲁的看法与苏格拉底类似，伊壁鸠鲁说："没有一个人在知道一件事是坏事后还选择它；但是当这件事与更大的坏事比起来显得还不错的时候，他就被诱惑去做它，结果被抓住。"② 伊壁鸠鲁面对同类事物的比较和选择时，他不再像苏格拉底那样从快乐或痛苦的角度去进行考察，而是用"坏事"一词去代替。伊壁鸠鲁认为，凡是人都不愿意去选择坏事（此处的"坏事"不是通常意义上的比如伤天害理或违法乱纪的事，而应是指对自身不利的事），但是当有两种坏事摆在你的面前逼着你必须选择其中一种时，你自然就会选择较小的那种坏事。由于较小的那种坏事只意味着小恶，因而你才愿意选择它。在这里，坏事与快乐相去甚远，而与痛苦却有着相近的性质。

通过上述分析我们得出两点认识：第一，同类事物内部的比较无论是在数量上还是在程度上的比较，都是一种静态比较。也就是说，比较者以及比较的对象都处于在场状态，因而，这种比较的确定性较大。比较者如果对两者进行严肃认真的比较，然后再做出自己的选择，一般不会出现任何不利于自己的后果。第二，此类比较的难度在于，在两种你都乐意的对象中，你只能选择其中之一。因此，即使两种对象你都希望得到，到头来仍然必须放弃其中一种。正像孟子所言："鱼，我所欲也，熊掌亦我所欲也；二者不可得兼，舍鱼而取熊掌者也。生亦我所欲，义亦我所欲也；二者不可得兼，舍生而取义者也。"③ 同理，在两种你都非常讨厌和排斥的对象中，你无论如何得接受其中一种，哪怕较轻微的一种

---

① 《柏拉图全集》（第一卷），人民出版社，2002年版，第481页。

② 伊壁鸠鲁、卢克来修著：《自然与快乐——伊壁鸠鲁的哲学》，中国社会科学出版社，2004年版，第45页。

③ 《孟子·告子上》。

对你也极为不利。

## 二、不同事物之间的比较和选择

如果说同类事物内部的比较是一种静态比较，那么，不同事物之间的比较就是一种动态比较。此类比较的特殊性在于，明明是可能给你带来快乐的对象，你却不能去选择；明明是可能给你造成痛苦的对象，你却不得不选择。此类比较的特殊性还在于，作为比较的对象，它本身隐含着一些不断演变的因子，这些因子虽然目前或表面上看对你是有利的，但经过一段时间的演变，它可能就对你不利；或者这些因子目前或表面上看对你是有害的，但经过一段时间的演变，它又会对你有利。其复杂性和不确定性即由此而来。苏格拉底说："'要是把快乐与痛苦做比较，只要快乐超过痛苦，那么不管是眼前的，还是将来的，人们一定会选择那些会带来快乐的过程；但若痛苦超过了快乐，那么人们会避免它。难道不是这样吗，我的先生？'我得说他们对此无法加以否认。"普罗泰戈拉对此表示同意。[1] 苏格拉底和普罗泰戈拉的对话集中到一点，就是当快乐大于痛苦时你就应该毫不犹豫地选择快乐，而当快乐小于痛苦时你就得忍痛割爱放弃快乐。苏格拉底说："那么你们说的恶就是痛苦，而你们说的善就是快乐。即使自己能够快乐，但只要这种快乐会引起快乐的丧失，或者导致的痛苦超过快乐，你们就会称之为恶。如果你们把快乐称为恶还有别的什么意思，或者说你们并不是这样想的，那么就请你们说出来，但我想你们做不到。"普罗泰戈拉回答说："我同意，他们做不到。"[2] 苏普两人的这一对话除了与上述对话的意思相近，其间还包含着这样一个容易被人忽视的问题。这就是用来作为比较的对象的转化，言下之意是快乐并非永恒，随着时间的流逝和客观条件的变化，原先能够给人带来快乐的东西，现在不仅不会再给人带来快乐，而且还有可能给人带来比快乐更大的痛苦。他们的对话远未结束。苏格拉底说："你们把受苦称为好的，只要它们能驱逐更大的痛苦或引出快乐来压倒痛苦……"普罗泰戈拉回答道，"对。"[3] 此处的对话显然是从反面切入，既然眼前或暂时获得的快乐能够导致快乐的丧失或带来更大的痛苦，反过来，眼前或暂时承受的痛苦何尝不能驱逐痛苦或引出大于痛苦

---

① 《柏拉图全集》（第一卷），人民出版社，2002 年版，第 481—482 页。

② 同上，第 480 页。

③ 同上。

的快乐呢？伊壁鸠鲁说："正是因为快乐是首要的好和天生的好，我们不选择所有的快乐，反而放弃许许多多的快乐，如果这些快乐会带来痛苦的话。而且，我们认为有许多痛苦比快乐要好，尤其是当这些痛苦持续了长时间后带来更大快乐的时候。所有的快乐从本性上讲都是人的内在的好，但是并不是都值得选择。就像所有的痛苦都是坏的，但并不都是应当规避的。主要是要相互比较和权衡，看它们是否带来便利，由此决定它们的取舍。有的时候我们把好当作坏，有的时候又把坏当作好。"① 伊壁鸠鲁的上述言论似乎与苏普两人对话的内容相似。实际上，伊壁鸠鲁还表达了一个明确的观点，这就是对待任何问题都不能简单化、平面化，而应当具体问题具体分析。因此，单纯把好的东西当作好或者一味把坏的东西当作坏都是不可取或有害的。伊壁鸠鲁接着说："没有任何快乐本身是坏的，但是某些享乐的事会带来比快乐大许多倍的烦恼。"② 伊壁鸠鲁在这里除了延续了他的上述思想，他还特别突出了他一贯的"后果意识"。就是说，任何人产生任何动机或者采取任何行动都无可非议，但一定要预先考虑这种动机和行动所可能导致的结果，那种不计后果的动机和行动往往是危险而可怕的。霍尔巴赫说："一个有感觉的生物只要一害怕追求快乐会给它招来不幸，就停止追求快乐了。"③ 霍尔巴赫的话与古希腊思想家们的言论大同小异，旨在提醒人们在追求快乐的时候一定不要忘记它可能产生的负面影响和不利后果，这与"乐极生悲"的说法显然是一致的。

上述思想家的言论给我们提供了如下启示：首先，要从长远的角度考虑问题。不能仅仅从眼前的一时一事出发，而应将两种用来比较的对象放在较长的时段中加以考察，重点考察它们的生命力和发展前景。其次，要善于透过现象看本质。在用来比较的两种事物中，形式上好像对人有利的，其实对人并没有什么好处，而形式上似乎对人不利的，其实可能对人并没有什么坏处。因此，不应当被一切假象和迷雾所迷惑，而应抓住问题的根本和实质。最后，要用辩证思维去把握一切。不管是能给人带来快乐的对象还是会给人带来痛苦的对象，都需要经过一番理性的分析和思考，在分析和思考之余，如果觉得它们与普通的对象无异，可以当即做出选择的就马上做出选择。如果它们与普通的对象存在着明显的差异，不宜当即做出选择的，就必须通过仔细的分析和思考，然后再谨慎地做出选择。

---

① 伊壁鸠鲁、卢克来修著：《自然与快乐——伊壁鸠鲁的哲学》，中国社会科学出版社，2004 年版，第 32—33 页。

② 同上，第 39 页。

③ 《十八世纪法国哲学》，商务印书馆，1963 年版，第 579 页。

# 第四章　纵欲主义的主要根源

纵欲主义的产生和存在不是偶然的，它具有深刻而复杂的根源。这些根源主要包括心理根源、认识根源、社会根源和机制根源等。尽管纵欲主义根源众多，但并不是所有根源都同时在起作用，有时只是其中一种根源在单独起作用，有时则是几种根源相互交织在一起共同起作用。无论是一种根源还是多种根源在起作用，都需要对其进行具体分析。

## 第一节　心理根源

在纵欲主义的多种根源中，心理根源不仅所占比重较大，而且隐蔽性强，让人难以觉察。一般来说，纵欲行为可以直观地感觉得到，但支配和驱动纵欲行为的心理却很难把握，即使是心理根源，它也不仅仅只有一种，炫耀、从众、泄愤、颓废、补偿、体验、恐慌等都是支配和驱动纵欲行为常见的心理。下面拟做一简要分析。

### 一、炫耀心理

炫耀心理是纵欲主义者最常见的一种心理。由于社会是一个包罗万象、纷繁复杂的庞大系统，因而在这个系统中，不但形形色色的人之间在权力、地位、身份上有着巨大差异，而且在经济实力、消费水平、生活质量等方面也大相径庭。概言之，任何社会客观上都存在着等级上的区别，无论从哪一个角度去划分，人与人之间都无法忽视高低之分和贵贱之别存在的事实，也就是说不管再怎么划分，都会有上、中、下或好、中、差的情况出现，并非所有人都整齐划一、完全雷同。而导致人分三六九等的情形主要源于比较。如果世界上只有一个人，人与人之间的比较就无法进行，等级区别就不会存在；一旦世界上出现了两个及两个以上的人，具备了相互比较的条件，等级区别也就应运而生。作为比较的对象，谁都不愿甘拜下风，谁都希望高人一等。这是人的普遍心理。如前所述，纵欲主义者所关注的焦点在于物质利益和感官色情这两个方面，那么，他们在这两个方面是否具有超越于别人的优势，换言之，物质利益和感官色情是否是他们的强项，就成了问题的关键所在。普通人可能在物质利益和感官色情方面不怎么在乎，纵欲主义者则不然，他们在这两个方面不仅绝不含糊而且不甘示弱。如果纵欲主义者在物质利益和感官色情方面丧失了优势，纵欲主义存在的价值也就大打折扣了。因此，纵欲主义者可以不关心任何别的事物，在物质利益和感官色情方面他们却绝不会坐视不管或掉以轻心。纵欲主义者如果在物质利益的占有和消耗上大大超过别人，别人如果在这个方面因为不如纵欲主义者而产生强烈的自卑、羞耻、沮丧和绝望心理，那么纵欲主义者就会感到无比骄傲和自豪。纵欲主义者如果在感官色情的追逐和享受方面远远胜于别人，别人如果在这方面因为不如纵欲主义者而自觉或不自觉地流露出羡慕和向往心理，那么纵欲主义者就会感到非常荣耀和得意。无论如何，只要非纵欲主义者因为自身的物质利益处境低下而感到无地自容从而丧失了生活的信心，或者非纵欲主义者因为自身在感官色情方面极力想向纵欲主义者看齐从而拼命地追随纵欲主义者，纵欲主义者都会产生一种异乎寻常的成就感和喜悦感，他们进而认定自己的人生就是幸福和成功的人生。为了显示出自己与众不同，纵欲主义者往往不会错过任何一个炫耀的机会，他们有时是通过语言、表情、眼神和口气来完成，有时则通过一些看得见摸得着的物质形式来加以展示。不管采取何种方式，纵欲主义者的目的只有一个，那就是最大限度地彰显自己生活的奢华和内心的满足。爱尔维修说：“幸福也不在于鲜衣美服或高车骏马。身穿锦绣的衣裳、坐着华丽的马车在公共场所出现时，肉体上并不感到什么快乐，而唯有肉体上的快乐才是真正的快乐；所感觉到的，至多是一种面子上的快乐，缺少这种快乐也许会觉得难堪，享受这种快乐却实在很乏味。富人炫耀奢华并不能增进自己的幸福，只足以使人类、使不幸的穷人觉得难受，穷人把破衣烂衫拿来跟那些鲜美衣服一比，就想到富人的幸福与自己不同，还不只在衣服的差异上；在这种情况之下，他就痛苦地回想到自己所受的种种苦难，就会发现自己连减轻一点不幸、暂时忘掉苦痛的机会都得不到。”①

① 《十八世纪法国哲学》，商务印书馆，1963 年版，第 444 页。

## 二、从众心理

“少数服从多数”是从众心理的典型特征。具有从众心理的人，不是信奉“真理就掌握在少数人手中”，而是把多数人的通行标准视为唯一正确的标准。他们的心态突出地表现为一种“随大流”心态。当一个社会纵欲成风的时候，一些原先并不打算纵欲或不具备纵欲条件的人也会摩拳擦掌、跃跃欲试，试图加入纵欲者的行列。这些人之所以渴望成为纵欲大军的一员，主要是因为他们对纵欲者的生活状态和人生追求持一种全盘肯定和由衷赞赏的态度。在他们看来，纵欲能够给人带来至高无上的快乐，它不仅能够让人吃饱喝足，而且还能够让人体会到普通人所体会不到的那种美妙感、神秘感和销魂感。对于暂时尚未成为纵欲者的人来说，由于纵欲需要具备一定的客观条件，要么握有一定的政治权力，要么具有一定的经济实力，如果这两个方面的条件都不具备，那么，要想实现物质利益的超常占有和消耗或感官色情的过度追逐和享受势必就会成为泡影。因而在自身既不掌握政治权力，经济实力也相当低下，纵欲的客观条件尚不具备的情况下，想纵欲也只能是望洋兴叹，纵欲的目标就难以成为现实。一旦这些人手中拥有了一定的政治权力，或者因为某种意料之外的原因发了大财，客观上已经具备了纵欲的基本条件，他们就会情不自禁地向纵欲者靠拢，学习和模仿纵欲者的生活方式。从价值观的角度看，这些人严格说来还没有形成比较成熟和稳定的价值观，还没有形成自己的主见，因而他们随时都处于一种“风大顺风、雨大顺雨”的摇摆状态中。这些人，不从自身的实际情况出发去考虑问题，不根据自身的实际处境去制订人生计划，不先掂量自己的分量再去确定努力方向，盲目追随，盲目跟风，没有定力，没有原则，被一种“盲目必然性”所支配，就像无头苍蝇一样随波逐流，飞到哪里算哪里，撞着什么算什么。从时间上看，由于这些人前期并不具备纵欲条件，因而纵欲的经历自然会短于那些具有先天优势的纵欲者，进入纵欲者的行列以后，他们又很可能因为某种意外的原因而使好不容易获得的纵欲条件丧失，这样他们又不得不悻悻地退出纵欲者的行列。他们的悲哀在于丧失自我，整个一生都是高一脚低一脚地被纵欲者牵着鼻子往前走。他们不知道那些纵欲者或者起点很高，或者根基扎实，因而他们根本不费吹灰之力就已经能够享尽人间极乐，可是对于这些盲目追随者来说，由于他们自身起点很低，根基不牢，因而他们在盲目追随纵欲者的过程中，往往忍受了常人难以忍受的痛苦，经历了不为人知的艰辛，他们却只能忍气吞声，哭诉无门。即使他们侥幸成了纵欲者，他们的资历与那些先前的纵欲者比较起来也要低得多，当这些人接近他们的追随者的纵欲水平时，他们的追随者无论在纵欲对象的数量和质量上，还是在纵欲对象的内容和形式上又往往向前迈进了一步。正像乌龟与兔子赛跑，只要兔子不骄傲自满，乌龟就永远追不上兔子一样。这样，这些人一直都在步人家的后尘。这些盲目追随者的危险性在于，他们急于纵欲的心理、言论和行为不但没有为自己带来多少实实在在的好处，最重要的，是他们助长了那些他们追随的纵欲者的纵欲行为，让那些人更加狂妄自大、变本加厉、有恃无恐。因为在他们的身后竟然有一大群前呼后拥的人把他们视为成功人士，把他们奉若神明，这不但使他们的虚荣心得到了极大满足，而且这种虚荣心还在持续膨胀。

## 三、泄愤心理

不是社会生活中的每一个人都能一帆风顺和如愿以偿。有些人想谋求高官，有些人想成为巨富，有些人想取得丰硕的学术成果，有些人想获得骄人的艺术成就。所有这一切都属于人的正常追求。如果这些人通过自身努力都达到了自己设定的目标，实现了个人的人生价值，他们就会心情舒畅，心平气和；如果他们虽然通过自身努力却没能达到自己设定的目标，未能实现个人的人生价值，他们就会心情沮丧，闷闷不乐。之所以如此，可能出于多方面的原因：或是自身能力和水平较低，与所要实现目标的要求相距甚远；或是自己把既定目标定得过于不切实际，远远超过了自身的能力和水平；或是在同一领域内对手实力强劲，竞争过于激烈，自己无法战胜对方；或是社会的政治、经济和文化环境比较恶劣，不能很好地为各行各业的人才提供脱颖而出、一展身手的机会；或是社会的制度机制存在着严重缺陷，以致他人采取公开或秘密手段把主体辛辛苦苦挣来的劳动果实据为己有而无处申冤。不管出于何种原因，都会不同程度地影响一个人的心情。遇到此类情况，部分人能够正确对待并及时做出调整，要么努力提升自己的能力和水平，要么把原先定下的过高目标调低，要么改变自己的主攻方向，要么对政治、经济和文化环境现状的优劣重新进行评估，丢掉其浓厚的理想主义色彩，要么诉诸法律法规，使自身的合法权益得到切实维护。然而，并非所有人都能如此，部分人如果遭遇到生活的挫折或者陷入人生的逆境，他们并不从自身或社会两个方面去寻找原因并拿出相应对策，而是把注意力转移到其他方面，以发泄内心的不满、愤怒和怨恨，与所谓的“失之东隅，收之桑榆”大致相同。这些人，如果他们本身已经具备了纵欲的客观条件，此时他们就可能大肆放纵自己，通过对物质利益的超常占有和消耗来宣泄自己的不快，通过对感官色情的过度追逐和享受来释放内心的苦闷。如果他们目前尚不具备纵欲条件，他们很可能会挖空心思寻找挥霍享乐的机会，暴饮暴食，试图以此消除郁积于心中的块垒。如果对这些人做一个粗略考察，我们会发现当这些人心想事成、顺风顺水时，他们的表现是勤劳朴实、埋头苦干，没有纵欲的念头产生；当他们遇到问题都得到公正合理的处理时，他们也觉得苍天有眼、世风良好，他们也没有实施纵欲行为。如此看来，泄愤心理实质上就是一种报复心理。这种心理的突出特征是原因在此，而结果在彼。泄愤的对象与泄愤的源头往往风马牛不相及。而要实现纵欲目标，首先得有足够的钱财。因为钱财既可以用来换取充裕的物质生活资料，也可以用来获得满足感官色情需要的对象，他们于是铤而走险，利用一切可乘之机去获取原本不属于自己的不正当利益。这种通过泄愤方式来消除挫折感和绝望情绪的做法，最终不但不能从根本上解决问题，而且还总是自己搬起石头砸自己的脚，不是家破人亡，就是身陷囹圄。

## 四、颓废心理

通俗地说，颓废心理就是“破罐子破摔”的心理，它与不求上进、不思进取、玩物丧志的生活态度密切相关。一般来说，颓废心理的产生有两个原因，一个是社会原因，另一个是个人原因。社会原因主要是因为政治昏暗、经济衰退、文化没落、民生凋敝等，当社会形成了这种大气候或历史条件，大部分社会成员已经明显意识到无法扭转这种局面的时候，他们的颓废心理就会应运而生。具有颓废心理的人，往往看不到努力的方向和光明的未来，他们觉得前途渺茫，眼前一片灰暗，没有希望和盼头，对任何事物都缺乏兴趣，对任何东西都失去信心，曾经积极上进的人，一夜之间变成了消极颓丧者，从前的乐观向上态度，转瞬之间变成了悲观失望。他们凡事打不起精神，得过且过，能混则混，“走到哪里黑就在哪里歇”。个人原因则主要与某一个体的性格类型、人生经历、文化熏陶等因素有关。一般来说，性格孤僻内向，不喜欢参加社会活动和社会交往的人容易滋生颓废心理，人生经历也是一个重要因素，当一个人在他的生活道路上事事不顺、处处碰壁时，他就会心灰意冷、垂头丧气，他的眼前就难以出现灿烂的阳光和明媚的春色，并从此沉默寡言、唉声叹气、萎靡不振。文化熏陶在很大程度上也会影响一个人的心理，如果一个人长期生活在朝气蓬勃、充满生命力的环境中，其目力所及处都是一片你追我赶、对生活充满信心和激情的场景，这个人就不至于颓唐消沉；如果一个人听到的都是诸如如何打发时光、用什么方式排遣空虚无聊、怎样才能度过寂寞难耐的岁月之类的话题，久而久之，这个人就会被这种环境所深深感染和同化。不管是来自社会还是来自个人方面的原因，产生颓废心理的人的总体表现都是神思恍惚，终日沉湎于酒色。在尚未具备纵欲的条件时浑浑噩噩地过日子，一旦纵欲的条件成熟并获得了纵欲的机会，他们就绝对不会放过。颓废者走的往往是一条与正常人相反的路，他们对社会的阴暗面表示出极大兴趣，对主流价值取向则不仅不以为然，而且总是报以讥讽、嘲笑、揶揄、排斥、敌视甚至攻击的态度。在日常生活上，这些人既不争强好胜，也不抛头露面，表现出无为以至虚无的状态。这些人，除了吃喝玩乐不再有更高的追求，除了把生命慢慢延续到尽头，绝无其他幻想和奢望。总的来说，社会生活中如果这类人的存在只是个别现象，对社会的整体面貌倒没有什么实质性的影响，如果整个社会的每一个角落到处都晃动着这类人的身影，那么这个社会就已经危在旦夕。因为这些人除了尽力把社会现存的物质财富消耗殆尽以外，他们并不打算生产出任何新的物质财富，除了“饱食终日，无所用心”以外，他们不再考虑干其他利国利民的事情。社会如果充斥着一种挥之不去的普遍颓废的气氛，当权者就应引起高度重视和警醒，就应当在其统治理念上查找原因，并在政治、经济、文化和民生等方面制定出一些有效措施来加以改进，否则他们的持续统治就会变为不可能。

## 五、补偿心理

纵欲者的补偿心理主要来源于社会的政治制度和经济制度。政治制度有公正的政治制度与不公正的政治制度之分。公正的政治制度通常不会导致补偿心理的产生，只有不公正的政治制度才会产生补偿心理。由于人们的权力、地位和身份等等级标识主要由政治制度所主导和决定，因而如果一个人的能力和水平较高，其思想品质较为过硬，他对社会的贡献较多，那么，在公正的政治制度下，他理应掌握较大的权力，拥有较显赫的地位，获得更高贵的身份，实际情况却是，他的能力水平、思想品质和对社会的贡献与他自身的权力、地位和身份并不相称，有时甚至与权力、地位和身份完全不挂钩。这就是政治制度不公正的表现。在此情况下，这个人没有机会则可，一旦获得某种机会，他就会把公正的政治制度下应当给予他的一切弥补起来，犹如“夺回曾经失去的天堂”一样。经济制度有合理与不合理之别。如果经济制度合理，那么，一个人所从事的劳动的复杂程度、他掌握的劳动技能、他投入的劳动时间和劳动本身的强度等应是他获取劳动报酬的依据，但在不合理的经济制度下，利益分配方案的制定和实施均存在着严重问题，这个人所付出的劳动代价与他所分配到的利益发生了不应有的偏离甚至脱节，换言之，由于经济制度的不合理，导致了这个人的利益蒙受损失。在此背景下，如果时机成熟，他就会毫不犹豫地把曾经的损失弥补起来。而政治制度是否公正，经济制度是否合理，通常是通过比较体现出来的。在被比较对象的情况相同和比较标准统一的前提下，不同主体所获得的政治或经济待遇不应当存在着任何差别。如果不同主体之间的待遇差别很大，那么这种政治制度和经济制度必然就站不住脚，经不住推敲。此时，待遇较低者产生补偿心理即在情理之中。据史书记载："山阴公主（刘子业之妹）淫恣过度，谓帝曰：'妾与陛下，虽男女有殊，俱托体先帝。陛下六宫万数，而妾唯驸马一人。事不均平，一何至此！'帝乃为主置面首左右三十人；进爵会稽郡长公主，秩同郡王侯，汤沐邑二千户，给鼓吹一部，加班剑二十人。"① 上述事例就是不公正待遇导致补偿心理产生的典型。山阴公主的理由是，同为一个祖先所生，为何仅仅因为性别上的差异，兄妹之间的差别就如此之大？于是，山阴公主对其明显偏低的待遇提出了进行补偿的诉求。从情理上讲，人产生补偿心理是可以理解的，但事实上，纵欲者在实施所谓的补偿时，往往会大大超过必要的限度。更重要的是，从前的待遇过低是由于政治或经济制度方面存在的缺陷所致，如有可能，主体应当对当时的制度提出质疑或发起挑战。随着时间的推移，如果现时的政治制度和经济制度已经明显趋于公正和合理，在旧制度已经被废除的情况下，纵欲者私自进行的"补偿"就丧失了可靠依据，其"补偿"行为不仅得不到大多数人的支持，而且还可能会因为违反当下的制度和法律而受到处罚。

## 六、体验心理

即使身处同一时代，并不是所有纵欲主义者的纵欲行为都是同步的，他们当中必然存在着先后之分。少数纵欲主义者是纵欲的急先锋和引领者，他们走在整个纵欲队伍的前面，起着示范带头作用。这些人，凭借自身拥有的政治权力和经济实力，在物质利益的占有和消耗与感官色情的追逐和享受方面，不满足于现状，在数量上要求多，在质量（素质）上要求优，在内容上要求全，在形式上

① 沈约等著：《宋书·本纪》。

要求变，他们是第一批敢于“吃螃蟹”的人，他们事先经历和体察到纵欲的种种奥妙、刺激、新奇、强烈和震撼，此时，其他与他们条件大致相当的人仍然处于观望状态。这些人虽然对先期尝试的纵欲者的行为流露出一定的向往和羡慕之情，但要么他们天生缺乏胆量，要么慑于社会舆论的强大压力而停步不前，“不敢为天下先”，大胆地走在前列。当那些胆大妄为的纵欲主义者尝到了纵欲的“甜头”之后，他们仍然处于摇摆不定、犹豫不决的状态。一方面又想冒险前去探探究竟，另一方面又瞻前顾后，生怕产生一些令人意想不到的不良结果。就这样，他们一直矛盾着、纠结着、烦恼着、徘徊着。当首批纵欲主义者或通过语言的怂恿，或通过行动的暗示，不断对他们施加影响时，作为旁观者的他们才慢慢萌生出一种试探、好奇之心。当纵欲的诱惑力全面释放出来并远远超出了他们自身的抵御能力之后，他们从前为自己设置的防线就被瞬间突破，从而水到渠成地成为纵欲的一分子。从上述情况可知，后来的纵欲者之所以一步一步地从局外人变为亲历者，从较高戒备状态到完全处于松弛状态，主要原因还是纵欲本身的诱惑力过于强大。尽管有史以来人们对食、衣、住、行等物质利益的需求和满足以及对性的需求和满足已经不再感到新鲜，但由于人们的想象力永不枯竭，因而我们不能低估他们在现存对象上的潜在开拓能力。今天人们所达到的食、衣、住、行水平，与十年、百年、千年、万年以后所达到的食、衣、住、行水平绝对有着不小差别；今天的异性给予主体的感受，与十年、百年、千年、万年以后的异性给予主体的感受，也绝对不完全一样。当然，这里的差异并不是指物质利益和性产生的功能及内在于它们自身的实质，而主要是指物质利益对象和性对象在数量、质量（素质）、内容和形式等维度上的增大、提升、齐全和更新。况且，由于不同对象之间存在着的天然差异，因而它们彼此是无法取代的。也许正因为如此，那些身处外围的人们才会生发出体验纵欲之乐的极大兴趣并最终付诸行动。还有一个容易被人忽视的原因是，纵欲没有难度，无须付出巨大代价和艰辛努力，只要你善于开动脑筋，你就能从吃喝玩乐中感受到无穷的魅力。千百年来，纵欲主义者一直不乏前呼后拥的大批追随者，其深刻根源亦在于此。

## 七、恐慌心理

虽然不少人对纵情于声色犬马趋之若鹜，但仍不排除有人天生就不想成为纵欲主义者。这些人尽管腰缠万贯、财力雄厚，但他们是一些比较保守或传统的人，灯红酒绿对他们没有任何吸引力，花花世界也无法轻而易举抓住他们的心，他们一如既往地过着省吃俭用、节衣缩食的平常日子。然而，有一天，这些人也会突然步入到纵欲者的行列，成为他们当中的不速之客。究竟是什么东西在起作用呢？主要有两方面的原因：一是外因。外因主要包括政局的动荡和经济制度的更替等。政局的动荡又具体体现在改朝换代、旧时代的结束和新时代的诞生上面，此时，曾经的既得利益者因为预料到有利形势的无可挽回而产生一种严重的不安全感。他们既然保不住自己的权力、地位和身份，那么，他们从前获得的一切利益终将全部丧失。这样，与其眼睁睁地看着自己曾经拥有的一切被别人夺走而付诸东流，还不如抓紧时机，把它们挥霍一空，以不留下任何遗憾。经济制度的更替具体体现为旧制度下获得的一切在新制度下将全部作废，比如旧货币的停止流通和新货币的即将启用，旧票据的废止和新票据的使用等。这样，大量有价证券的持有者在时间允许的情况下，就不得不考虑他的那些一度价值连城的利益的处置问题。与其让它们成为一堆一文不值的废纸，不如尽快用其换回少量消费品和奢侈服务。那些从未萌生过丝毫纵欲念头、从来不打算实施纵欲行为的人此时都理所当然地成为纵欲者。二是内因。内因主要是指主体自身的情况发生了突变。比如，主体得知自己已经患上了不治之症，但短期内他的生命还不会终结，他在具备纵欲条件的同时也不乏纵欲能力；主体即将受到法律的严惩，他不愿意让自己辛辛苦苦积攒下来的钱财落入他人的腰包。在此类情况下，主体都可能会“突击花钱”，狠狠地潇洒一回，痛快淋漓地享受有限的人生。种种迹象表明，不管是由于外因还是由于内因所促成的纵欲行为，其背后都潜藏着一种深刻的恐慌心理。透过这种恐慌心理，我们不难看出：第一，为数不少的人缺乏危机意识，他们总是把生活想象得过于美好，始终打着自己的如意算盘，一旦风云突变，他们就毫无思想准备，从而导致手忙脚乱，无所适从。第二，这些人纵情享乐的目的，实际上在于竭尽全力地把自己可能的损失降到最低。第三，纵欲行为的出现意味着这些人平静生活的结束和艰难岁月的开始。第四，在自知大势已去的情况下，这些人仍然不愿面对现实反而还在做无谓的挣扎。第五，这些人一反常态地选择纵欲，意味着他们对从前只知劳作而不会享受的人生观的变相否定。第六，不管这些人手中握有多少即将作废的利益，他们也舍不得将其捐献出来救济那些衣食无着的穷人，因为这背离了纵欲主义的本性。

## 第二节 认识根源

纵欲主义者之所以要坚持走一条不计后果的尽情享乐之路，既不能简单地视为一时的心血来潮，也并非瞬间的头脑发热，他们是通过对生存和死亡、生前的实惠和死后的虚名这类问题进行考察和思索而得出的结果。

### 一、基于对生与死的认识

在自然界中，不管是植物还是动物，只要属于生命个体，它都必然要经历一个从出生到成长、壮大、衰老、死亡的过程，这个过程是不以任何人的主观意志为转移的。这是一种自然规律。面对这一规律，所有生物都只能顺应和服从，而不得违背和改变。人虽是高等动物，但人同样要受制于这一规律。自然规律对人的制约首先意味着人的生命的长度是有限的，亦即人的寿命是有限的。人的寿命最长不过一百五十年（因为水灾、火灾、车祸、地震、海啸、台风等各种意外事故而死亡的人除外）。对此，唐朝诗人李白曾发出过感慨："人生飘忽百年内，且须酣畅万古情。"[①] 一般情况下，人的寿命大多都是几十年。常言说"人生七十古来稀，三分之一要睡去"，说的就是人的生命相当短暂，在这短暂的生命历程中，还有一部分时间要用于睡眠，以利于体能的恢复。如果再仔细琢磨，人在婴幼儿时期，不仅不能独立活动，不具备自理生活的能力，而且还需要父母的抚养，一个婴幼儿时期的孩子，对自我和世界都没有清晰完整的认识，处于懵懂无知的状态；人到了晚年，由于身体机能的日益下降而导致行动不便，不仅随时随地需要别人搀扶，而且大部分时间神思恍惚。这样一来，在整个人生过程中，只有少年、青年和中年时期较为美好，可惜这种美好的时光极为有限。自然规律对人的制约意味着人的身体是脆弱的。具体说来就是人并非随时随地都处于健康状态，身体受伤和生病就是最常见的两种不健康状态。人无论怎样爱惜自己的身体，在他的一生中，他不可能不受到来自于他人或外物的伤害，这种伤害当然有轻重之分。同样，人无论如何保护自己的身体，他都不可能逃避大大小小的疾病的袭击。不管是身体受伤还是生病，身体都必然要经历和承受一种让人苦不堪言

① 李白：《答王十二·寒夜独酌有怀》。

的折磨。在本来有限的人生中，这种亚健康状态所占的比例越大，人的痛苦也就越多。自然规律对人的制约最后意味着人的心灵是苦涩的。人一生下来就有各种各样的欲望需要得到满足，但是由于欲望主体过多，以及欲望主体在欲望对象的数量、质量（素质）、内容和形式等方面的要求总是高于用来满足欲望的对象本身，加之不同欲望主体之间为了争夺有限的欲望对象而使主体自身的欲望满足受阻，因而人们有相当一部分时间都生活在忧愁、紧张、焦虑和失望之中，“人生在世，不如意者十八九”说的就是这种状态。虽然人生充满着种种不确定性，人要活下去十分艰难，但由于生命本身具有意识、感知和思维的功能，因而，人除了要承受那令人不快的一切，他们还能体会到人生中的种种美妙，诸如甜蜜的爱情、他人的帮助、事业的成功等。然而，好景不长，当死神降临，人不仅会丧失意识、感知和思维能力，而且原先那些附属于人的权力、地位、身份、名声、利益等通通都将随着人生命的消失而归于零，人进入虚无状态，所有东西都化为乌有。

“［公孙］朝、［公孙］穆曰：‘吾知之久矣，择之亦久矣，岂待若言而后识之哉？凡生之难遇而死之易及；以难遇之生，俟易及之死，可孰念哉？而欲尊礼义以夸人，矫情性以招名，吾以此为弗若死矣。为欲尽一生之欢，穷当年之乐，唯患腹溢而不得恣口之饮，力惫而不得肆情于色；不遑忧名声之丑，性命之危也。且若以治国之能夸物，欲以说辞乱我之心，荣禄喜我之意，不亦鄙而可怜哉！’”① 公孙朝和公孙穆的上述言论包含着如下意思：第一，他们对生灭的认识由来已久，并非一朝一夕之事。他们两兄弟之所以一个（公孙朝）纵酒，一个（公孙穆）好色，这并非出于偶然。这是他们两人对生存和死亡进行了长时间思考后所做出的行为选择。第二，生存与死亡相比，生存要艰难得多，死亡却非常容易。鉴于此，应加倍爱惜自己的生命并时刻保护好自己的身体，不要让其受到任何伤害。第三，由于人生短暂，身体脆弱，因而应当及时行乐。当吃则吃，该喝则喝，当玩则玩，该乐则乐。如果等到年老体衰、力不从心时才醒悟过来要好好满足一番，恐怕为时已晚。第四，与最大限度地满足欲望比较起来，礼义、名誉、利益之类的东西几乎一文不值。因为它们都属于生不带来、死不带去的身外之物。如果整天念念不忘礼义的有与无、名誉的好与坏、利益的得与失等，那么，人不仅活得很累，而且简直就是主次颠倒、本末倒置的表现，不但可笑而且可悲。“孟孙阳问杨朱曰：‘有人于此，贵生爱身，以蕲不死，可乎？’曰：‘理

① 《列子·杨朱》。

无不死。’‘以蕲久生，可乎？’曰：‘理无久生。生非贵之所能存，身非爱之所能厚。且久生奚为？五情好恶，古犹今也；四体安危，古犹今也；世事苦乐，古犹今也；变易治乱，古犹今也。既闻之矣，既见之矣，既更之矣，百年犹厌其多，况久生之苦也乎？’”① 孟孙阳和杨朱的上述对话表明，第一，人们虽然意识到自己的生命和身体的极端重要性，他们也为此做出过种种努力，希望死亡不会出现，生命长存，但事实证明，这些想法尽管美好，但都只是乌托邦式的幻想，死亡迟早必然降临，生命一定难以永存。第二，之所以得出生命无法永存，死亡毫不留情的结论，主要是将历史和现实结合起来进行考察的结果。无论是古代还是现在，人们在情感的好恶、身体的苦乐、内心的悲喜、意志的行止等方面的体验都是相通的。正是由于具有这种相通性，因而，古人体验过的与今人体验到的，并不存在本质上的差别。既然如此，刻意追求永生不死也就没有多少实际意义，因为曾经经历过的体验如果再次经历就不会感到新鲜，已经品尝过的味道如果再次品尝就无异于重复。这样，活得长久或活得短暂也就显得无关紧要了。孟孙阳又说：“若然，速亡愈于久生；则践锋刃，入汤火，得所志矣。”杨朱回答说：“不然。既生，则废而任之，究其所欲，以俟于死。将死，则废而任也，究其所之，以放于尽。无不废，无不任，何遽迟速于其间乎？”② 在这里，孟孙阳和杨朱二人的对话则可视为对上面所论问题的进一步深化。顺着活得是久还是短均不重要，只要该经历的都经历过该品尝的都品尝过就不必有任何遗憾的思路再往下延伸，那么推断出来的结论就是与其活得长久还不如活得短暂，既然如此，早点结束生命不是更痛快吗？这是孟孙阳提出的问题。杨朱的回答没有偏离道家的宗旨：道法自然，既没有必要刻意延长生命，也不能人为地提前让死亡到来。

总的说来，《列子·杨朱》作为纵欲主义的代表性著述，对生灭的认识在体现出理性客观特质的同时，还带有浓厚的悲剧意味。正是在这种认识的基础上，杨朱等人才做出顺应自然、纵情享乐的人生选择。

## 二、基于对实与名的认识

在人的众多需求中，本能需求是一种基本而迫切的需求。由于这种需求的满足与否直接关系到人的生存和生殖问题，因而其重要性自不待言。本能需求的满

① 《列子·杨朱》。
② 《列子·杨朱》。

足状况直接标识着人是处于快乐状态还是处于痛苦状态。一般来说，本能需求得到了应有满足，人就感到快乐；反之，则会感到痛苦。因此，作为主体的人总是把本能需求的满足置于一切满足的首位。本能需求在众多需求中的基础性和紧迫性地位决定了它自身的普遍性。本能需求的满足与种族、民族、性别、年龄、权势、地位、身份、智力水平、文化程度、经济实力、道德境界等通通无关，不论任何人，只要产生了本能需求，都必须加以设法满足。如果多种需求同时产生，那么首先要解决的无疑也是本能需求的满足问题。因而，《吕氏春秋》说："故耳之欲五声，目之欲五色，口之欲五味，情也。此三者，贵贱、愚智、贤不肖欲之若一，虽神农、黄帝，其与桀、纣同。"① 爱尔维修也表达了类似的看法，他说："人们感到饥和渴；他们有跟自己的女人睡觉和睡眠等的需要。每天24小时，他们用10个或12个小时来供应这些不同的需要。在满足这些需要的时刻，从兔子皮商人到亲王，都是同等幸福的。"②

虽然本能需求的满足非常重要，但这并不意味着其他方面的需求就可以完全被置之不理。除了吃、穿、住、行、性等本能需求，人们还要与不同类型的人打交道，还要参加各种各样的社会活动，因此社会性方面的需求亦同样需要得到满足。社会性需求集中体现在道德要求上。在社会交往中，主体的言行是有利于他人还是有害于他人，是成全了他人还是妨碍了他人，所有这些都需要通过道德观念和准则来加以规范和调节，都需要通过社会舆论来做出评价。如果一个人的言论成全了他人的好事，此人可能就会被认为是正面人物，如果一个人的言论阻碍了他人的好事，他可能就被认为是反面人物。如果一个人的行为对他人有利，那么他的行为就会被认为是道德行为，如果一个人的行为对他人有害，那么他的行为就会被认为是不道德行为。正面人物和道德行为值得肯定，反面人物和不道德行为应当否定。而这种肯定或否定的价值判断正是社会舆论对人们言行产生的后果所做出的或褒或贬的评价。由于社会成员众多，人与人之间的关系复杂，人们的社会活动频繁，因而，如果没有一定的道德观念和准则来加以规范和调节，如果没有一定的社会舆论来做出评价，社会势必就会陷入混乱和无序状态。

如果我们用"实"这个概念来代表本能需求，而用"名"这个概念来代表道德要求，这样，当本能需求和道德要求都同时需要得到满足而又只能选择其中之一时，它们两者的冲突就不可避免地产生了。如何解决实与名之间的关系，这

---

① 《吕氏春秋·情欲》。

② 《十八世纪法国哲学》，商务印书馆，1963年版，第527页。

是千百年来一直困扰着人们的问题。在这个问题上，深受封建礼教的“名节”观念影响的中国女性有着切身的感受。在实与名之间，亦即在本能需求与道德要求之间，她们往往处于非常纠结的状态。一方面，本能需求迫切需要得到满足；另一方面，这种需求的满足又不符合或违背了道德要求。传统道德观念要求她们一本正经、保持贞操、白璧无瑕、行止有度、恪守妇道，因此，与人聚餐、饮酒以及性需求需要得到满足等都会被冠以“不正经”“放荡”“淫乱”“不守妇道”之名。本能需求被人为压抑的结果使得她们的主体性被大大地弱化，凡事均持被动应付态度，不敢主动提出任何要求，即使别人主动提出要求，她们也不能欣然应允，而要假意拒绝。这显然是过分强调“名”所导致的不良后果。

在纵欲主义看来，满足当下的本能需求不仅是第一位而且是唯一的任务，至于人们心目中的所谓美名，以及赢得众人交口称赞的“圣哲”“贤人”和“君子”等称号都没有任何实际意义。因为这些好名声和动听的称号既不能用来当饭吃、当衣穿、当房住、当车乘，当然也不能用来代替异性以实现性需求的满足。一旦死亡降临，人的肉体衰竭，感知丧失，所有的名位、礼义都会变得虚无缥缈，一切善恶评价都会准时画上句号。鉴于此，获得现实的快乐才是明智之举。

“桀藉累世之资，居南面之尊，智足以距群下，威足以震海内；恣耳目之所娱，穷意虑之所为，熙熙然以至于死。此天民之逸荡者也。纣亦藉累世之资，居南面之尊；威无不行，志无不从；肆情于倾宫，纵欲于长夜；不以礼义自苦，熙熙然以至于诛。此天民之放纵者也。彼二凶也，生有纵欲之欢，死被愚暴之名。实者，固非名之所与也，虽毁之不知，虽称之弗知，此与株块奚以异矣？彼四圣虽美之所归，苦以至终，同归于死矣。彼二凶虽恶之所归，乐以至终，亦同归于死矣。”① “矜一时之毁誉，以焦苦其神形，要死后数百年中余名，岂足润枯骨？何生之乐哉？”② 把夏桀、商纣两个暴君与舜、禹、周公、孔子四位圣人进行比较的结果表明，只要生前尽情享受了一切应该享受的东西，就能达到死而无憾。那四位圣人虽然博得人们的赞誉，但那些轻飘飘的虚名比起他们生前所忍受的艰难困苦来，可以说不值一提。因此，要想获得生之乐趣，就不要过于看重名位。天命不可违逆，应当放弃的就没有必要留恋。显然，在对实与名之间的关系的把握上，《列子·杨朱》还不仅仅是重“实”轻“名”，而简直到了取“实”弃“名”的地步。“杨朱曰：‘生民之不得休息，为四事故：一为寿，二为名，三为

① 《列子·杨朱》。

② 同上。

位，四为货。有此四者，畏鬼，畏人，畏威，畏刑，此谓之遁民也。可杀可活，制命在外。不逆命，何羡寿？不矜贵，何羡名？不要势，何羡位？不贪富，何羡货？此之谓顺民也。'""天下无对，制命在内。故语有之曰：'人不婚宦，情欲失半；人不衣食，君臣道息。'"① 在这里，杨朱又把遁民与顺民做了比较仔细的对比。在杨朱看来，人应当放下那些不必要的包袱，不必要的包袱概括起来无非就是荣华富贵和功名利禄。由于想拥有荣华富贵和功名利禄，人们一直在担惊受怕、提心吊胆地过日子，自己的命运好像一直掌握在他人手中，既谈不上自由，也没有任何自在和自主可言。如果顺其自然，淡泊名利，自己的命运由自己操纵，那显然就会轻松得多。

"君不见李北海，英风豪气今何在！君不见裴尚书，土坟三尺蒿棘居！"② "世间行乐亦如此，古来万事东流水"③，上述诗句流露出了唐朝诗人李白十分浓烈的悲观主义情绪。在世界充满灰色、人生即是悲剧的背景下，李白认为，一切努力都无济于事，最好的选择莫过于"且乐生前一杯酒，何须身后千载名"④，李白的人生态度呈现出如此消极颓废的基调，不能说与李白本人坎坷的命运无涉，更不能说与千百年来纵欲主义思想的深刻影响无关。

对实与名的认识，尽管纵欲主义表现出了一定的现实品格和务实态度，但是由于它完全无视道德观念和道德准则对规范和调节社会秩序的作用，全盘否定了社会舆论对人们言行或褒或贬的评价所产生的积极意义，因而无疑是从一个极端又走向了另一个极端。

## 第三节 社会根源

### 一、个人与社会的关系

社会由无数的个人组成，社会为个人提供活动的舞台和空间。个人与社会的关系是一种相互依赖和彼此制约的关系。

① 《列子·杨朱》。

② 李白：《答王十二·寒夜独酌有怀》。

③ 李白：《梦游天姥吟留别》。

④ 李白：《行路难·其三》。

个人与社会的相互依赖首先表现为社会离不开个人，个人是社会的主体和支撑，没有个人就无所谓社会。组成社会的各色人等，依据不同标准可以划分为不同的类别，按照种族可以划分为白种人、黄种人、黑种人、棕种人等，按照民族可以划分为汉族、苗族、彝族、侗族、布依族、毛南族、白族、水族、仡佬族、傣族、纳西族、傈僳族、哈尼族、普米族、壮族、蒙古族、朝鲜族、俄罗斯族等，按照性别可以划分为男性和女性，按照年龄可以划分为童年、少年、青年、中年和老年等，按照职业可以划分为工人、农民、教师、医生、军人、商人等，按照出生年代可以划分为30后、40后、50后、60后、70后、80后、90后等，按照关系可以划分为夫妻关系、父子关系、弟兄关系、朋友关系、同事关系、老乡关系、师生关系、同学关系、战友关系、亲戚关系等。庞大、复杂、立体、多面、动态的社会就是由这些不同类别的人群组成的集合体，而呈现出多样性和生动性特征的个人又使得整个社会时刻充满着生机和活力。个人与社会的相互依赖其次表现为个人离不开社会，社会是个人活动的场所和生活的源泉，因而没有社会个人也就难以生存。个人对社会的依赖程度随着社会分工的日益专门化和精细化而变得越来越严重。因为不管任何人，他所从事的劳动都不能完全满足他本人的需求，他必须用自己获得的劳动报酬到市场上去换回他需要的各种生活资料，他才能继续生存下去。在小农经济时代，人们依靠自己的劳动基本上就可以获得生存所需的生活资料，那时，个人相对于社会来说具有较大的独立性和自主性，个人对社会的依赖程度也相对较低。到了商品经济时代，各行各业的人们劳动的成果只能满足自身的部分需求，大部分需求却无法通过自己的劳动得到有效满足，尚未得到满足的部分只有通过从事其他行业的人的劳动才能实现。在这种情况下，他就必须用自己获得的劳动报酬的大部分（货币通常是其表现形式）到市场上去购买自己所需要的生活资料。比如，一个制鞋工人生产出来的鞋子除了满足自己穿的需求外尚有大部分剩余，这剩余的部分，他不可能长期将其存放在仓库里，而是要运到市场上去销售，通过销售换回货币，再把货币拿到市场上去购买自己所要吃的粮食、穿的衣服、阅读的书籍等。一个种田农民生产出来的大米除了满足自己吃的需求外还有大部分剩余，这剩余的部分他不可能任其白白地变质、发霉、腐烂，而是必须运到市场上去销售，通过销售换来货币，再把货币拿到市场上去购买自己所要穿的鞋子、吃的食盐、通话的手机等。

个人与社会的关系除了存在着相互依赖的一面，它们之间还有彼此制约的一面。个人与社会的彼此制约首先表现在社会的面貌从个人身上可以反映出来。个人与社会的关系从本质上说就是部分与整体的关系，由于个人是构成社会的细胞，因而个人的状况在很大程度上决定着社会的状况。每一个人从表面上看似乎微不足道，实际上作为社会的一员或一分子，他都具有不可低估的作用。没有一根根钢筋、一袋袋水泥、一堆堆砂石，任何高楼大厦都难以竖立起来；同样，没有那数不清的一粒粒看似可有可无的水珠，所谓波澜壮阔的汪洋大海也就不会出现。因此，个人的存在是社会存在的前提，个人的力量是社会力量的基础。如果每一个人的能力都很弱小，要想让整个社会强大起来就是痴心妄想；如果每一个人都很贫穷，要想实现整个社会的富裕就是纸上谈兵；如果每一个人都很愚昧，要想让整个社会文明起来就比登天还难。从这个意义上说，社会需要个人，如果每一个人都对社会尽了其应尽的责任和义务，社会的前景就会无限美好；如果每一个人对社会都抱着无所谓的态度，社会的前景就会迷雾重重。个人与社会的彼此制约其次表现在社会能够同化和影响个人。荀子所说的“蓬生麻中，不扶自直；白沙在涅，与之俱黑”① 正是社会能够同化和影响个人的形象表达。在纷繁复杂的社会环境中，个人不管愿意不愿意，他都会自觉或不自觉地受到社会方方面面的同化和影响。社会对个人的同化和影响是通过多种渠道来实现的。这些渠道主要有：一是有形实物，比如楼房、公园、桥梁等基础设施，从这些基础设施可以反映出一个社会的经济实力、科技水平、审美趣味、民族特色、地域特点等。二是文字图案，比如以书籍、报纸、杂志等作为载体的思想形态，透过这些思想形态可以折射出一个社会的价值取向、学术水平、政治导向、宗教信仰、文化传统等。三是语音传播，比如音乐、广播、交谈等声音符号，通过这些声音符号可以透视出一个社会的艺术追求、道德观念、情感状态、精神境界等。社会无论是从作用于人的视觉出发，还是从作用于人的听觉出发，抑或是从作用于人的综合感觉出发所实施的同化和影响，个人都难以规避和拒绝。当然，这种同化和影响既可能是有意识、有目的、有计划地进行的，也有可能是在没有任何意识、没有任何目的、没有任何计划驱动的情况下进行的，这种同化和影响既可能马上产生立竿见影的效果，也可能是慢慢地经过很长时间才产生出潜移默化的效果。“子墨子见染丝者而叹曰：‘染于苍则苍，染于黄则黄。’所入者变，其色亦变；五入必而已则为五色矣。故染不可不慎也！”② 墨子的言论表明，由于背景比较宽广而对象相对狭小，因而背景可以轻而易举地改变对象，而对象却难以改变背景。如果社会代表的是整体，那么个人则只能属于部分；如果社会代表的是主

① 《荀子·劝学》。
② 《墨子·所染》。

流，那么个人则只能属于支流；如果社会代表的是多数，那么个人则只能属于少数。因此，任何人要想真正达到屈原所说的“举世混浊而我独清，众人皆醉而我独醒”的出淤泥而不染的状态确实是非常困难的。

需要说明的是，在社会对个人同化和影响的过程中，执政者起着非同小可的作用，执政者的主导思想、执政理念、政策导向、具体措施等都会直接或间接地对社会进行干预，在社会受到干预的同时，作为社会成员的个人自然就难以独善其身了。

## 二、纵欲主义源于不良的社会风气

社会风气有好与坏之分，无论是良好的社会风气，还是不良的社会风气，它往往需要经历一个漫长过程，并非一朝一夕就能形成。不仅如此，社会风气的形成还与很多因素有着密切的关系，在影响社会风气形成的诸多因素中，价值取向是最为重要的因素。一个人的价值取向直接决定着这个人的人生追求和生活态度。所谓价值取向，通俗地说就是指人们头脑里认为最为重要的东西，最值得去为之奋斗拼搏的东西。正是这种人们认为最为重要的东西在始终左右着他们的努力方向，正是这种人们认为最值得去为之奋斗拼搏的东西在始终牵引着、指导着他们去从事一切活动。一个人把什么东西看得很重，他就会在与此相关的方面投入更多的时间、精力和金钱，一个人认为什么东西无关紧要，与此相关的一切都不在他的关注和考虑范围。比如，一个热衷于求知的人，他会把最大限度地吸收古今中外的一切知识作为最为重要的任务来抓，他不仅会花费大量的时间和精力去阅读各种各样的书籍、杂志、报纸，而且他还会投入大量的金钱去购买所有他喜欢的书籍、杂志、报纸。这样，他就没有时间和精力去顾及其他方面，在那些方面哪怕花了一分钱他也会觉得心疼。一个嗜酒如命的人，他总是认为喝酒胜于一切。此时，吃饭吃菜不重要，穿衣戴帽不重要，看书读报不重要，唱歌跳舞不重要。他的一门心思就是怎样以合理的价格买到味道更好、数量更多的酒，因此，他最为关心的就是酒的质量、数量和价格问题。他把如何喝到好酒、如何喝到更多品种的酒、如何营造出喝酒的最佳气氛视为人生最为重要的任务。于是，大量的时间和精力就被他投入到买酒和喝酒上，他所有的积蓄都花在与酒有关的一切消费活动中。价值取向的表现及重要性由此可见一斑。

根据价值目标的不同，我们可以把价值取向分为两类，一类是形而上的价值取向，另一类是形而下的价值取向。何谓形而上？何谓形而下？从“形而上者谓之道，形而下者谓之器”[①] 的界定看，前者为道，后者为器。那么，什么又是道，什么又是器呢？一般来说，属于精神性和社会性（主要指道德、情感之类）的存在物就是道，而属于物质性和感官性的存在物就是器。精神性和社会性的存在物往往弥漫着高贵气息，而物质性和感官性的存在物则带有世俗特质。这样，在社会生活中，那些把精神性和社会性的存在物作为其最高价值目标的人，可以被划入精神—社会型一类，而那些对物质性和感官性存在物特别迷恋和感兴趣的人则可以划归物质—感官型一类。随着两类不同价值取向的最终确立，与此相关的人生追求和生活态度也就有所不同。以精神性和社会性存在物作为其最高价值目标的人，他们的人生追求和生活态度通常是自觉自愿且积极向上的，他们大多具有某种坚定而神圣的信仰；而那些以物质性和感官性存在物作为最高价值目标的人，他们的人生追求和生活态度往往是盲目迷茫而消极颓废的，他们谈不上有什么坚定而神圣的信仰。精神—社会型的人为了其理想和信念通常不重视物质利益的占有和消耗，也不热衷于感官色情的追逐和享受，他们虽然生活清贫，却能做到甘于寂寞，淡泊名利，处之泰然，超然物外。而那些物质—感官型的人则格外重视物质利益和感官色情，见利忘义、唯利是图、利欲熏心、色胆包天是他们的本质特征。他们之所以把利益视为重中之重，原因在于获得了利益就能实现他们对于物质利益的占有和消耗及对于感官色情的追逐和享受这一总目标。在一个什么东西都需要通过金钱才能获取的社会，有了金钱当然就意味着有了一切，因为金钱充当着一切利益的代表。通常情况下，人们在形而上与形而下这两种价值取向之间，要么属于前者，要么属于后者。徘徊于两种价值取向之间的人比较少见，但也不能说绝对没有。孔子就曾毫不客气地批评过那种在道与器之间摇摆不定的人，他说：“士志于道，而耻恶衣恶食者，未足与议也。”[②] 在孔子看来，一面表现出对道的无限向往，一面又因为自己物质生活条件的恶劣而觉得无地自容的人是最让人瞧不起的人。这种脚踏两只船的人除了表明他对道的向往不彻底及对器的恋恋不舍以外，似乎再没有别的更具有说服力的解释。孔子主张“君子不器”，他最推崇的就是“君子食无求饱，居无求安，敏于事而慎于言，就有道而正焉”[③] 的行为；他最赞赏的就是“饭疏食饮水，曲肱而枕之，乐亦在其中矣”[④] 的状态。

① 《周易·系辞上》。
② 《论语·里仁》。
③ 《论语·为政》。
④ 《论语·述而》。

从最大限度地占有和消耗物质利益对象并最大限度地追逐和享受感官色情对象的表现形式看，在价值取向的问题上，纵欲主义无疑是属于形而下的，也就是说，纵欲主义把物质性和感官性存在物作为其最高价值目标，因而，纵欲主义就是地地道道的物质—感官型。既然属于物质—感官型，不用说，大吃大喝、醉生梦死就是其日常生活的基本内容。与此相联系，在物质利益对象和感官色情对象的数量上，纵欲主义以多为荣，以少为耻；在物质利益对象和感官色情对象的质量（素质）上，纵欲主义以优为荣，以劣为耻；在物质利益对象和感官色情对象的内容上，纵欲主义以全为荣，以缺为耻；在物质利益对象和感官色情对象的形式上，纵欲主义以新为荣，以旧为耻。一个社会如果普遍存在着这种心态，其风气不仅谈不上良好，而且已经到了令人担忧的地步。"与善人居，如入芝兰之室，久而不闻其香，即与之化矣。与不善人居，如入鲍鱼之肆，久而不闻其臭，亦与之化矣。丹之所藏者赤，漆之所藏者黑，是以君子必慎其所处者焉"。[①] 王肃的上述言论绝非耸人听闻之言。社会成员中的大部分如果已经被卷入占有和消耗物质利益与追逐和享受感官色情的巨大漩涡之中，那么，要想保持洁身自好、一尘不染已经难上加难。爱尔维修也表达过这种忧虑，他说："贪欲所生的种种恶果一齐涌入一个帝国，依次传染给它的每个成员，最后使它衰亡。"[②]

纵情于声色犬马的行为，沉湎于酒色财气的事实，在中国历史上可谓屡见不鲜。据史书记载："武帝时又多取好女至数千人，以填后宫。及弃天下，昭帝幼弱，霍光专事，不知礼正，妄多臧金钱财物，鸟、兽、鱼、鳖、牛、马、虎、豹生禽，凡百九十物，尽瘗臧之，又皆以后宫女置于园陵，大失礼，逆天心，又未必称武帝意也。昭帝晏驾，光复行之。至孝宣皇帝时，陛下恶有所言，群臣亦随故事，甚可痛也！故使天下承化，取女皆大过度，诸侯妻妾或至数百人，豪富吏民畜歌者至数十人，是以内多怨女，外多旷夫。及众庶葬埋，皆虚地上以实地下。其过自上生，皆在大臣循故事之罪也。"[③] 从上述史实可知，汉武帝时代上层官僚集团不仅把占有和消耗物质利益、追逐和享受感官色情视为家常便饭，而且赏玩飞禽走兽也被他们纳入到寻欢作乐的必要内容之列。下述史料则可视为对上述史实的进一步补充和印证："五侯群弟，争为奢侈，赂遗珍宝，四面而至；后廷妾，各数十人，僮奴以千百数，罗钟磬，舞郑女，作倡优，狗马驰逐；大治

① 王肃著：《孔子家语·六本》。

② 《十八世纪法国哲学》，商务印书馆，1963 年版，第 523 页。

③ 班固撰：《汉书·贡禹传》。

第室，起土山渐台，洞门高廊阁道，连属弥望。百姓歌之曰：‘五侯初起，曲阳最怒，坏决高都，连竟外杜，土山渐台西白虎。’其奢僭如此。”①

到了晋代情况是否有所好转呢？回答是形势依然不容乐观，整个社会已经完全陷入乌烟瘴气、污浊不堪的氛围和境地之中，谁要想从其中轻易挣脱出来无异于天方夜谭。“［羊］琇性豪侈，费用无复齐限，而屑炭和作兽形以温酒，洛下豪贵咸竞效之。又喜游燕，以夜续昼，中外五亲无男女之别，时人讥之。”②

综上所述，决定一个社会风气是好还是坏的因素并非处于社会底层的平民百姓，而是居于社会上层的统治集团。因为只有他们才具备大肆挥霍、无度享受的条件和资格。一旦他们作为始作俑者开了恶劣的先例，社会上那些条件和资格稍逊于他们的人就会想方设法紧随其后穷追不舍，社会的吃喝之风势必就会越刮越猛，享乐之习势必就会愈演愈烈。只要用来满足他们占有和消耗的物质利益对象及追逐和享受的感官色情对象一日不绝，他们形而下的价值取向就不会自动消失，他们的最高价值目标就不会自行改变，他们就只会痴迷于器而不会崇尚道，他们就只会在世俗的泥坑中越陷越深。

## 第四节 制度根源

所谓制度，就是指要求大家共同遵守的办事规程或行动准则。从宏观层面看，制度可以分为政治制度、经济制度、军事制度和文化制度等。在这些制度中，政治制度往往起着主导作用，居于支配地位。从微观层面看，每一个行业、每一个单位、每一个部门也会根据自身实际情况来制定一些供本行业、本单位、本部门的全体职工共同遵守的制度。虽然制度这种办事规程或行动准则一经确立人们就必须共同遵守，但并不意味着所有的制度都是切实可行和完美无缺的，而制度的不科学和不完善又往往成为纵欲主义产生和存在的根源。我们拟对此做一探讨。

### 一、不科学的制度为纵欲主义大开方便之门

纵观中西政治制度确立、发展和演变的历史，我们不难发现，集权制度和民

① 班固撰：《汉书·元后传》。

② 房玄龄著：《晋书·外戚篇》。

主制度这两种类型的政治制度在政治制度兴衰交替的整个过程中不仅历时漫长，而且作为最重要的形式，它们呈现出压倒一切的态势。如果将集权制度与民主制度再进行一个初步比较，我们就会发现民主制度确实具有集权制度所无法比拟的种种优越性。而在形形色色的集权制度中，中国皇帝制度不仅具有代表性，而且它与纵欲主义存在着诸多关联，鉴于此，我们将其作为一个个案来进行重点分析。

皇帝制度是专制主义中央集权制度的典型形式。中国皇帝制度把天地神祇全部融合在内，旨在集中突出个人的权威地位，以保证皇帝高踞于国家机器之上，拥有至高无上的权力，皇帝从而被大大地神化和物化了。中国自公元前221年秦始皇称皇帝开始，到1912年宣统皇帝溥仪退位，历经2132年。溥仪不仅是清朝最后一位皇帝，而且是中国历史上最后一位皇帝。溥仪退位，不但宣告了大清皇朝的终结，而且还宣告了中华帝制的终结。中国皇帝制度创立之后，经过不断补充、修改和完善，在内容上呈现出十分丰富和完备的形态。其中不乏为皇帝生前死后而建立的各种礼仪典章，不乏维护皇帝本人及家族政治地位的详细规定，不乏保证皇帝行使其生杀予夺大权的各种手段，不乏为神化皇帝而精心设计的系统理论，不乏在现实生活中将皇帝实物化的有形设施。凡此种种，目的只有一个，那就是最大限度地维护和凸显皇帝的权威，以保证皇帝的权力不折不扣地得到行使。皇帝制度的基本特点有：第一，神权被皇权充分利用。秦统一六国后，始皇自称“赖宗庙之灵”，“帝王之兴，必俟天命；苟有代谢，非人事也。”① “王者，父天母地，为天之子也。”② “天下乃皇天之天下也。陛下上为皇天子，下为黎庶父母。”③ 第二，为了维护皇帝尊严，礼乐制度得到了空前强化。当汉高祖刘邦意识到礼仪对于政治统治的重要性之后，便“采古礼与秦仪杂就之”，于公元前200年实行朝贺大礼。礼毕，刘邦不无感慨地说：“吾乃今日知为皇帝之贵也。”④ 第三，皇权总是依赖各种政治势力和功勋集团等来为自己的长治久安奠定坚实基础。以皇权为依托，皇帝建立了与其皇位相称的名号制度、皇位继承制度、后宫制度和宦官制度。名号制度是指对皇帝的名称及符号进行相关规定的制度。“汉天子正号曰皇帝，自称曰朕。臣民称之曰陛下。其言曰制诏，史官记事曰上。车马衣服器械百物曰乘舆。所在曰行在所，所居曰禁中，后曰省中。印曰玺。所至

① 干宝著：《全晋文》。
② 班固撰：《白虎通义·爵》。
③ 班固撰：《汉书·鲍宣传》。
④ 司马光等撰：《资治通鉴》（卷十一）

曰幸，所进曰御。其命令一曰策书，二曰制书，三曰诏书，四曰戒书。”[①] 名号制度还包括皇帝死后的谥号、庙号和陵寝号等，旨在维护皇帝尊严。与皇帝有亲属关系的人也有特定的尊号，皇帝父母被称为“太上皇”和“皇太后”，祖母被称为“太皇太后”，妻妾被称为“皇后”“夫人”“妃嫔”。子被称为“皇太子”或“皇子”，姑被称为“大长公主”，姐被称为“长公主”，女被称为“公主”等。皇位继承制度目的在于保证皇权的连续性和稳定性，这一制度非常严格。把至高无上的权力宝座，万世一系地传给自己的子孙，以“奉宗庙之重，统无穷之祚”[②]，不让大权旁落，是历朝历代最高统治者的共同心愿。因为“天子，天下之本，本一摇，天下震动。”[③] 于是，“立嫡以长不以贤，立子以贵不以长”的王权继承原则就成了用来确立君主继承人的法定标准。尽管如此，因争夺皇位而引起宫闱喋血、朝臣分党，甚至兵变政变的事例，仍然充斥于中国的整个史册中。为了防范和消除在皇位继承问题上引发的祸乱，历朝历代统治者也采取过一些措施：一是预立太子，即皇帝在位时就事先指定好自己的皇位继承人，然后有针对性地对其进行教育和培养，并给他一定的实践机会，让他熟悉政情，便于将来正式执政时不至于手忙脚乱。二是铲除可能妨碍和威胁皇位继承的政治势力。这些政治势力主要包括资历很老的文武大臣和皇亲国戚等。后宫制度包括皇后制度、妃嫔制度和女官制度三项内容。这一制度类似于朝廷，等级森严。皇后制度是指与皇帝配偶相关的制度。汉朝建立后，“后亦君也。天曰皇天，地曰后土，故天之妃，以后为称，取象二仪”[④] 成了人们的普遍共识。在夫贵妻荣的社会里，皇后等人的地位随着皇帝地位的显赫而提高，皇后、皇太后也像皇帝一样可以取得尊号和谥号，在后宫内设有一套类似于朝廷的微型机构，其成员称为女官或内官，还设有一批专门为她们服务的宦官和士人，称为长秋或内侍。皇后或皇太后在名分上还可以统率妃嫔，执行宫中法纪。[⑤] 妃嫔制度主要是指与皇帝爱妾的等级、名分及待遇相关的制度。秦汉之后，由于皇权膨胀，妃嫔数量激增，因而为了使其井然有序，建立相应的妃嫔制度迫在眉睫。“《周礼》王者立后，三夫人，九嫔，二十七世妇，八十一女御”，从表面上看，这是为了“述宣阴化，修成内

① 蔡邕著：《独断·百川学海》。
② 魏收撰：《魏书·废太子恂传》。
③ 班固撰：《汉书·孙叔通传》。
④ 班固撰：《汉书·外戚传》。
⑤ 韦庆远主编：《中国政治制度史》，中国人民大学出版社，1989 年版，第 113 页。

则”[①]，实际上就是为了突出帝王特权，让其享受荒淫无度的生活。在此情况下，因为妃嫔存在而产生的财政开支迅速增加，这些开支除了她们的日常生活支出，还有参照朝廷职官所给予她们的经济待遇。比如“昭仪位视丞相，爵比诸侯王。婕妤视上卿，比列侯。娙娥视中二千石，比关内侯。傛华视真二千石，比大上造。美人视二千石，比少上造。八子视千石，比中更。充依视千石，比左更。七子视八百石，比右庶长。良人视八百石，比左庶长。长使视六百石，比五大夫。少使视四百石，比公乘。五官视三百石。顺常视二百石。无涓、共和、娱灵、保林、良使、夜者皆视百石。上家人子、中家人子视有秩斗食云。”[②] 对妃嫔的政治地位和经济待遇所做的有关规定，使得她们在皇帝面前争宠夺位的斗争不断上演，在宫闱之内争名夺分谋利的事件屡见不鲜。女官制度是在后宫之内设置官员对各色人等进行管理的制度。“后正位宫闱，同体天王。夫人论坐妇礼，九嫔掌教四德，世妇主丧、祭、宾客，女御序于王之燕请。颁官分务，各有典司。女史彤管，记功书过”。[③] 这样，妃嫔们往往具有双重身份：一方面她们是皇帝名正言顺的爱妾，另一方面她们又名副其实地成了管理宫内大大小小事务的官员。在某种意义上，后宫就是中央政府的缩影。宦官制度是一种非常特殊的制度，它是君主专制政体的特有产物。宦官是在皇宫内侍奉帝王及其家属的男人的总称。自东汉“中兴之初，宦官悉用阉人，不复杂调他士”之后，宦官便成为在皇室内服务的经过阉割的男人的专称。宦官的身份虽然是服务人员，但由于他们与皇帝及其家属接触较多，因此常常被用来作为削弱其他危险势力的一股力量，其作用不可低估。除了上述四种主要制度以外，与皇权制度相配套的还有宗室制度、外戚制度、宫省制度及服御制度等。总之，在皇帝制度下，一切行政、军事、立法、司法、财政、文教大权，无不由皇帝掌握运用，对一切文武官员和勋贵人家等的任命、罢免、奖赏、惩罚大权，也完全取决于皇帝本人。“天下之事无大小皆决于上”，[④] 可见，皇帝的权限无所不包、无所不统，皇帝拥有至高无上、生杀予夺的大权。

从上述中国皇帝制度的概况可知，皇帝制度作为一种高度集中的中央集权制度存在着致命缺陷，这种致命缺陷使纵欲主义得以公开化、合理化和合法化。主要表现在：第一，皇帝制度是一种世袭制度。世袭制度就是皇位继承权按照某一

---

① 范晔撰：《后汉书・皇后纪》。

② 班固撰：《汉书・外戚传》。

③ 范晔撰：《后汉书・皇后纪》。

④ 司马迁著：《史记・秦始皇本纪》。

个宗族的血统关系来决定的制度。只要是同一宗族的血缘关系，就天经地义地拥有合法的皇位继承权，这种继承权只要不出现意外（比如宫廷政变、谋反、叛乱、起义等事件），就可以世世代代地继承下去，其他宗族不得插手或干预，只能望洋兴叹。因而世袭制度的实质就是“家天下”，其弊端无疑是明显的。首先，皇帝只能在一个极为狭小的范围内来进行有限的选择；其次，它是由生物学因素天然决定的；最后，在位的皇帝在选择自己的皇位继承人时往往带有主观倾向和情绪色彩。这样，虽然经过在位皇帝选定（准确地说应是指定），尚未即位的皇帝的智力水平、思想品质、心理素质等都值得怀疑。皇帝年幼无知是中国皇位继承史上的普遍现象，据统计10岁以下者就达30余人。此外，痴愚者、昏庸者也不在少数。这类人如果做了皇帝，显然与一国之君应具备的能力、水平、才干、胆识极不相称。其结果，皇帝不是胡作非为，就是祸国殃民。第二，皇帝制度是终身制。终身制意味着如果皇帝本人不是由于生了重病或因不可抗力受伤、致残而无法执政，其权力的执掌就不能任意中断。这种制度显然与明确规定了任期年限或退休时限的制度判然有别，它客观上导致的后果是，皇帝本人既没有竞争忧虑，也不存在危机意识。在皇帝看来，他当皇帝就是理所当然、板上钉钉的事情，不管当得好还是不好，皇帝都非他莫属；不管百姓是拥护还是反对，对他本人都没有丝毫影响。如果从法律上明确规定了任期，那么，不管任何人在任期之内都必须履行好自身肩负的职责，否则任期一满就无法获得连任，严重者甚至还有在任内被赶下台的可能；如果从法律上明确规定了退休时限，超过这个时限就得无条件退休，即使多么留恋皇位也无济于事，这样，皇帝在位期间也可能比较珍惜他拥有的职位，他就不至于得过且过，无所作为。第三，皇帝制度与神权有着千丝万缕的联系。中国皇帝制度一开始就是借助于超自然并且被人格化了的“天”来作为自己实施政治统治的坚强后盾和有力支撑，皇帝动辄把“君权神授”的理论搬出来，逢人便自称“天子”，这样，百姓如果不满自己的统治就是犯上作乱，就是逆天悖理，君权与神权纠缠在一起的结果很容易迷惑和欺骗不明真相、胆小怕事的人。这样，皇帝的统治就会更加有恃无恐。第四，等级观念不仅在处理公务的朝廷而且在主要与日常生活事务相关的后宫也得到了空前强化。等级观念的强化首先表现在政治地位的高低上，其次表现在经济待遇的优劣上。等级越高，政治地位就越高，经济待遇就越优厚；反之，等级越低，政治地位就越低，经济待遇就越微薄。无论在朝廷还是在后宫，政治地位高，就意味着可以发号施令、呼风唤雨，就意味着有人前来阿谀奉承、巴结讨好。经济待遇优厚，就意味着领到的薪水不菲，得到的好处很多。在以皇帝为核心的整个政治权力和经济利益体系中，无人能与皇帝相比。皇帝的政治地位及经济待遇连左丞右相、文武百官都不在话下，更不要说黎民百姓了。第五，按照“有利于自身”的原则来分配利益。皇帝在对物质利益对象的占有和消耗及对感官色情对象的追逐和享受方面达到了登峰造极的地步，而且这种对物质利益对象的占有和消耗及对感官色情对象的追逐和享受是以制度的形式正式确立下来且神圣不可侵犯的。在此情况下，皇帝一个人无论是在对物质利益对象和感官色情对象的数量、质量（素质）上，还是在对物质利益对象和感官色情对象的内容、形式上均无人可比。皇帝如此，那些等级比他稍低或更低的就依次递减，这样，皇帝的优越感和荣耀感就会大大地增强。由于皇帝、各级官吏、皇亲国戚在利益的分配上所占比重过大，剩余的可供百姓分配的利益相应很少，于是便形成了贫富悬殊、两极分化以及旷夫、怨女比比皆是的严重局面。第六，由皇帝制度而衍生的宦官制度的存在暴露了皇帝本人的极端自私、贪婪和残忍本性，其深刻的不安全感亦不证自明。皇帝既要过三宫六院、妻妾成群的奢华生活，又对同性随时可能侵犯其“私有财产”保持着高度的戒备和提防心理，不得已，只好采用阉割他人生殖器官的方式来掩盖自己脆弱的灵魂。不幸的是，竟然有不少人去选择这种畸形的生活方式，是宦官们自愿如此还是为生活所迫，令人深思。第七，与民主制度所提倡和奉行的监督原则、多数原则、主权在民原则、有限权力原则、法律面前人人平等原则相比，皇帝制度下的实际情况是：皇帝可以监督别人，自身则不受任何人的监督；重大事项不是由多数人共同商讨并进行表决，而完全由皇帝一个人说了算，也就是所谓的“一言堂”；皇帝的所思所想、所作所为均从自己及其统治集团的利益出发，平民百姓的安危冷暖并未纳入其考虑范围；皇帝一人独揽的大权不能进行适当分配，以形成互相牵制的格局；“只许州官放火，不许百姓点灯”是普遍存在的社会现实。

综上所述，把与皇帝制度相生相伴的世袭制度、终身制、政权与神权相结合、等级观念、“有利于自身”的利益分配原则、宦官制度、非民主意识等诸多因素综合起来，即构成了制度不科学的客观事实。在这种不科学的制度下，纵欲主义无须像做贼一样偷偷摸摸、躲躲闪闪，而完全可以大张旗鼓、大行其道了。

## 二、不完善的制度为纵欲主义提供可乘之机

除了制度不科学，制度不完善也是纵欲主义产生和存在的一个重要因素。制度不完善主要表现在以下几个方面：第一，制度不完备。制度不完备是指一些理

应明文规定的条文在制度文本中没有得到具体体现，使制度本身留下部分空白或出现漏洞的状态。这种情况的产生一般有两种原因：一是制度制定者在制定制度时没有深入现实生活中去做扎实细致的考察，使得现实生活中确已存在的情况在制度规定中没有得到应有的反映。二是客观现实已经发生了变化，但制定出来的制度并没有把新近发生的情况和问题纳入其间。由于制度必须保持一定的连续性和稳定性，因而由前一种原因导致的制度不完备一般不能原谅，而由后一种原因所导致的制度不完备则情有可原，因为任何制度的制定和实施通常都要滞后于现实实践。不管出于何种原因，制度不完备都会给图谋不轨者提供可乘之机，他们会避开已经做出明确规定的那些条文，在尚无明文规定的制度的“真空”地带寻找下手的有利时机。这些人之所以要挖空心思去这样做，其目的当然是为了获得某种见不得人的好处。一旦捞到了这种好处，要实现其占有和消耗物质利益对象及追逐和享受感官色情对象的目标也就水到渠成。这种动机和行为最大的效果在于，它不会受到现存制度的惩处，因为在现存制度中找不到相应的违规及处罚条款，既然没有与之对应的违规及处罚条款，你就不得随便给违规者强加上一个名目并对其进行发落。如果强行发落显然缺乏具有足够说服力的依据作为支撑，图谋不轨者正是钻了制度不完备的这种空子。第二，制度伸缩性过大。制度伸缩性过大的含义就是制度的处罚幅度过宽。通俗地说，就是如果一个人违反了某种制度，可以依据其违反情节的轻重对他进行相应处罚，但情节的轻重是客观的，而处罚则往往带有主观色彩。在情节相同的情况下，处罚既可以轻一些，也可以重一些。出现这种情形主要有两种可能：一是制度执行者对处罚宽严尺度的把握存在着一定差异，不同的执行者有的处罚得比较严格，有的则处罚得比较宽松，这样，遇到严格的执行者，违规者就会受到严厉处罚，而碰到宽松的执行者，违规者就会被从轻处理。二是制度执行者的主导思想。在处罚幅度较宽的前提下，执行者就具有较大的自主权，对不同的被处罚人，他可能根据被处罚者是否与自己有私交及是否存在某种外来压力等情况而做出不同的处罚结果。这样，如果是由于执行者把握尺度的宽严方面的原因，图谋不轨者就可能心存侥幸心理，希望碰到处罚得比较宽松的执行者；如果是由于执行者主导思想方面的原因，图谋不轨者则会通过其他不正当的方式，力求减轻对自己的处罚。不管属于何种情形，都给图谋不轨者留下了可以利用的空间。第三，制度执行力不足。制度执行力不足通常有两种表现：一是虽然有制度但是制度简直没有得到执行，此时，写在纸上的制度与实际的执行情况完全是毫不相干的两张皮。二是制度虽然得到了执行，但执行得不到位。也就是说，制度的执行带有某种象征意味，不过是做做样子走走过场罢了，其实质在于自欺欺人。无论属于何种情形，都会给图谋不轨者以大显身手的机会，一旦他们发现那些貌似郑重其事的制度条款原来不过是一种用来吓唬人的摆设，他们就会喜出望外。他们肯定不会四处张扬，但他们心中有数，只要方法巧妙，行动秘密，要达到自己的目的显然不成问题。常言说“吓死胆小的，撑死胆大的”指的就是这种情况。对那些不明真相的人来说，他们一看到某种制度以一种居高临下、冷若冰霜的形象出台，就吓得胆战心惊，生怕越雷池一步，而对那些胆大妄为且深知内情的人来说，这正是他们大发横财的好时机。制度执行力不足所导致的不良后果，使得那些表面上看去不可一世的所谓制度实际上形同虚设，无异于一纸空文。第四，对制度执行者的监督缺失。在常人眼里，制度不完善通常只与制度本身及制度的被执行者有关，而似乎与制度执行者无涉，其实这是一种误区或片面地看问题的表现。在制度执行的过程中，执行者如果睁一只眼闭一只眼，那么，制度即使制定得再怎么天衣无缝、滴水不漏也无济于事。特别值得注意的是，执行者如果把他手中握有的权力用于寻租，危害性就难以估量。一个违反了制度原本应该受到严厉处罚的人如果给了执行者某种好处，执行者就网开一面，轻微处理了事，甚至找一个借口免于处罚；同样，一个违反了制度而原本应该受到轻微处罚的人，因为没有给执行者任何好处，执行者就做出与其违规情节极不相称的很重的处罚。无论属于何种情形，只要执行者从中牟利，把他手中的权力用于寻租，那么，貌似庄重严肃的制度也就变了味，走了样。

制度不完善的危害性在于，它给那些随时随地想通过动歪脑筋、要小聪明而获得种种好处以实现其最大限度地占有和消耗物质利益对象并最大限度地追逐和享受感官色情对象的纵欲主义者开了左道旁门，让他们在俨然完美无缺的制度下也能有利可图，从而达到其不可告人的目的。

# 第五章　纵欲主义的突出特征

纵欲主义具有鲜明的特征，纵欲主义的鲜明特征从欲望满足对象的数量、质量、内容、形式上具体体现出来，通过这四个方面的呈现，即可以把它与非纵欲主义区分开来。

## 第一节　数量上求多

### 一、对数量的过分要求是纵欲主义的必要前提

如前所述，对物质利益对象最大限度地占有和消耗及对感官色情对象最大限度地追逐和享受一直是纵欲主义的两大表现形式。而无论是对物质利益对象的占有和消耗，还是对感官色情对象的追逐和享受，都会涉及一个数量方面的问题。换言之，不具备一定数量的物质利益对象，欲望主体就没有占有和消耗的基础，不具备一定数量的感官色情对象，欲望主体就没有追逐和享受的内容。鉴于此，对物质利益对象和感官色情对象的数量进行深入考察就迫在眉睫。

非纵欲主义对物质利益对象的数量和感官色情对象的数量都没有苛刻要求。在非纵欲主义者看来，只要能够做到肚子不饿，身子不冷，有一个遮风避雨之所，有一个代步工具，有一个生活伴侣即已满足。纵欲主义者则不然。在纵欲主义者看来，如果自身在物质利益对象和感官色情对象的数量上与非纵欲主义者完全一样，平起平坐，那纵欲主义也就只是有其名而无其实了。在用来满足欲望的物质利益对象和感官色情对象的数量上，纵欲主义通常比非纵欲主义的要求更高，这可以从八个方面去加以理解：第一，任何主体要维持其生存都离不开利益

的支撑，而这些维持主体生存的利益，可以通过数量来衡量。第二，任何主体都有一个生命周期，这个生命周期从几十年到百余年不等。一般来说，主体生命周期越长，他所需要用来支撑其生命的利益就越多。主体生命周期越短，他所需要用来支撑其生命的利益就越少。如果一个人只活了几天，那他所耗费的利益轻而易举就能计算出来，而大多数人的生命周期都是以“年”来作为单位的，这样一来，这些人究竟一年需要耗费多少利益、十年又需要耗费多少利益、一百年又需要耗费多少利益、走完整个生命历程又需要耗费多少利益瞬间就变得复杂起来。第三，在承认主体的需求繁多也很强烈、主体需求具有持续性、主体对利益具有依赖性的同时，我们还必须承认，主体需求也具有一定的间断性和止息性。但无论如何，经过一段时间以后，当主体产生了新的需求，主体对利益的依赖也就随之产生了。因此，所谓的满足只能是暂时的满足而并非一劳永逸。第四，纵欲主义具有超出正常需求的更高的需求，确切的含义应当是指纵欲主义在用来满足需求的利益的数量上要求更多而不是更少。利益的多少当然也可以用重量、体积和容量等方式来衡量，但是，同一性质的对象，重量、体积和容量往往与其数量成正比。也就是说，重量越大、体积越大、容量越大的对象，它的数量就越多。反之，重量越小、体积越小、容量越小的对象，其数量也就越少。第五，纵欲主义者希望获得更多数量的利益，因为他们不仅确实要生活，而且还要生活得高于别人，这显然就离不开实实在在的利益的支撑。第六，纵欲主义者要在物质利益和感官色情两个方面占据较大优势，数量比别人少肯定不算优势，只有数量比别人多才是优势。这样，那些以基本能够维持生命作为出发点和落脚点的非纵欲主义者与纵欲主义者比较起来也就只能望洋兴叹了。第七，如果把纵欲主义者占有和消耗物质利益对象及追逐和享受感官色情对象这句话中的四个动词拆开来做一分析，我们不难发现，“消耗”是最终目的，“占有”则是必要前提，没有对物质利益对象的“占有”，就谈不上对物质利益对象的“消耗”。与此相联系，“享受”是最终目的，“追逐”则是必要前提，没有对感官色情对象的“追逐”，就谈不上对感官色情对象的“享受”。依次类推，“占有”物质利益对象的数量越多，“消耗”物质利益对象的空间也就越大，“占有”物质利益对象的数量越少，“消耗”物质利益对象的空间也就越小；“追逐”的感官色情对象的数量越多，“享受”到感官色情对象的空间就越大，“追逐”的感官色情对象的数量越少，“享受”到感官色情对象的空间也就越小。在此情况下，纵欲主义者怎么会心甘情愿地取少弃多、取小弃大呢？第八，当利益数量通通可以用金钱数量来衡量时，纵欲主义者对利益数量的过分要求就集中表现为对金钱数量的过分要求。

因为金钱不仅可以换来纵欲主义者所需要的任何物质利益对象，而且还能够换来纵欲主义者所需要的感官色情对象。

爱尔维修说："在一种严格的意义之下，应当把奢侈了解（从上下文看，用'理解'一词去替换'了解'更符合作者原意。——笔者注）为各种各类过分的事，也就是一切并不是人们保持生存所绝对必需的事。"① 爱尔维修对"奢侈"的上述界定表明，奢侈生活是一种高于基本生存层面的生活，在这种状况下，不管是物质利益方面的，还是感官色情方面的，所有的满足都已经超过了应有限度。从字里行间，我们不难读出爱尔维修对奢侈生活所持的排斥态度。什么人才有条件过奢侈生活？毫无疑问，只有那些比普通人拥有更多利益数量的人才有可能。纵欲主义者对利益数量的要求很高，因而纵欲主义者与奢侈生活之间就形成了一种内在的必然的联系。"秦爱纷奢，人亦念其家；奈何取之尽锱铢，用之如泥沙？使负栋之柱，多于南亩之农夫；架梁之椽，多于机上之工女；钉头磷磷，多于在庾之粟粒；瓦缝参差，多于周身之帛缕；直栏横槛，多于九土之城郭；管弦呕哑，多于市人之言语。""妃嫔媵嫱，王子皇孙，辞楼下殿，辇来于秦，朝歌夜弦，为秦宫人。明星荧荧，开妆镜也；绿云扰扰，梳晓鬟也；渭流涨腻，弃脂水也；烟斜雾横，焚椒兰也。雷霆乍惊，宫车过也；辘辘远听，杳不知其所之也。一肌一容，尽态极妍，缦立远视，而望幸焉；有不得见者，三十六年。"② 杜牧对秦二世胡亥奢侈生活的描述也从另一侧面印证纵欲主义在欲望满足对象的数量上的苛刻要求。从上述描述可知：秦二世的奢侈生活不仅从皇宫的富丽堂皇（对物质利益对象最大限度地占有和消耗）上表现出来，而且还从宫女的千娇百媚（对感官色情对象最大限度地追逐和享受）上表现出来。而无论是居住豪华皇宫还是拥有迷人宫女，没有大量的利益作支撑，其奢侈生活的梦想是难以变成现实的。普通百姓肯定没有这么雄厚的经济实力，他们连简陋的茅屋都住不上，更不要说居住皇宫了，他们连贫贱之妻都难以娶到，更不要说拥有宫女了。

纵欲主义特别看重用来满足欲望的对象的数量不乏其理论和实践依据。由于对象数量的多寡是能否使纵欲目的变成现实的决定性因素，因而对象数量越多，纵欲目的就越能变成现实，而对象数量越少，纵欲目的就越会化为泡影。在凡事都用数量来衡量的前提下，数量较多自然胜于数量较少。纵欲主义在欲望满足对象的数量上之所以表现出如此固执的态度和浓厚的兴趣，原因即在于此。

① 《十八世纪法国哲学》，商务印书馆，1963 年版，第 442 页。

② 杜牧：《阿房宫赋》。

## 二、对数量的过分要求与贪婪本性密切相关

纵欲主义对欲望满足对象数量的过分要求与人的贪婪本性具有密切的联系。这可以从三个方面去加以把握：第一，贪婪的本质在于对有利对象永无止境的占有和追逐。通俗地说就是，得一想十，得寸进尺。具有贪婪本性的人，不管遇到任何对象，只要他认定该对象对人有利，主观上他首先是希望能够获得此对象，紧接着是希望获得的对象数量越多越好，多多益善，永不知足；客观上他则采取一切可能的和必要的行动去达到自己的目的。伊壁鸠鲁说："如果用自然所确立的生活目的来衡量，那么贫穷就是巨富了；相反，如果一个人不知限度，那么财富也意味着赤贫。"① 伊壁鸠鲁的上述言论表明，知足者对于欲望满足对象的数量没有特殊要求。在他们看来，只要能够维持自己的基本生活，只要不缺吃少穿、只要不流落街头就算是谢天谢地了。凡是多余的欲望满足对象，凡是超出自身需要的利益，凡是突破必要限度的东西，他们都不会产生非分之想。再多的物质财富，再强烈的诱惑对象，对他们来说都不过是身外之物，他们既缺乏无限占有的兴趣，也没有疯狂追逐的念头。知足者能够坚守本分，要求不高。贪婪者则不然。对贪婪者来说，除非是没有巧取豪夺的机会，除非是据为己有的条件尚不成熟，否则的话，即使拥有金山银山他们也嫌少，即使获得世界上的一切有用之物他们也不嫌多。第二，自私是贪婪的前提和基础，贪婪则是自私的扩大和延伸。两者纠缠起来即难以分辨，进而形成无法根除的人性痼疾。具体表现为：一个人在满足了自身的物质利益和感官色情的基本需求之后并不就此止步，还希望更高层次的奢侈需求也得到满足；在满足了自己本人的需求之后还不停息，还希望与自己沾亲带故的人的需求也要得到满足；在满足了自己生命存续期间的需求之后还不甘心，一旦自己的生命结束，还希望自己子孙后代的需求也得到满足。把上述三种具体表现概括起来就是，贪婪者在满足的程度上要求更高，在满足的范围上要求更广，在满足的时间上要求更长。第三，为了获得一切有利的对象，具有贪婪本性的人往往不择手段，以最大限度地实现其目的。从理论上讲，凡是有利可图的对象，都是能够满足人们某种需求的对象，而这种对象的数量又往往是有限的而不是无限的，在此情况下，虽然有不少人做梦也想获得更多的有利对

① 伊壁鸠鲁、卢克来修著：《自然与快乐——伊壁鸠鲁的哲学》，中国社会科学出版社，2004 年版，第 46 页。

象，但实际上梦想获得更多有利对象的人最后能够获得的有利对象的数量仍然会少于他们内心希望获得的有利对象的数量。如果这些人规规矩矩、老老实实地固守着这点有利对象，那不仅与他们内心的期望不相符，而且与他们的贪婪本性相冲突。贪婪者为了达到其不可告人的目的，他们往往突破制度、法律和道德的约束和限制，以减少他人的有利对象为代价，铤而走险，因为在社会有利对象总量不变的情况下，当别人的有利对象数量减少，自己的有利对象数量就会增多。

纵欲主义与贪婪本性尽管具有不少相似之处，它们之间存在着的细微差别仍然不可忽视。这种差别具体表现为：第一，在对物质利益对象最大限度地占有和消耗方面，纵欲者不仅强调占有而且注重消耗，占有和消耗几乎同时进行，也可以说是一边占有一边消耗，在占有和消耗之间没有漫长的时间间隔，占有者和消耗者常常是同一个人，两者之间没有距离。从这个意义上讲，纵欲者更倾向于当下和及时，他们是不折不扣的现实主义者。贪婪者则最关心占有，消耗当然也不可或缺，但他们似乎并不着急，在占有和消耗之间往往隔着一段漫长的时光。他们的行事方式是先占有后消耗，占有者和消耗者可以不是同一个人，两者呈现出分离状态。因此，在世人眼里，贪婪者通常都是一些守财奴，他们虽然拥有堆积如山的物质利益，自己却过着省吃俭用、节衣缩食的生活。这种自相矛盾的思想和行为常常让人百思不得其解。第二，在对感官色情对象最大限度地追逐和享受方面，纵欲者不仅热衷于追逐而且沉湎于享受，多数情况下是追逐和享受并存，有时甚至是一边追逐一边享受，在追逐和享受之间没有时间间隔，他们特别强调现实的快乐和刺激，对不同感官色情对象之间客观上存在着的差异尤其好奇和痴迷。据史书记载："帝自为太子，以好内闻；既立，耽于酒色。故事，嫔妾进御，晨诣閤门谢恩，主者书其月日。及帝之初，一日谢恩者三十余人。"① 上述引文的大意为：赵禥做皇太子时就以好色出名，当了皇帝后还是这样。根据宫中旧例，如果宫妃在夜里奉召陪皇帝睡觉，次日早晨要到閤门感谢皇帝的宠幸之恩，主管的太监会详细记录下受幸日期。赵禥刚当上皇帝时，有一天到閤门前谢恩的宫妃达30余名。这则史料真实而简洁地描述了宋度宗赵禥这个纵欲无度的帝王形象。贪婪者则更侧重于追逐，他们非常在乎对感官色情对象的所有权，在他们看来，凡是属于自己的感官色情对象，都是他们的私有财产，而私有财产是神圣不可侵犯的，至于自己是否需要使用这些私有财产，在什么时候使用这些私有财产，在什么地方使用这些私有财产，他们好像既不担心也不关心。出现这种情形

① 毕沅著：《续资治通鉴・宋纪一百八十》。

的原因既可能与贪婪者本人的生理能力有关，也可能与他们的某种心理偏好有关。史书上说："时帝（晋武帝司马炎）多内宠，平吴之后复纳孙皓宫人数千，自此掖庭殆将万人，而并宠者甚众，帝莫知所适，常乘羊车，恣其所之，至便宴寝。宫人乃取竹叶插户，以盐汁洒地，而引帝车。然芳（胡贵嫔）最蒙爱幸，殆有专房之宠焉，侍御服饰亚于皇后。"[①] 上述引文的大意为：晋武帝司马炎的妃嫔数量多达万人，由于宫女们全都长得花容月貌，又都希望得到武帝的宠爱，这让武帝感到左右为难。迫不得已，武帝只好坐着羊车漫无目的地走，羊走到哪个宫女的门前停下来，他就在那个宫女的房间陪那个宫女过夜。宫中人知道羊喜欢吃竹叶和喝盐水，便投其所好，把竹叶插于窗户，并把盐水洒在地上，以吸引羊车和武帝的到来。宫女胡贵嫔长期采用此法，深得武帝宠幸，其地位竟然仅次于皇后。这则史料则再现了晋武帝司马炎在女色面前永不满足的嘴脸，为数众多的感官色情对象与他个人的生理能力之间形成了巨大反差，使他感到力不从心。尽管如此，他仍然舍不得放弃已经到手的一切，其贪婪的程度可谓无以复加。

## 第二节　质量（素质）上求优

### 一、对质量（素质）的过分要求是纵欲主义的直接动机

对欲望满足对象数量的要求只是纵欲主义突出特征的一个方面，纵欲主义的又一个突出特征是对欲望满足对象质量（素质）的要求。纵欲主义对数量的要求很高，对质量（素质）的要求也不低。在数量之外，纵欲主义何以还对质量（素质）提出很高要求？这需要从主体和客体两个方面分别进行考察。

就主体而言，首先，质量（素质）好的欲望满足对象能够给人带来快乐，具体地说就是能够给人带来身体的舒服和心灵的愉悦，这是由人趋乐避苦的本性决定的。在物质利益对象方面，无论是用来吃的食物、用来穿的衣物，还是用于住的房屋、用于出行的交通工具，质量上都一定存在着高、中、低之分，都一定有优、平、劣之别。山珍海味之所以不同于粗茶淡饭，原因是前者在味觉上优于后者；华丽服饰之所以与破衣烂衫有别，理由是前者在视觉和触觉上胜过后者；

---

① 房玄龄著：《晋书·后妃上》。

豪华别墅之所以不同于破屋陋室，原因是前者比后者更赏心悦目；高档轿车之所以与两轮马车有别，理由是前者比后者舒适和气派。纵欲主义者虽然特别强调对物质利益对象的占有和消耗，但其侧重点其实是对优质的物质利益对象的占有和消耗，而不是对劣质的物质利益对象的占有和消耗。如果把好、中、差三种质量的物质利益对象摆在纵欲主义者面前供其选择，他们肯定会毫不犹豫地选择质量好的物质利益对象，质量差的物质利益对象因其不屑一顾而会被无情地冷落在旁边。在感官色情对象方面，无论是音乐还是舞蹈，水平上都存在着高低之分；无论是男性还是女性，形象上都有着美丑之别。天籁之音之所以不同于粗劣小调，原因在于前者能够给人以心灵启迪而后者只能给人平添烦恼；天姿国色之所以与丑女肥婆有别，理由在于前者能够使人产生情感的喜悦而后者只能让人生厌。尽管纵欲主义者对感官色情对象的追逐和享受非常注重，实际上他们对那些素质低劣的感官色情对象并不感兴趣，纵欲主义者真正感兴趣的只是那些素质优良的感官色情对象。要是把素质各异的感官色情对象摆在面前供纵欲主义者选择，他们必然会不假思索地选择素质较高的感官色情对象，而素质较低的感官色情对象自然就无人问津。唐玄宗李隆基就是这方面的典型例子："汉皇重色思倾国，御宇多年求不得。杨家有女初长成，养在深闺人未识。天生丽质难自弃，一朝选在君王侧。回眸一笑百媚生，六宫粉黛无颜色。春寒赐浴华清池，温泉水滑洗凝脂。侍儿扶起娇无力，始是新承恩泽时。云鬓花颜金步摇，芙蓉帐暖度春宵。春宵苦短日高起，从此君王不早朝。承欢侍宴无闲暇，春从春游夜专夜。后宫佳丽三千人，三千宠爱在一身。""骊宫高处入青云，仙乐风飘处处闻。缓歌慢舞凝丝竹，尽日君王看不足。"① 上述诗句巧妙地回答了李隆基在众多的后宫佳丽中为何偏偏只选中杨贵妃这一问题。与千娇百媚的杨贵妃相比，即便是六宫粉黛也相形见绌、黯然失色。李隆基深陷其间而不能自拔，原因即在于此。其次，主体是否具备选择质量（素质）各异的欲望满足对象的动机和条件。纵欲主义者不仅主观上存在着选择优质欲望满足对象的动机而且客观上也具备选择优质欲望满足对象的条件。面对鱼龙混杂的物质利益对象，纵欲主义者从未放弃过择优的想法。因为只有如此，他们才会生发出与众不同的优越感。于是，吃力求精美，穿力求华丽，住力求宽敞，行力求快捷，就成为主宰和支配着纵欲主义者一切行为的内在动机。非纵欲主义者则不然，他们主观上对吃、穿、住、行的要求都较低。与此同时，纵欲主义者还具备了在质量不同的物质利益对象之间精挑细选的条件，原

① 白居易：《长恨歌》。

因是他们要么拥有远远大于普通人的政治权力，要么拥有远远强于普通人的经济实力，在政治权力或经济实力的支撑下，纵欲主义者当然不会面临囊中羞涩、捉襟见肘的窘境，而只会是出手阔绰，财大气粗。非纵欲主义者由于既没有足够的政治权力作后盾，也没有强大的经济实力作基础，因而他们别无选择。迫于无奈，他们只好从自身实际情况出发去选择那些质量低劣的物质利益对象来维持基本生存。面对参差不齐的感官色情对象，纵欲主义者始终怀有"宁吃鲜桃一口，不吃烂桃一筐"的唯美主义想法，在他们的潜意识里没有"将就""凑合"之类的词语，凡事高标准、严要求，只能从高而不能就低。非纵欲主义者不存在这些奢望，在他们看来，只要是异性，只要勉强能够满足自己的本能需求并能够为自己生儿育女就已算三生有幸。纵欲主义者也具备在令人眼花缭乱的感官色情对象中挑肥拣瘦的条件，之所以如此，同样源于他们自身拥有的政治权力和经济实力。非纵欲主义者由于一无权势二无金钱，因而能够获得素质较低的异性他们已很知足。在这些人的潜意识里，对才高貌美的感官色情对象存在着任何非分之想都显得不切实际，都是在做没有自知之明的"癞蛤蟆想吃天鹅肉"的白日梦。

就客体而言，欲望满足对象质量（素质）的好坏与很多因素有关。第一，与主体身体和心理的契合度有关。不管是何种物质利益对象，只有适合人的需要才能体现出它自身的价值，人们的需求度由此决定着对象受欢迎的程度。一般来说，对象与主体身体和心理的契合度越高，喜欢的人越多，就说明该对象的质量越好。反之，对象与主体身体和心理的契合度越低，喜欢的人越少，就说明该对象的质量越差。人们之所以不会一窝蜂去抢购那些劣质食品，原因就在于那些劣质食品与人们身体和心理的契合度很低。第二，与对象所包含的劳动含量和科技含量有关。正常情况下，凡是非现存对象都需要人们付出一定的体力和脑力并注入一定的科学技术才能被生产出来。通常，非现存对象所包含的劳动含量和科技含量越多，该对象的质量就越好。反之，非现存对象所包含的劳动含量和科技含量越少，该对象的质量就越差。一双精心制作出来的皮鞋之所以不同于一双粗制滥造出来的皮鞋，原因在于制作者在精心制作出来的皮鞋上付出了大量劳动，而在粗制滥造出来的皮鞋上则没有花费过多少劳力。结果是，前者穿了三年还完好如初，后者穿了不到三天就破烂不堪。一瓶经过严格消毒处理的白酒之所以与一瓶胡乱勾兑出来的白酒有别，原因在于前者包含了较高的科技含量，而后者不但谈不上科技含量，而且简直是胡作非为。结果前者给人留下了无穷回味，后者则致人中毒死亡。第三，与对象的耐用程度有关。还没有来得及使用就坏了的对象肯定不能说它的质量很好，而经历了漫长岁月却毫发未损的对象质量应该不会很差。第四，与对象的稀缺程度有关。数量很多就说明大批量的生产和复制极其容易，数量很少则意味着大批量的生产和复制非常艰难，在此情况下，稀有之物的质量当然会更好一些，所谓“物以稀为贵”说的也是这个意思。第五，与对象的实用价值有关。有的对象大而无当，有的对象小而紧凑，体积很大但没有用处的对象与体积不大却很有用处的对象比较起来，人们往往愿意选择对自己更为有用的对象。第六，与对象的审美价值有关。对于所有用于观赏的对象，也就是只有通过人的视觉其价值才能得以显现的对象，其审美价值的大小通常与对象质量（素质）的高低成正比。审美价值越大，该对象的质量（素质）越高；审美价值越小，该对象的质量（素质）越低。无论是物质利益对象，还是感官色情对象，当所有的欲望满足对象摆在面前，纵欲主义者会做何选择？透过上面的分析我们得知：纵欲主义者一定会选择与其身体和心理契合度更高的对象，一定会选择劳动含量和科技含量更多的对象，一定会选择更为耐用的对象（排除本人自愿频繁更换的特殊情况），一定会选择更为稀有的对象，一定会选择更为有用的对象，一定会选择审美价值更大的对象。把各种因素综合起来，我们自然就能得出纵欲主义者倾向于选择质量（素质）更好的客体的结论。

## 二、对质量（素质）的过分要求与奢侈作风紧密相连

从上文关于客体质量（素质）的分析中我们得知，欲望满足对象的质量（素质）与很多因素有关，这些因素是决定对象质量（素质）好坏的关键。而且我们还得知，纵欲主义者倾向于选择质量（素质）更好的对象，他们对质量（素质）低劣的对象不感兴趣。纵欲主义者为何会做出如此选择？概括地说就是，质量（素质）更好的对象对主体更有利，而质量（素质）不好的对象对主体不仅不利，甚至还可能有害。人有趋利避害的倾向，既然如此，不仅是纵欲主义者，非纵欲主义者也不会明知对象质量（素质）不好，明知对象对人不利甚至有害，还要刻意去做出选择。在实际生活中，无论是质量（素质）好的欲望满足对象，还是质量（素质）差的欲望满足对象，它们都可供人们自由选择。那种把优质对象专门分配给某一类人，把劣质对象又专门分配给另一类人的现象，除了在特权社会存在，在其他情况下是比较少见的。这样一来，就产生了这样一个亟待解决的问题，如果每一个主体都希望获得质量（素质）更好的对象，而质量（素质）更好的对象数量又很有限，就会出现供不应求的情况。何况，质量（素质）更好的对象并非轻而易举就能获得。这样，如果没有一个经得住

推敲且具有可操作性的标准去衡量对象质量（素质）的好坏，势必就会出现人人疯狂争抢优质对象的混乱局面。在以物易物的原始社会，要解决这个问题确实存在着巨大困难，因为在不同的产品和服务之间，其质量是难以比较的，即使在同类产品和服务之间，要想区分出它们质量的高下也很困难。人类进入封建社会以后，由于商品经济逐渐发展起来，此时，所有的商品和服务的质量都可以通过金钱集中地反映出来。当所有的物质利益对象的质量和感官色情对象的素质都可以通过金钱数量的多少来加以衡量时，人们的注意力就开始从对物质利益对象和感官色情对象的获取逐渐转移到对金钱的获取上。人们的注意力为何会发生转移？这需要把能够满足人们欲望的物质利益对象和感官色情对象本身的内容与金钱的特征结合起来进行具体分析。

物质利益对象不仅包括食物和衣物，而且还包括住房和交通工具等。其中，食物又包括粮食、蔬菜、水果、肉类、豆制品等，衣物又包括衣裳、裤子、裙子、鞋子、袜子等，住房又包括宿舍和办公室等，交通工具又包括飞机、火车、汽车、摩托车、自行车、轮船等。林林总总的物质利益对象不但种类繁多，而且数量庞大，体积臃肿，更为重要的，是各种物质利益对象的质量有好有坏，并非完全同一。在此情况下，任何人要想随身携带这些物质利益对象，要想随时储藏这些物质利益对象，一句话，任何人要想拥有这些物质利益对象并对其进行适时处理都显得非常困难。而货币作为金钱的物质形式，不但体积很小、携带方便，而且价值量大，货币这种得天独厚的特点使它成为用来换取人们所需要的一切物质利益对象的最佳手段。因为金钱的出现，人们就省去了一切与携带和储藏物质利益对象有关的麻烦，只要具备足够的金钱，当他们产生吃的需要时，他们就可以用金钱去换来食物；当他们产生穿的需要时，他们就可以用金钱去换来衣物；当他们产生住的需要时，他们就可以用金钱去换来房屋；当他们产生出行的需要时，他们就可以用金钱去换来交通工具。当然，这里的“换”既可以一次性完成，也可以分若干次完成。既可以采取购买的方式进行，也可以采取租赁的方式进行。究竟是一次还是多次，究竟是购买还是租赁，这可以由主体自行决定，也可以由交易双方共同协商决定。各种物质利益对象存在着质量不均的问题也因为金钱的出现而得到了解决。手中握有的金钱多，你就可以选择质量好的物质利益对象；手中握有的金钱少，你就可以选择质量较差的物质利益对象；手中握有的金钱不多不少，你就可以选择质量一般的物质利益对象。这样，不管物质利益对象的种类再繁多、数量再庞大、体积再臃肿，你都通通无须担心；不管物质利益对象的质量再怎样千差万别，你也无须烦恼，你只需带着金钱去市场上就可以根据自己的实际情况进行选择。

感官色情对象的内容相对笼统，它主要包括一切与性需求的满足有关的男性和女性。由于此类对象是有生命有感情的人而不是无生命无感情的物，因而他们不仅特殊，而且要对其进行分类比较困难。正因为这样，用一定数量的金钱去换取自己所需的物质利益对象比较简单，而要用一定数量的金钱去换取人这种特殊的感官色情对象却并不容易。换言之，人这种特殊的感官色情对象除了有利益需求外，还有情感上的好恶，还受一定的价值观的影响，甚至有时还附带一定的人身依附关系。这样，利益、情感、价值观、人身依附关系等多种因素相互交织在一起，就使问题变得越来越复杂。当然，在利益、情感、价值观、人身依附关系之间，究竟谁主谁次，孰轻孰重，这与不同时代、不同社会的实际情况具有一定的关联，不能一概而论。但在多数情况下，利益仍然是最重要的因素。所谓“嫁郎嫁汉，穿衣吃饭”指的就是男子要娶到女子就必须付出经济代价，也就是说在利益上要有所付出或牺牲，即要保证嫁过来的女子在物质生活方面没有后顾之忧，不缺吃少穿。既然如此，也就是说，通过一定数量的金钱去获取自己所需的感官色情对象仍然是主要途径。如前所述，不同的感官色情对象之间客观上存在着素质上的差别，这样，要获取优质的感官色情对象就必须花费更多的金钱，而获取素质较差的感官色情对象则只需要花费较少的金钱。

把上述两种情况结合起来，我们发现，作为欲望主体，他们既无须随时随地携带和储藏着物质利益对象，也无须随时随地掌控着感官色情对象，他们只需要拥有一定数量的金钱就足以解决他们自身欲望的满足问题。“一分钱，一分货”和“便宜不是货”本来源于日常生活经验的概括和总结，现在反过来却成了人们从事商业活动的行动指南。由于所耗费的金钱的数量往往与物质利益对象的质量和感官色情对象的素质成正比，因而，如果花费的金钱的数量越多，意味着获得的物质利益对象的质量就越好，同时也意味着获得的感官色情对象的素质就越高。反之，如果花费的金钱的数量越少，意味着获得的物质利益对象的质量就越差，同时也意味着获得的感官色情对象的素质就越低。在此情况下，人们的注意力便开始发生转移，即从对物质利益对象的携带和储藏及对感官色情对象的掌控转移到对金钱的拥有上，谁拥有金钱的数量越多，谁就越会在物质利益和感官色情的世界里如鱼得水，挥洒自如；谁拥有金钱的数量越少，谁就越会在物质利益和感官色情的世界里寸步难行，处处碰壁。拜金主义正是在这种背景之下产生的。拜金主义的产生，无疑加剧了人与人之间争夺金钱的疯狂程度。因为他们深信：“有了金钱就意味着有了一切”，“金钱多意味着用来满足自身欲望的物质利益对象的质量就好，同时也意味着用来满足自身欲望的感官色情对象的素质就高”。拜金主义衍生出一个奇怪的结果却让人始料未及，这就是：很多人因为过于向往和迷恋金钱而舍不得花费金钱去换回他们所需要的一切物质利益对象和感官色情对象，他们不是把金钱当作其赖以维持生活的手段，而是把拥有金钱视为最终目的。这些人由于在对金钱的认识这一问题上存在着巨大误区，最后不仅没有使自己正常的欲望得到应有的满足，而且还成了金钱可怜的奴隶。纵欲主义者当然不在此列。在纵欲主义者看来，能够凭借一定的政治权力来实现自己物质利益欲望和感官色情欲望的满足自然最好，如果手中没有一定的政治权力，那么，获得金钱则是实现这一目标必不可少的第一步。

在这种动机的驱使下，纵欲主义者首先是千方百计地设法弄到数量可观的金钱，然后再着手实施他们不可告人的纵欲计划。因为纵欲主义者深知，对于物质利益对象的占有只是手段，而消耗这些物质利益对象才是真正的目的；对于感官色情对象的追逐只是手段，而享受这些感官色情对象才是真正的目的。同样，获得数量惊人的金钱也只是手段，用手中的金钱去获取质量很好的物质利益对象和素质很高的感官色情对象才是真正的目的。

由此可见，金钱的出现和拜金主义的产生不仅没有从根本上改变纵欲主义的本质，而且还使纵欲主义与奢侈作风更加紧密地结合在一起。从此，纵欲主义者消耗了某一物质利益对象之后无须再栩栩如生地描述该对象的质量如何，而是干脆说花费了多少金钱；享受了某一感官色情对象之后也不用再绘声绘色地描述该对象的素质如何，而是索性说花费了多少金钱。了解内情的人从纵欲主义者所花费的金钱的数量上即可大致判断出欲望满足对象的质量（素质）状况。如果一个人如此，十个人如此，一百个人如此，一千个人如此，一万个人如此，那么，由纵欲主义所引发的奢侈作风就会迅速波及整个社会的各个角落，其危害性可想而知。针对唐玄宗李隆基的纵欲行为及奢侈作风所产生的后果，后世史学家曾做如此评价：“呜呼，女子之祸于人者甚矣！自高祖至于中宗，数十年间，再罹女祸，唐祚既绝而复续，中宗不免其身，韦氏遂以灭族。玄宗亲平其乱，可以鉴矣，而又败以女子。方其励精政事，开元之际，几致太平，何其盛也！及侈心一动，穷天下之欲不足为其乐，而溺其所甚爱，忘其所可戒，至于窜身失国而不悔。考其始终之异，其性习之相远也至于如此。可不慎哉！可不慎哉！”① 王夫之也说：“若唐玄宗之晚节，未尝安危而利灾也，特以沉湎酒色，而卒致丧败，

① 欧阳修、宋祁著：《新唐书·本纪》。

则虽知张九龄之忠，而终幸李林甫之能宽假以征声逐色之岁月，故言之而必不听。”①

## 第三节　内容上求全

对于纵欲主义者来说，他们用来满足其欲望的对象被限定在物质利益和感官色情范围之内。也就是说，物质利益是其中一个类别，感官色情则是另外一个类别。从表面上看虽然只有两个类别，但如果再继续把它们往下划分，这两个类别其实各自还包含着很多更细微的内容。那么，如果从被划分出来的众多细微内容中把一个内容抽取出来提供给纵欲主义者，纵欲主义者是否就满足了呢？回答是否定的。纵欲主义者不仅只需要一个内容，而且还需要无数内容，换言之，纵欲主义者在内容上力求齐全，力争做到没有任何遗漏。何以如此？这得从欲望满足对象和欲望主体自身两个方面进行分析。

### 一、内容不同的欲望满足对象具有互补功能

纵欲主义者之所以在内容上力求齐全，一个重要的原因在于内容不同的欲望满足对象具有互补功能。具体表现在：

首先，内容不同的欲望满足对象具有独立性。就物质利益对象而言，可以把它划分为充饥的对象、取暖的对象、居住的对象、出行的对象等。在这四种对象中，充饥的对象既不能取代取暖的对象，也不能取代居住的对象，更不能取代出行的对象；取暖的对象既不能取代充饥的对象，也不能取代居住的对象，更不能取代出行的对象；居住的对象既不能取代充饥的对象，也不能取代取暖的对象，更不能取代出行的对象；出行的对象既不能取代充饥的对象，也不能取代取暖的对象，更不能取代居住的对象。为什么它们之间不能相互取代？原因是用来充饥的食物、用来取暖的衣物和火炉、用来居住的住房、用来出行的交通工具之间具有各自的独立性。如果把用来充饥的食物再往下划分，则得出：粮食、蔬菜、水果、肉类等。粮食之所以不能代替蔬菜、水果、肉类，蔬菜之所以不能代替粮食、水果、肉类，水果之所以不能取代粮食、蔬菜、肉类，肉类之所以不能取代

① 王夫之著：《读四书大全说·孟子》。

粮食、蔬菜、水果，原因仍然在于它们之间各自具有其独立性。如果把粮食从食物中抽取出来再往下分，则有稻、黍、稷、麦、豆等。稻不能代替黍、稷、麦、豆，黍不能代替稻、稷、麦、豆，稷不能代替稻、黍、麦、豆，麦不能代替稻、黍、稷、豆，豆不能代替稻、黍、稷、麦，原因仍然是它们之间具有各自的独立性。如果把用来取暖的衣物再往下划分，则有衣裳、裤子、裙子、鞋子、袜子等。其中衣裳又可以根据不同的标准划分为众多的种类。比如按照季节可以划分为春装、夏装、秋装和冬装等，按照性别可以划分为男装和女装等，按照款式可以划分为西装、夹克和中山装等。凡此种种，不一而足。与此相联系，要是把用于居住的房屋和用于出行的交通工具再继续往下划分，都分别可以划分出很多种类。这些不同的种类之所以具有存在的必要性，原因仍然在于它们各自具有其独立性，也就是说它们之间不能相互取代。感官色情对象虽然比较特殊，但也可以根据不同的标准进行划分。比如，按照职业可以将其划分为工人、农民、教师、医生、军人、商人等，按照民族可以将其划分为汉族、苗族、彝族、侗族、布依族、毛南族、白族、水族、仡佬族、傣族、纳西族、傈僳族、哈尼族、普米族、壮族、蒙古族、朝鲜族、俄罗斯族等，按照个头可以将其划分为高、矮等，按照身材可以将其划分为胖、瘦等。工人之所以不能取代农民、教师、医生、军人、商人，农民之所以不能取代工人、教师、医生、军人、商人，军人之所以不能取代工人、农民、教师、医生、商人，教师之所以不能取代工人、农民、军人、医生、商人，商人之所以不能取代工人、农民、教师、医生、军人，原因就在于它们之间具有各自的独立性。依此类推，不同的民族之间不能相互取代，不同的个子之间不能相互取代，不同的身材之间不能相互取代。如果把已经划分出来的种类再继续往下划分，仍然还可以划分出很多细微的种类来，它们之间依然不能相互取代，原因仍然在于它们之间各自具有其独立性。从上述情况看，不管是属于物质利益对象，还是属于感官色情对象，不管如何再继续往下划分，划分出来的更为细微的内容之间都毫无例外地呈现出其独立性。之所以如此，这主要是由世界本身具有的多样性和丰富性特征所决定的。客观世界原本就千姿百态，千奇百怪，生机勃勃，丰富多彩，因而，物质利益对象也好，感官色情对象也罢，作为客观世界必不可少的组成部分，它们本身就无法摆脱这种多样性和丰富性，它们本身也要受制于这种多样性和丰富性，或者说，它们本身就是这种多样性和丰富性的具体体现。即使那些未被纳入物质利益对象和感官色情对象范围的事物，它们自身同样呈现出多样性和丰富性的特点，任何人都无法否认这一客观事实。

其次，内容不同的欲望满足对象具有差异性。就物质利益对象而言，食物、衣物、房屋、交通工具各不相同。它们之间的不同之处主要表现在构成材料上。比如，食物由淀粉、维生素、蛋白质、糖分和脂肪等构成，衣物由棉花、丝绸、麻布等构成，房屋由钢筋、水泥、砖块、石头、木材等构成，交通工具由金属、橡胶、玻璃等构成。此外，还表现在结构上。比如，食物不存在空间；衣物虽有空间，但其空间有限，衣裳、裤子、裙子能够容纳身体的主干部分，鞋子和袜子只能容纳脚部，帽子则只能容纳头部；房屋是人们饮食起居、吃喝拉撒的场所，因而空间通常较大；各种各样的交通工具由于承担着把人员或货物从此地运往彼地的职责，因而必须具有足够大的空间。如果再往下划分，虽然都是食物，但粮食与蔬菜、水果和肉类又各不相同。它们之间的不同主要表现在营养成分上。通常，绿豆、马铃薯、小麦等淀粉含量较高，蔬菜、水果、动物肝脏等维生素含量较高，大豆、鱼、奶、蛋等蛋白质含量较高，甘蔗、水果等糖分含量较高，花生、芝麻、猪肉、鸡肉等脂肪含量较高。由于各种食物之间所含成分的比重各不相同，因而就不能随便把它们混淆起来。如果再继续往下细分，我们就会发现，虽然同属肉类，但猪肉与鸡肉、牛肉、羊肉、马肉、狗肉等都各不相同。它们之间的区别主要表现在构成成分和味道上。正因为构成成分和味道不尽相同，因而，也不能简单地在猪肉、鸡肉、牛肉、羊肉、马肉、狗肉之间画上等号。上述物质利益对象之所以不能随便混淆和简单等同，原因在于它们之间客观上存在着一定的差异性。只要这种差异性没有被取消，不管是作为种类还是作为个体，它们就获得了自身存在的必要性。就感官色情对象而言，他们之间依然形形色色，千差万别。虽然同属男性，但张三、李四、王五、赵六各不相同。他们之间的不同可能从五官上体现出来，可能从身材上体现出来，还可能从性格上体现出来。如果再具体到某一个人，比如张三，他童年时期与少年时期、青年时期、中年时期、老年时期在体重、身高、记忆力等方面又都会表现出明显的差别。由于各个感官色情对象在很多方面都表现出其与众不同的特点，因而切不可将他们混为一谈。正是因为他们之间在客观上存在着一定的差异性，才使得每一个感官色情对象都具备了自身存在的价值。

无论是不同的物质利益对象之间所表现出来的独立性和差异性，还是不同的感官色情对象之间所表现出来的独立性和差异性，把两者综合起来，我们发现，所谓对象不同，实际上就是指内容不同，而不同的内容之间却存在着一个共同特点，这就是：不同的内容之所以具有其存在的必要性和价值，就是由于这些内容都具有其独特的功能。换言之，有一个内容可能就具备一种功能，有两个内容可能就具备两种功能，有三个内容可能就具备三种功能。内容的多少往往与功能的丰歉成正比：内容越单一，功能就越稀少；内容越丰富，功能就越繁多。正是由于不同内容的彼此搭配，才为多种功能的相互补充提供了可能。如果只有一个孤零零的内容，要想实现功能的互补就很困难；反之，如果同时存在着多个内容，要想实现功能的互补就很容易。

## 二、多种感知需要内容各异的欲望满足对象

不管世界上存在着多少内容各不相同的欲望满足对象，这些欲望满足对象归根结底要与主体的感知需求相结合其价值才能够得到充分发挥，欲望主体的感知需求从而也就有了非同寻常的意义。纵欲主义者的感知需求究竟有何特点？世界上的欲望满足对象能否与纵欲主义者的感知需求相契合？这需要对具体问题做出具体分析：

首先，不同的感觉器官分别承担着各自的感知职责。欲望主体的需求分为本能需求和非本能需求两类。前者是使主体生命得以延续的需求，后者是使主体获得全面发展的需求。而无论是何种需求，它都需要通过人的不同感觉器官来加以感知。人的感觉器官包括眼睛、耳朵、鼻子、嘴巴和身体（指眼睛、耳朵、鼻子、嘴巴以外的部位。下同）。不同的感觉器官具有不同的作用，不同的感觉器官扮演着不同的角色。在这些感觉器官中，眼睛是视觉器官，主要用于观察人和事物，它的职责是对人和事物的颜色、线条、面积、体积、形状、静态、动态等方面的状况进行把握。对红、橙、黄、绿、青、蓝、紫的区分，对直线和曲线的辨别，对宽和窄的估计，对大和小的锁定，对正方形、长方形、圆形、椭圆形、菱形、矩形、三角形的认知，对大楼是否处于静止状态、汽车是否处于运动状态等的判断都需要通过眼睛这一专门的视觉器官才能完成。耳朵是听觉器官，主要用于倾听各种声音，不管这种声音是来自于人还是来自于物。就人而言，说话声、狂笑声、尖叫声、呻吟声、怒吼声、哭泣声等都需要通过耳朵这种听觉器官才能感知得到；就物而言，物体之间相互撞击的声音、细小物体滑过宽大物体的声音、机器的轰鸣、野兽的咆哮、雀鸟的叫唤、乐曲的演奏等也都需要通过耳朵这种感觉器官才能感知得到。鼻子是嗅觉器官，其职责在于嗅出一切气味，这些气味既可能来自于人，也可能来自于物。鼻子所能感知到的气味主要是香味、臭味和无味三种。嘴巴是味觉器官，其职责主要是品尝出所有食物的味道。如果没有嘴巴，人们可能就不知道什么叫作酸、甜、苦、辣、咸。除此之外，嘴巴还肩负着口头语言表达的重要职责，负责思想感情的传递和沟通。身体是触觉器官，

其中，手掌、脚掌、背部、臀部等是经常用于感知的部位，其主要职责在于感知来自人体和物体的冰凉或温暖、粗糙或平滑、坚硬或柔软等方面的状况。在上述感觉器官中，它们的地位并非完全平等，而是存在着主次之别。眼睛、耳朵、嘴巴和身体的作用相对来说更为重要。如果没有眼睛，人们就不知道何为美何为丑；如果缺少耳朵，人们就不知道何为仙乐何为噪音。从这个意义上讲，眼睛和耳朵这两种感觉器官关乎人们的审美鉴赏能力和水平。嘴巴不仅为食物的吸收提供必要入口，而且还能够识别出人间百味。身体能够敏锐地觉察出何为舒服何为难受，它自始至终与快乐和痛苦的感受紧密相连。这样，基于眼睛的视觉，基于耳朵的听觉，基于鼻子的嗅觉，基于嘴巴的味觉，基于身体的触觉，它们都缺一不可，且各自拥有其他感觉器官所无法取代的功能。多种感觉器官的并存，就构成了一个立体的感官系统，各种不同的感知联系在一起，则形成了一个相互依存的感知体系。

其次，同一感觉器官需要内容不同的欲望满足对象。眼睛、耳朵、鼻子、嘴巴和身体虽然各司其职、各负其责，但这并不意味着它们只能感知一种欲望满足对象。比如，作为视觉器官的眼睛就不会满足于只观看某一种特定对象，它除了想看人还想观物，除了希望欣赏青山还希望欣赏绿水，除了要观看日月星辰还要观看花鸟鱼虫。如果长时间停留在一种感知对象上，眼睛会因为缺少刺激而感到枯燥无味。因而，只有不断更换新鲜内容，才能满足其多种感知的需求。眼睛如果自始至终只盯着一种东西，不仅其承受能力会被突破，时间长了可能还会丧失生机活力。人们之所以要选择异地旅行，游山玩水，主要就是为了避免长期居留一地而产生的视觉疲劳及其导致的心理憋闷。作为味觉器官的嘴巴要求更高，它不但想吃到米饭，而且还想吃到水果；它不但想品尝到羊肉，而且还想品尝到海鲜；它不但想体验到什么是甜蜜，而且还想体验到什么是辛辣。嘴巴如果长时间停留在同一种感知对象上，同样会因为缺少必要的刺激而倍感单调沉闷。因而，只有通过不断变换内容，其感知需求才能得到充分满足。如果一日三餐都吃白菜，或者一年四季都吃猪肉，嘴巴不仅会感到麻木不堪，而且其功能也可能会因为食物品种的单一而逐渐退化。因而，在饮食问题上人们总是设法荤素搭配，最大限度地实现食物品种的多样化。作为触觉器官的身体仍不乏多种感知需求，有时它需要温暖，有时它又需要凉爽；有时它需要平滑，有时它又需要粗糙；有时它需要柔软，有时它又需要坚硬。长期处于一种固定不变的状态，身体同样会感到严重不适。

最后，不同感觉器官的联合对欲望满足对象提出了更高的要求。在所有的动物中，人是一种具有较高欣赏能力和审美水平的动物。人的欣赏能力和审美水平主要通过视觉和听觉体现出来。一朵花是否美丽，需要借助于眼睛才能感知得到；一首乐曲是否悦耳，需要借助于耳朵才能感知得到。这都属于正常情形。问题在于，如果视觉感知与听觉感知同时对同一欲望满足对象提出要求，或者触觉感知与视觉感知同时对同一种欲望满足对象设置条件，或者味觉感知与视觉感知形成固定性的联合，那么，满足欲望的门槛就被大大提高了。举例来说，作为一名女性，外表长得漂亮就已经很不错了，但是现在主体还要求她说话的声音要温柔，如果这名女性说话的声音本来就温柔那也无关宏旨，而如果这名女性说话的声音听上去充满着火药味，那无疑就是给这名女性出了一道难题。衣物原本是用来取暖的，这是它的基本功能。但是，现在衣物不仅要能够取暖，而且还要好看。这显然是在衣物实用功能的基础上，又对其提出了审美功能的要求。作用于身体的触觉感知与作用于眼睛的视觉感知同时对衣物这种欲望满足对象设置了既要暖和又要好看的双重条件之后，简单的问题就变得更加复杂起来。人们常说“只讲究风度而不注意温度”就是指过分注重衣物的审美功能而忽视了衣物更为基本的实用功能。房屋原本是用来遮风挡雨、掩人耳目的一种建筑物，由于人类欣赏和审美需求的客观存在，就导致了视觉感知的介入，视觉感知介入的结果是，居住不但要能够让身体感到舒适，而且无论是从房屋的外观上看还是从房屋的内部装饰上看都必须符合居住者的欣赏习惯和审美标准。食物本来只是一种通过嘴巴才能感知得到的味觉对象，现在，作用于眼睛的视觉感知也参与了进来，它们共同对食物提出苛刻的要求，因而，吃进嘴里的食物不但要达到“味美”，而且还要力求做到“色鲜”。值得注意的是，食物如果在视觉感知环节过不了关，要进入味觉感知环节就很困难。通俗地说就是，看上去视觉效果不佳的食物，人们连品尝一下的兴趣都没有。这对烹调师和家庭主妇来说无疑是严峻的考验和巨大的挑战。

上述三种情形是就普通人而言的，纵欲主义者不会仅仅停留和满足于此。从纵欲主义者的本性看，他们无论在物质利益对象的数量和质量上，还是在感官色情对象的数量和质量上，都提出了高于非纵欲主义者的要求。那么，在物质利益对象和感官色情对象的内容上，他们会不会甘拜下风呢？回答是否定的。理由是，纵欲主义者不但和非纵欲主义者一样拥有眼睛、耳朵、鼻子、嘴巴和身体等各种感觉器官，而且也有视觉、听觉、嗅觉、味觉和触觉等多种感知能力，由于纵欲主义者始终把占有和消耗物质利益对象且追逐和享受感官色情对象置于首位，因而，纵欲主义者不但要让他们的各种感觉器官全部参与到欲望满足对象的切实感知之中，而且要让视觉、听觉、嗅觉、味觉和触觉等最大限度地发挥它们各自的作用。鉴于视觉、听觉、嗅觉、味觉和触觉等各种感知需求不随时更新就会感到枯燥乏味，因此，种类繁多、花样翻新的用来满足欲望的内容势必就会像“走马灯”一样源源不断进入纵欲主义者的视野，然后又从他们的视野中迅速消失。非纵欲主义者虽然也具备各种感觉器官，同时也不乏感知各种欲望满足对象的能力，但由于他们自身的条件有限，因而他们不是缺乏这一内容就是缺乏另一内容。对非纵欲主义者来说，即使天天喝着稀粥他们也能够坦然面对，即使一年到头不更换一条裤子他们也觉得心安理得。纵欲主义者则不然，由于他们具备了随时更换各种欲望满足对象的条件，因而他们担心的可能不是金钱的数量是否足够，而是忧虑可供他们选择的物质利益对象和感官色情对象的内容太少；他们不会为感知的要求过高而发愁，而往往会为感知的长期重复而烦恼。

## 第四节　形式上求变

说纵欲主义者在内容上力求齐全，力求面面俱到，力求应有尽有，并不意味着纵欲主义者对形式就漠不关心，把形式视为可有可无的东西。纵欲主义者不但特别重视内容，而且也非常注重形式。因为内容与形式往往紧密联系在一起。也就是说，内容虽然不等同于形式，但任何内容都附着于一定的形式，任何形式都是建立在一定内容的基础之上的，内容与形式不能截然分开。内容与形式的区别在于，内容相对稳定，它一旦形成并固定下来，就不会随时发生变化，而且数量相对有限，换句话说，就是无论主体的需求再多，无论主体的需求再迫切，在一定时期内，内容也不会突然增加，不会以主体的意志为转移，能够完全适应主体不断变化的需求。形式则不然。形式可以根据主体的需求随时改变，它具有巨大的灵活性和可开拓空间。不仅如此，形式的数量还可以大幅度增多。只要人们的想象力和创造力永不枯竭，形式就可能随时会被源源不断地呈现出来。鉴于此，对形式做进一步的探讨就很有必要。

### 一、变换形式的可能

形式指事物和人的外形，它主要作用于主体的视觉器官、听觉器官和触觉器官。形式可以分为两类，一类是现存形式，另一类是非现存形式。应当说，世界上现存的形式不少，日月星辰、山川草木、虫鱼鸟兽等都属于现存形式，换言之，这些事物都有自己相对固定的外在形体，从肉眼看，太阳的体积既不同于月亮，也不同于星星；山峦的线条既不同于河流，也不同于树木和野草；昆虫的形状既不同于鱼类，也不同于飞禽和走兽。非现存形式一般需要通过人为的方式才能创造出来。既然是非现存的，那就意味着既不是历史上早已存在的，也不是现在还存在着的，很可能是将来才会出现的。由于非现存形式随时可以更新，因而其消失往往也很迅速。那些在历史上曾经存在过的形式，现在可能已经绝迹；那些现在仍然存在着的形式，将来的某一天也可能会无影无踪。

说形式可以根据主体的需要随时变换，实际上并不是指所有形式都可以变换，而是指非现存形式可以变换，现存形式通常并未被包括在内。

变换形式是否存在着可能？究竟有哪些可能？这可以从以下方面去加以把握：第一，从视觉的角度，可以用文字、图案、颜色、形状、线条、面积、体积等标识把不同事物识别出来。自从文字诞生之后，它就成了一事物区别于另一事物的有效手段。文字最根本的功能在于，不同的文字不仅外形上存在着一定差别，而且它们包含的意义也各不相同，在此情况下，想把两种不同的事物区分开来，只要看看上面的文字即可轻松解决。相比之下，图案则更为直观。其优势在于，对那些不识字的人来说识别起来比较省力，因为它是把人们常见事物的外形做了简单化处理的结果。这样，在通过文字无法奏效的情况下，即可通过图案加以解决。颜色种类虽然不多，由于它对人的刺激作用比较强烈，因而变换颜色不失为把此事物与彼事物区分开来的重要手段。形状可以分为圆形、椭圆形、正方形、长方形、三角形、菱形、梯形等，它们对人的视觉刺激也很强烈，两种形状不同的事物摆在一起，人们很快就能将它们区别开来并能留下深刻印象。线条有直线和曲线之分，有实线和虚线之别。在通过颜色和形状不能感知的情况下，通过线条就能把事物之间的差异呈现出来。面积与事物的宽窄有关，在一般情况下，面积的宽窄通过肉眼一眼就能看得出来，比较复杂的面积当然要通过测量才能得出准确的结果。体积与事物的大小有关，在事物相对固定且数量不多而其体积悬殊较大的情况下，通过肉眼去识别它们之间的差异也是一种行之有效的方式。第二，那些无法通过视觉去加以感知的事物，可以通过听觉去加以感知，而听觉能够感知到的主要是声音，就语音而言，它在速度和强度这两个方面存在着明显差别。口头语言表达的语速是快还是慢、语音是轻还是重，听者只有通过耳朵这一感觉器官才能识别出来。就乐音而言，它在速度和强度这两个方面仍然存在着明显差别。音乐节奏是急促还是舒缓、是高亢还是低沉听者仍然只有通过耳朵这种感觉器官才能识别出来。第三，大凡事物都有静止和运动两种彼此对立的状态，因而，从事物的静止和运动状态也可以将不同事物迅速地区别开来。在对内容相同而静动状态不同的事物做出区分时，我们只要明白自己究竟是需要把握住静态还是需要把握住动态即能很快做出选择。第四，密度表明事物是处于集中还是分散的状态。这两种状态常常通过时间、空间和数量之间的关系来表现。如果时间一定，那么，某一事物出现的次数越多，就说明密度越大，该事物越集中；某一事物出现的次数越少，就说明密度越小，该事物越分散。如果空间一定，某一事物出现的次数越多，就说明密度越大，该事物越集中；出现的次数越少，就说明密度越小，该事物越分散。如果数量一定，某一事物出现所花费的时间越短，就说明密度越大，该事物越集中；所花费的时间越长，就说明密度越小，该事物越分散；同样，如果数量一定，某一事物在空间上的分布越狭小，就说明密度越大，该事物越集中；在空间上的分布越宽广，就说明密度越小，该事物越分散。无论密度是大还是小，人们都可以通过各种感觉器官感知出来。第五，时间是一种抽象的存在，尽管人们通过视觉、听觉、嗅觉、味觉和触觉等方式无法直接感知，但通过昼夜更替、四季轮回所引发的自然现象的变化仍然能够让人们认识到时间一往无前，永不停歇。比如，当昼夜更替时，人们通过肉眼就能够发现白天明亮、夜晚漆黑，能够发现各种事物从模糊到清晰，从清晰又回到模糊的状态；当季节变化时，人们是通过狂风暴雪出现的频率，闪电雷鸣发生的时段，气温的升降幅度、植物的生灭状况、动物的活动轨迹等来做出判断的。第六，空间也是一种抽象的存在，但这种抽象的存在仍然可以通过宏观事物与微观事物的对比、背景与对象的对比反映出来。比如，当人们不知道自己身处何方时，他们可以通过日出日落、月出月落的方位来做出判断；当人们不知道自己身处何地时，他们可以从更宽泛的背景及一些带有地域特征的事物上做出判断。

通过上述分析我们得知，人们虽然在现存形式面前无能为力，在非现存形式面前却大有可为。那些作用于视觉的事物，可以通过改变文字、图案、颜色、形状、线条、面积、体积等标识得以实现；那些作用于听觉的事物，可以通过改变速度和强度等维度得以实现；那些处于静态的事物可以将其变为动态来实现，那些处于动态的事物可以将其变为静态来实现；那些与密度相关的事物，可以通过排列组合的方式，使事物从集中变为分散或从分散变为集中来实现；那些与时间有关的比较抽象的事物，可以在昼夜更替和四季轮回的过程中通过物象的表现形式得以实现；那些与空间有关的比较抽象的事物，可以通过宏观与微观及背景与对象的对比得以实现。

## 二、变换形式的意义

内容具有重要的实用价值，因为它能够满足主体的各种需求。从上文的分析看，形式与内容不能平起平坐。在满足欲望的问题上，形式既不能当饭吃，也不能当衣穿；既不能当房住，也不能当车乘；当然，形式更不能代替异性，使主体的性需求得到满足。“画饼”不能“充饥”，“纸上”难以“谈兵”。如此说，是否意味着形式就无关紧要？形式对主体是否有用？如果有，这种作用是什么？要回答此类问题，必须从用来满足欲望的对象和欲望主体自身两个方面入手。首先，形式与人的各种感觉器官之间并非一一对应的关系。如前所述，形式主要是通过人的视觉、听觉和触觉等器官所感知到的外在形态，而人的各种感觉器官必须在形式的刺激下才能充分发挥其作用。但形式与人的各种感觉器官之间并非一一对应的关系。具体地说，就是一些形式对人的某种感觉器官能够产生刺激作用，另一些形式对人的某种感觉器官不能产生刺激作用；一部分感觉器官在某些形式的刺激下能够产生反映，另一部分感觉器官即使因某些形式的刺激也无法产生反映；而某种感觉器官几乎在所有形式的刺激下也不能产生任何反映。比如，颜色对人的视觉器官能够产生刺激作用，但它对人的听觉器官就不能产生刺激作用。换言之，人们通过视觉器官能够感知某物是什么颜色，而通过听觉器官却无法感知某物是何种颜色。耳朵能够听到来自物或人发出的声音，它却无法听到物的形状或人的形体。鼻子作为嗅觉器官相当特殊，它除了能够辨别出香味、臭味和无味之外，对眼睛、耳朵、嘴巴和身体的其他部位所能够感知的各种各样的形式都显得无能为力。其次，即使所有的形式与人的所有感觉器官都能够一一对应起来，主体的欲望满足问题也不可能得到圆满解决。短时间内，一种形式对人的某种感觉器官发生作用，二者是彼此适应的状态。如果持续时间过长，原先适应的状态就会慢慢变为不适应，也就是说，感觉器官会出现疲劳现象。此时，单调乏味的感觉就会油然而生。比如，绿色不管是用于衣物、楼房，还是用于车辆，它几乎都是人们喜欢的颜色，但是，如果它作用于人的视觉时间太长，人们就会感到缺少变化，就迫切需要另外一种或另外几种颜色来代替它。此时，黄色、蓝色、紫色、红色或彩色等可能都是不错的选择。正方形作为食品、房屋或车辆的外在形态人们都可以接受，但要是三年、五年，甚至十年、二十年都是一副面孔，人们也会觉得呆板沉闷，也渴望换成一种新的能够刺激他们视觉的形状，哪怕是三角形、半圆形、圆柱形也好。舒缓的音乐对于很多人来说都胜过金属与金属相互撞击的噪音，但如果时间长了也只会成为催眠曲，让人昏昏欲睡。此时，节奏急促一些的曲子就可能会使人产生耳目一新之感。静态餐厅既能够解决人的饥渴还能够消除疲劳，时间一长同样会使原有的新鲜感丧失。此时，如果有既能够让人品尝到美味又能够让人观赏到不同方向美景的旋转餐厅出现，静态餐厅就可能被取而代之。瓜子脸虽然被视为所有脸型中的受欢迎脸型，但如果千人一面、千篇一律，人们也会倍感平淡无奇。此时，国字脸的出现就会产生不同寻常的意义。

为了解决上述问题，在形式与人的感觉器官能够对应的范围内，通过改变形式来适应人不断变化的感知需求就被提到了议事日程。第一，在作用于人的视觉的形式类别中，可以根据需要采取以下措施：改变文字，主要是在内容不变的前提下更换事物的名称，这类形式改变的空间非常宽广；改变图案，如把鸭子图案改为山羊图案或雄鹰图案，甚至还可以多种图案并存；改变颜色，如把红色改成黄色或白色，甚至还可以多种颜色并存；改变形状，如把三角形改为圆形或长方形，甚至也可以多种形状并存；改变线条，如把直线改为曲线或把实线改为虚线，甚至还可以多种线条并存；改变面积，如把宽改为窄或把窄改为宽，甚至也可以使宽和窄相互搭配；改变体积，如把大改为小或把小改为大，甚至还可以让大和小相互搭配。第二，在作用于人的听觉的语音形式中，在速度方面，可以把速度从慢变为快或从快变为慢，甚至还可以快慢交错出现；在强度方面，可以把重变为轻或把轻变为重，甚至也可以轻重交错出现。第三，在动与静这两种作用于人的多种感觉的形式中，可以把静态改为动态或把动态改为静态，甚至还可以设法使动静相互结合。第四，在作用于人的多种感觉的密度形式中，可以把集中改为分散（此时密度从大变小）或把分散改为集中（此时密度从小变大），甚至还可以使集中与分散相互结合（疏密度相互结合）。第五，在与时间有关的形式中，可以在不同的年份改变不同的形式，可以在不同的季节改变不同的形式，可以在不同的月份改变不同的形式，可以在不同的日期改变不同的形式，甚至还可以在同一天的早、中、晚改变不同的形式。第六，在与空间有关的形式中，可以在东部呈现一种或多种形式，可以在西部呈现一种或多种形式，可以在南部呈现一种或多种形式，可以在北部呈现一种或多种形式，可以在中部呈现一种或多种形式。由于空间与地域和环境紧密相连，因而，在宏观与微观、背景与对象同时存在的情况下，各种呈现出来的形式往往会变得更加错综复杂。

根据主体的需求改变形式虽然切实可行且有着积极意义，但并不意味着形式的改变就不需要付出任何代价。换言之，任何形式的改变都需要投入一定的成本，差别只在于成本是多还是少而已。比如，质量和式样完全相同的服装要呈现出五种各不相同的颜色，就需要用不同的颜料来印染。如果颜料残缺不全可能最终就只能制作出一种颜色（面料本身的颜色）的服装来，这样，主体即使有随时更换颜色的需求也无济于事。颜料虽然需要成本，但成本不高就决定了代价不大，可能多数主体都具有购买的能力。一幢大楼要以静态的形式呈现出来显然比较容易，而如果要使其以动态的形式呈现出来却绝非易事，它不仅需要耗费高昂的人力和物质成本，而且还需要以尖端的科学技术作为有力支撑，否则，要建成这幢大楼就永远属于天方夜谭。如果大楼真正能够竣工，必然会付出惊人的代价。由此可见，在内容相对稳定的前提下人们在形式上所做的大胆探索和创新，催生了丰富多彩的可供人们选择的形式。由于改变不同的形式需要花费的成本不完全相同，因而获得这些形式需要付出的代价也就不尽相同。

伊壁鸠鲁说："如果所有的快乐都可以累积起来，那么在重复了一段时间之后，整个人体或至少其主要部位就感受不出各种快乐之间的差别了。"① "当身体的由于匮乏而产生的痛苦全都被消除了以后，身体的快乐就再也不会增长了，只能在种类上变换花样。至于心灵快乐的界限，乃是通过反思那些引起心灵极大恐惧的东西和类似的东西而达到的。"② 伊壁鸠鲁在其上述言论中所提到的"变换花样"，实际上就是指形式的变换。依伊壁鸠鲁之见，如果没有"变换花样"或者"花样"一成不变，那么，即将出现的结果必然是主体枯燥乏味感的降临和新鲜刺激感的缺失，最终即是快乐的丧失，因而形式的适时变换至关重要。霍尔巴赫也表达过与此类似的观点，他说："需要永远在重新产生，哪一样也不能十足地完成。"③

对纵欲主义者来说，他们自知在无法随时更换物质利益对象和感官色情对象的内容的情况下，也只能退而求其次，转而寻求形式的更新。就物质利益对象的占有和消耗而言，在食物方面他们会在品牌、图案、色彩、场所上大做文章；在衣物方面他们会在品牌、色彩、款式、季节上尽情发挥；在住房方面他们会在形状、图案、色彩、面积、地点上大显身手；在交通工具方面他们会在品牌、色彩、形状、体积上开动脑筋。就感官色情对象的追逐和享受而言，他们会从视觉、听觉、动静状态、密度、时间和空间等各个方面充分发挥想象力，使自己达

① 伊壁鸠鲁、卢克来修著，包利民等译：《自然与快乐——伊壁鸠鲁的哲学》，中国社会科学出版社，2004年版，第39页。

② 同上，第40页。

③ 北京大学哲学系外国哲学史教研室编译：《十八世纪法国哲学》，商务印书馆，1963年版，第651页。

到快乐的极致。至于在更新形式的过程中所可能涉及的费用问题，这对纵欲主义者来说只是小事一桩，他们凭借自身拥有的政治权力或经济实力优势，根本用不着担心要付出多少代价，只要创造者和生产者能够在保质保量的前提下把已经改变或即将改变的形式呈现出来，他们就可以根据自己的喜好频繁地做出选择，这样，在摆脱了单调沉闷的同时还获得了新鲜刺激，其层出不穷的欲望从而也一一得到了满足。

# 第六章　纵欲主义的内在本质

纵欲主义执着于对物质利益对象的占有和消耗及对感官色情对象的追逐和享受，在占有和消耗物质利益对象及追逐和享受感官色情对象的过程中，其数量上求多、质量（素质）上求优、内容上求全、形式上求新的特征也鲜明地体现了出来。纵欲主义除了有其具体表现和鲜明特征外，它是否还存在着某种常人难以觉察到的隐藏于表象背后的本质？如果确实存在着某种本质，这种本质究竟是什么？通过考察我们得知，纵欲主义的本质主要表现在两个方面：其一是功利性，其二是自私性。

## 第一节　功利性

### 一、功利是纵欲主义的唯一目标

所谓功利，就是一切对人有利的东西。通俗地说，就是好处。从这个界定可以看出，世界上除了对人有利的东西，可能还存在着对人有害的东西，甚至还有一种介于二者之间的对人既无利又无害的东西。既然如此，那么，有利的东西具体指什么，有害的东西具体指什么，既无利又无害的东西又具体指什么？一般来说，有利的东西能够让人感到快乐，有害的东西能够让人觉得痛苦，既无利又无害的东西就是既无法让人感到快乐又无法让人觉得痛苦的东西。这只是从静态的角度去加以划分的结果，如果从动态方面去深入考察，我们还可能发现：原先对人有利的东西会变成对人有害的东西或对人既无利又无害的东西；原先对人有害的东西会变成对人有利的东西或对人既无利又无害的东西；原先对人既无利又无害的东西会变成对人有利的东西或对人有害的东西。这种利与害之间的相互转化首先与时间的流逝有关。一些此时对人有利的东西经过一段时间之后，逐渐变得对人不利或有害；一些此时对人有害的东西经过一段时间之后，逐渐变得对人无害或有利；一些此时对人无关紧要的东西经过一段时间之后，逐渐变得对人有利或有害。其次与条件的变化有关。条件尚未发生变化时对人有利的东西，条件发生变化之后可能对人不利或有害；条件尚未发生变化时对人有害的东西，条件发生变化之后可能对人无害或有利；条件尚未发生变化时对人无关紧要的东西，条件发生变化之后可能对人有利或有害。不管是因为时间流逝还是因为条件变化所导致的利与害之间的相互转化都需要经历一个漫长的过程。当撇开时间和条件这两种因素所引发的变数之后，何种东西对人有利、何种东西对人有害、何种东西对人既无利亦无害则相对固定了下来。

由于对人有利的东西能够给人带来快乐，对人有害的东西能够给人带来痛苦，对人既无利亦无害的东西既不能给人以快乐又不能给人以痛苦，因而，趋乐避苦、趋利避害就成了人们自然而然的选择。也就是说，在乐和利之间、在苦和害之间已经形成了一种必然的联系。有了利就会快乐，获得利即意味着拥有快乐；有了害就会痛苦，遭遇害即意味着痛苦降临。反过来说，没有利就无所谓快乐，快乐的感觉就难以获得；没有害就无所谓痛苦，痛苦的后果就不会产生。爱尔维修说："不管他拿的是什么主意，追求幸福的欲望将永远使他选择他认为最合乎他的利益、爱好、感情，总之最合乎他心目中的幸福的那个主意。"① "利益支配着我们的一切判断。"②（一般人通常把利益这个名词的意义仅仅局限在爱钱上；明白的读者将会觉察到我是采取这个名词的比较广的意义的，我是把它一般地应用在一切能够使我们增进快乐、减少痛苦的事物上的。——原注）在爱尔维修看来，幸福（快乐）与利益一直是联系在一起的。如果幸福（快乐）被视为目的，那么，利益就是通往这一目的的手段。因此可以说，没有利益也就谈不上幸福（快乐），只有利益才会获得幸福（快乐）。

快乐和痛苦虽然是两种对立的生理感受及心理体验，但比较抽象。如果我们把快乐和痛苦与人的生存和发展需求联系起来考察不仅比较具体，而且会发现，快乐和痛苦其实与人的生存和发展的关系极为密切，它们之间具有一种内在的联系：当人们的生存和发展需求得到满足时，人们就感到快乐；当人们的生存和发

① 北京大学哲学系外国哲学史教研室编译：《十八世纪法国哲学》，商务印书馆，1963年版，第454页。
② 同上，第457页。

展需求没有得到满足或者受到阻碍时，人们就感到痛苦。要是再作进一步的考察，我们还会发现：人们在能够维持生存的情况下获得的仅仅是普通的快乐，上升到发展阶段之后，他们所感受到的快乐将会更加明显和强烈，两相比较，人们当然愿意选择更大的快乐；反之，如果人们老是停留在生存阶段，其感受到的也可能只是一般的痛苦，要是他们连生存也难以为继，其痛苦就会逐渐加深到极其严重的程度。需要说明的是，“生存”与“发展”并非处于同等意义上的两个概念，它们各自包含着两层含义：首先，生存是一种基本需求，任何人都应得到满足，如果得不到满足，人们不但会感到痛苦，而且连生命也无法持续下去；而发展则是一种更高的需求，它以生存为基础，是生存的升华，发展需求得不到应有满足虽然不会使人的生命终结，但一旦人们的生存需求得到了满足，他们就会向发展这一层次和方向迈进，如果在这个过程中遭遇到挫折，他们同样会觉得痛苦。其次，利益数量往往被视为生存和发展水平的标志。在一定时期内，尚处于生存阶段的人拥有的利益量相对较少，而处于发展阶段的人拥有的利益量则相对较多。由此可见，人们意识到利益的重要性并非出于偶然，而是他们从其生存和发展需求的实际出发并进行理性思考的结果。在人的生存和发展需求既定的前提下，人们把趋乐避苦作为最终目的而把趋利避害作为通往这一目的的手段即在情理之中。

爱尔维修说：“如果爱美德没有利益可得，那就绝没有美德。为了从这个方面认识人，应当不从他的言词，而从他的行动去研究他。”[①] “人永远服从他的理解得正确的或不正确的利益。这是一条事实上的真理；无论人们不把它说出来还是把它说出来，人的行为永远会是一样的。”[②] “如果说自然界是服从运动的规律的，那么精神界就是不折不扣地服从利益的规律的。利益在世界上是一个强有力的巫师，它在一切生灵的眼前改变了一切事物的形式。”[③] 把爱尔维修的上述言论综合起来，它们大致包含了以下意思：第一，利益至高无上。它神通广大，不仅主宰着人们的动机，而且支配着人们的行动；不仅支撑人们的生存，而且事关人们的发展。第二，与道德相比，利益更为核心、更为根本。那些动辄把道德挂在嘴上的人其实都非常虚伪，因为占据他们内心的一直是利益的得失问题，在此情况下，不但要“听其言”，最重要的是要“观其行”。第三，利益与言说无关。

① 北京大学哲学系外国哲学史教研室编译：《十八世纪法国哲学》，商务印书馆，1963 年版，第 512 页。
② 同上，第 536 页。
③ 同上，第 460 页。

不管人们是说还是不说，是口头上说还是书面上说，利益的重要性自始至终都摆在那里。霍尔巴赫在承认利益的极端重要性的前提下，进一步表达了人们不但在情感上表现出明显的偏好，而且在行动上也拼命地追逐的思想："人必然希求那种对他的康乐有力或显得有利的东西。……重物往下落，轻物往上升，相似的物质互相吸引，一切事物谋求自保，人爱惜自己，只要认识到一件东西对自己有利，就加以宝爱，而对可以有所不利的东西表示憎恶。"①

利益的重要性不言而喻。那么，在对待利益的态度上纵欲主义者与常人是否存在着某种区别？如果有，这种区别是什么？把纵欲主义者的一贯表现和鲜明特征与利益结合起来，我们发现，在有利的东西、有害的东西和既无利又无害的东西中，纵欲主义者选择有利的东西，他们对有害的东西和既无利又无害的东西丝毫不感兴趣。因为只有有利的东西才能够给他们带来快乐，有害的东西只会给他们带来痛苦，既无利又无害的东西由于既不能给他们带来快乐又不能给他们造成痛苦，因而对他们就没有任何意义。这是由纵欲主义者自身的本性决定的，同时也是由赖以支撑他们言行的伦理学依据所决定的。既然逐利是纵欲主义者的唯一目标，那么是不是所有利益都是他们追逐的对象？这需要做具体分析。利益的范围非常广泛。它不仅关涉到物质，还关涉到精神；不仅关涉到物，还关涉到人；不仅关涉到有形的存在物，还关涉到无形的存在物。在所有属于利益的这些内容中，纵欲主义者并非不分青红皂白全部据为己有，而是有所选择，有所偏爱。纵欲主义者必须选择和最为偏爱的就是物质利益和感官色情两大类别。与这两大类别无关的诸如精神、无形的存在物之类即使在常人看来也是不可或缺的利益，在纵欲主义者眼里却一钱不值。于是，围绕着物质利益，只有吃的食物、穿的衣物、住的房屋、出行的交通工具才是他们高度关注的对象，围绕着感官色情，只有能够给身体带来刺激及给心灵形成震撼的异性才是他们拼命追求的目标。因而，从某种意义上讲，纵欲主义者的功利动机其实相当狭隘和片面。

## 二、功利性是公益性的对立物

利益是一切好处的总和，它不仅起着支撑人生存和发展的作用，而且生存和发展还要以它作为标志。利益的作用既然如此重要，那么，是不是说所有的人都可以无所顾忌地凭借强大的暴力或武力去争夺呢？回答是否定的。因为对利益的

① 北京大学哲学系外国哲学史教研室编译：《十八世纪法国哲学》，商务印书馆，1963年版，第595页。

追求有一定的界限。也就是说，追求利益涉及归属性和正当性问题。就归属性而言，有属于国家的利益，有属于集体的利益，有属于个人的利益。属于国家和集体的利益一般被称为公共利益（简称公益或公利），属于个人的利益被称为个人利益（简称私利）。从伦理学的层面说，一个人为了维护公共利益而牺牲个人利益，这是道德的，它被认为是顾全大局的表现。反之，如果一个人为了谋取个人利益而牺牲公共利益，就是不道德的，它被认为是损公肥私的表现。这么说，并不意味着所有的公共利益就天然地神圣不可侵犯，所有的个人利益都显得无足轻重，得不到应有保护，而可以任意践踏。实际上，即便是公共利益，它同样有可以分享和不可以分享之别；即便是个人利益，它同样有应受保护和不应受保护之分。这自然就引申出了正当性的问题。何谓正当？在一定时期内，凡是合理、合规、合法的，都是正当的；凡是不合理、不合规、不合法的，都是不正当的。如果把公共利益和个人利益与正当性联系起来考察，我们就会发现，不管是公共利益还是个人利益，只要是合理、合规、合法的，都是正当的，都具有正当性质，谁都不能随便侵犯和损害，谁要是敢于侵犯和损害，就将受到制度、法律和道德的制裁；不管是公共利益还是个人利益，只要是不合理、不合规、不合法的，都是不正当的，都不具有正当性质，则可能不被追究制度、法律和道德的责任。

虽然公共利益和个人利益具有明确的界限，但这并不等于二者之间就不会发生任何矛盾冲突。公共利益被分为国家利益和集体利益。国家利益是一个国家全体公民利益的总和，它与一国之内所有公民的生产和生活息息相关。此时，利益的所有权和处置权都在代表全体公民的国家手里。与之相比，集体利益的范围要小得多，但不管怎样，既然是集体利益，那就意味着该利益属于整个集体的所有成员，并非为其中某一成员或部分成员所有。在这种情况下，如果要对集体利益进行处置就必须征得该集体的所有成员同意。个人利益是属于某一个体的利益，其来源既可能是该个体的诚实劳动和合法经营所得，也有可能来自合法继承等途径。不管怎样，既然是属于某一个体的，就意味着不是属于国家的，不是属于集体的，当然也就更不是属于其他个体的。在国家不能侵占该个体的利益、集体不能侵占该个体的利益的同时，其他个体当然也就没有任何理由可以侵占该个体的利益。理论上的界限尽管被分得非常清楚，但在实际生活中，国家与国家之间、集体与集体之间、个人与个人之间相互侵占利益的情形比比皆是，即使是涵盖着国家和集体的公共利益与个人利益之间也经常出现僭越的现象。也就是说，不是国家和集体挤占了个人利益，就是个人侵犯并损害了国家和集体利益。由于公共利益代表的总是多数人的利益，个人利益代表的只是个别人的利益，因而当二者发生矛盾冲突时，人们通常都是按照个人利益服从公共利益的原则行事。而不是相反，按照公共利益服从个人利益的原则行事。在此情况下，要是谁侵犯和损害了公共利益，他将得不到任何宽恕和原谅。与此相联系，虽然从制度、法律和道德等层面对什么利益是合理的、合规的、合法的，什么利益是不合理的、不合规的、不合法的都规定得清清楚楚，但并不意味着国家、集体和个人就会严格遵守这些规定。一般情况下，国家、集体挤占个人利益的现象比较少见，而个人侵吞国家和集体利益的现象却相当普遍。

由于纵欲主义者从最大限度地占有和消耗物质利益对象及最大限度地追逐和享受感官色情对象的功利动机出发，因而属于自身的利益不用说他们绝不会拱手相让，更为重要的是，他们要突破已有的界限，侵犯和损害属于国家或集体的利益。在把国家或集体的利益据为己有的过程中，合理、合规、合法的可能性很小，而不合理、不合规、不合法的可能性却非常大。原因在于，如果纵欲主义者要规规矩矩、老老实实地固守着自己的那一份利益，他们就难以实现其纵欲的目的，如果他们在制度、法律、道德所许可的范围内行事，他们在物质利益方面和感官色情方面数量上求多、质量（素质）上求优、内容上求全、形式上求新的愿望就会成为泡影。须知，他们的纵欲行为必然要靠庞大的利益数量才能支撑起来并最终得以完成。在此情况下，纵欲主义者的个人利益（功利性）与公共利益（公益性）就会形成尖锐的对立，它们之间是一种相互否定和彼此拒斥的关系。也就是说，要维护公共利益，要坚持公益性，纵欲主义者就无机可乘，无利可图，从而会失去存在的空间；而要让纵欲主义者梦想成真，大行其道，公共利益就会受到巨大损失，公益性从而就会受到严重冲击。因为在一定时期内整个社会的利益总量既不会突然增加也不会瞬间减少，在此情形下，利益的分割只能以一种此消彼长或此长彼消的方式进行。

功利性与公益性的对立由来已久，中外思想家对此曾有过不少论述。“倕，至巧也。人不爱倕之指，而爱己之指，有之利故也。人不爱昆山之玉，江、汉之珠，而爱己之一苍璧小玑，有之利故也。今吾生之为我有，而利我亦大矣。”①《吕氏春秋》虽然没有使用“公共利益”和“个人利益”之类的概念，也未对二者谁是谁非做出明确的评判，然而，少数人强调功利性而无视公益性的倾向还是一览无余地从文本中流露了出来。这种倾向所折射出来的无疑是一种狭隘的利益

① 《吕氏春秋·重几》。

观。爱尔维修说："无论在任何时候，任何地方，无论在道德问题上，还是在认识问题上，都是个人利益支配着个人的判断，公共利益支配着各个国家的判断。"① "个人利益是人们行为价值的唯一而且普遍的鉴定者；因此，与一个个人相联系的正直，按照我的定义来说，无非就是对这个人个人有利的行为的习惯。"② "利益是我们的唯一推动力。人们好像在牺牲，但是从来不为别人的幸福牺牲自己的幸福。河水是不向河源倒流的，人们也不会违抗他们的利益的激流。谁要想这样做，就会是疯子。"③ 爱尔维修首先对公共利益和个人利益做了明确的区分，接下来他大胆断言，人们往往为了谋求个人利益而不惜牺牲公共利益，而绝对不会反过来为了维护公共利益而放弃个人利益。可见，爱尔维修对人的自私本性的揭示不但一针见血而且入木三分。爱尔维修还说："利益支配着我们对于各种行为所下的判断，使我们根据这些行为对于公众有利、有害或者无所谓，把它们看成道德的、罪恶的或可以容许的；这个利益也同样支配着我们对于各种观念所下的判断，因此，无论在道德问题或认识问题上，都只是利益宰制着我们的一切判断；要全盘地认识这条真理，我们只有联系到（1）一个人、（2）一个小集团、（3）一个国家、（4）不同的时代和不同的地方、（5）宇宙去考察正直和明智。"④ "唯有利益支使着我们对人们的各种行为和观念表示尊重和蔑视。"⑤ 爱尔维修的上述言论则可作如此理解：第一，人们往往把道德与利益联系在一起，从利害关系出发去进行道德上的评判，于是得出：凡是对人有利的都是道德的，凡是对人有害的都是不道德的，而对人既无利又无害的就是无伤大雅的。第二，利益围绕着一个中心不断向外辐射，当利益全部集中在一个人的身上时，人们就会认为这个人的道德可能存在着严重问题；如果范围继续扩大，利益惠及一群人时，其不道德的成分就逐渐减少；如果范围再进一步扩大，上升到整个国家的每一个成员都受益时，不道德即被道德取而代之。第三，人们的待人态度也与利益紧密相连。当一个人从另一个人那里获得某种利益，利益施予者必会受到利益接受者的尊重。如果一个人不但没有从另一个人那里获得好处，而且其利益还受到那个人的侵犯和损害，那么，利益受损者不仅不会尊重这个侵犯并损害了他自身利益的人，而且还会恶言相向，甚至还可能大动干戈。这足以说明，人与人

① 北京大学哲学系外国哲学史教研室编译：《十八世纪法国哲学》，商务印书馆，1963年版，第458页。
② 同上，第460页。
③ 同上，第537页。
④ 同上，第457页。
⑤ 同上，第457页。

之间的利益关系不同，他们之间待人的态度就会呈现出天壤之别。换言之，利益左右着人们的待人态度，从人们待人的态度上完全可以反映出他们之间的利益关系。因而，爱尔维修的言论实际上还包含着对欺穷敬富的势利小人的批评成分。

## 第二节　自私性

### 一、自私性是排他性的同义语

自私是人的天然本性。人为什么会具有这种本性？这主要有两个原因。首先，自私与人的求生本能有关，它是人保全自己生命的必然要求。人要生存下去就必须让自己的欲望得到满足。人的欲望多种多样，物质性的、感官性的，社会性的、精神性的，每一种欲望都需要一定的对象与之对应。而在所有的欲望中，最为急需和紧迫的要数物质性的欲望。而在物质性欲望中，吃的欲望排在第一。如果没有用来充饥的食物，人的生命就会受到严重威胁。因此，在紧急关头，如果说有许多能够满足欲望的对象可供人们争夺，他们首先要争夺的肯定就是食物。只有填饱了肚子，人们才有可能去谋划穿着、住宿及出行问题，才有可能去考虑性需求的满足问题。可见，人们的一切活动都必须建立在吃饱的基础之上，也就是建立在生命存续获得了可能的基础之上。如果连生命都得不到保障，其他的任何活动都失去了意义。常言说“留得青山在，不愁没柴烧”强调的正是生命的前提性问题。其次，由于人口众多，人的欲望层出不穷，因而，相比之下，可供人们消耗的利益非常有限。在此情况下，人的自私性就表现得特别突出。应当说，利益的有限性在人类诞生之初并不怎么明显。那时，世界上人口不多，森林里有众多的飞禽走兽可供人们捕捉，江河湖海里有无数的鱼虾可供人们打捞，树上有累累的果实可供人们采摘，因此，人们要生存下去并不困难。因利益有限而引发的争夺就没有生存的土壤，人的自私性从而并未表现得特别突出。随着时间的推移，人口在逐渐繁衍增加，生态环境在不断遭到破坏，现存的自然资源也越来越匮乏，飞禽走兽渐渐绝迹，江河湖海里的鱼虾不见踪影，树木被乱砍滥伐其所导致的结果当然是野生果实的供不应求。当人们意识到问题已经很严重的时候，他们也设法驯养家禽和家畜，也通过刀耕火种等方式去种植粮食，但动物的生长需要一定的时间，粮食作物的成熟也需要漫长的周期，而人们一日三餐的需求却刻不容缓。于是，人们不再从欲望满足对象上寻找解决问题的出路，而把自身欲望得不到充分满足的根源转向了那些与他们争夺或分享欲望满足对象的人，也就是说他们开始迁怒于人类本身。在他们看来，如果不是因为出现了这么多的人，那么，各种欲望满足对象的供应一定会很充足，他们就会衣食无忧、吃穿不愁，出现了这么多的人之后，僧多粥少、千军万马过独木桥的局面也就无可奈何地形成了。因而，他们把自己之外的所有人都视为自己潜在的或公开的竞争对手和敌人。人与人之间的关系从原先和谐相处、相依为命的融洽状态变成了现在势不两立、不共戴天的紧张状态。霍布斯曾对此做过深入探讨，他说："任何两个人如果想取得同一东西而又不能同时享用时，彼此就会成为仇敌。他们的目的主要是自我保全，有时则只是为了自己的欢乐；在达到这一目的的过程中，彼此都力图摧毁或征服对方。"① "人性竟然会使人们如此彼此互相离异、易于互相侵犯摧毁，这在一个没有好好考虑这些事物的人看来是很奇怪的。"②

自私的出发点和落脚点无疑都是为己。也就是说，为己是最终目的，但在通往这一目的的过程中，主体所采取的某些手段很可能是完全公开甚至是露骨的，手段与目的之间不存在其他环节，让人一眼就能识别出来；而某些手段却可能非常隐蔽和狡猾，让人不能一眼就看得出来，具有极大的欺骗性和迷惑性。但不管过程怎样离奇曲折复杂，手段与目的如何背离，其最终的结果仍然无法掩饰其自私这一铁的事实。同时，自私就意味着排他。这里的"他"不仅仅指某一个体，而通常是指主体之外的所有组织或个人。既有可能是国家，也有可能是集体，还有可能是个人。不管是国家、集体还是个人，总之都不是自己。既然不是自己，它们也就无一例外地成了主体排斥的对象。因为不排斥这些对象，主体为己的目的就会受到干扰和阻碍，不排斥这些对象，主体就无法达到欲望满足最大化的目的。在此情况下，主体最在乎的不是使用权而是所有权，是"什么是属于我的""什么不是属于我的"之类的问题，"人不为己，天诛地灭""拔一毛利天下而不为"等也就自然而然地成了主体的人生信条和行为准则，主体总是把己与他的关系视为一种非此即彼、你死我活的关系。既然是非此即彼、你死我活的关系，主体既有可能采取"文治"的方式来达到自己的目的，也有可能采取"武功"的方式来达到自己的目的。一般情况下，能够不动用武力、不费一兵一卒就能够轻松解决的就通过和平的方式解决，如果和平的方式无法奏效，他们就会面目狰

① 霍布斯著，黎恩复、黎廷弼译：《利维坦》，商务印书馆，1985年版，第93页。

② 同上，第95页。

狞，原形毕露，转而通过武力的方式去加以解决。此时，各种暴力武器都会用上，众多的帮凶和打手都会应声出现。在寡不敌众的情况下，对手就不得不做出让步和妥协。更多的时候，他们则采取软硬兼施，“文治”“武功”并用的策略。因排他之故，自私就必然会带来两大后果：一是各种冲突相继发生。在各种不同类型的冲突中，利益冲突显然是最为直接的冲突，因为它的根源就是对于利益的争夺，争夺各方如果互不相让，其结果有可能是所有争夺者都以失败而告终，也有可能是少数争夺者获胜，多数争夺者败北。权力冲突的前提是争夺各方都必须具备一定的资格和条件，当多数主体同时为了谋求某一职位时，权力冲突就会不可避免地发生，由于职位只有一个，而争夺者至少都在两人以上，因此，争夺的结果必然是有一部分主体不能如愿以偿。意志冲突是在众多地位基本相同的主体中，只能以一个主体的意志为转移，而不能以所有主体的意志为转移，此时，究竟谁说了算，究竟要听谁的，就往往成为一个棘手的问题。如果大家都心甘情愿地放弃自己的主张，问题当然就会得到妥善解决，但如果每一个人都要坚持自己的主张，都坚持要按照自己的意志行事，冲突也就必然发生了。不管怎样，上述三种冲突都必然会引发情感冲突。也就是说，无论是利益冲突的失败者，还是权力冲突的失败者，抑或是意志冲突的失败者，他们都必然会生发出一种对于胜利者的怨恨情绪。这种怨恨情绪平时不会轻易表现出来，常常以情感隔阂和心理疏离的状态存在，一旦公开爆发，就会从无声的状态变为有声的状态，从无形的状态变为有形的状态。此时，恶言相向、大打出手就成了家常便饭。如果出现了此类情况，社会要想继续保持有序和安宁也就成了不可能。二是贫富悬殊加剧，两极分化严重。自私必然导致利益迅速地集中到极少数人手里，多数人手里没有利益或只有极少的利益。这样，本来大致均衡的利益拥有状态就变成了“肥肉上添膘，鸡脚上剐油”的一些人撑死、一些人饿死的局面。在富豪阶层和潦倒阶层之间、在既得利益者和丧失利益者之间就会形成不断往相反方向延伸的两极，如果这两极的利益一时得不到任何调和和平衡，他们之间的距离不会越缩越短，而只会越拉越远。

纵欲主义者以最大限度地获得物质利益对象和感官色情对象为其目标，与常人相比，他们自私的程度必然有过之而无不及，他们的排他性也会远远地凌驾于常人之上。在他们看来，除了自己，所有的一切都是影响自己欲望得到最大限度满足的绊脚石，因此，他们往往会不遗余力地排除那些阻碍因素，不惜一切代价地消灭那些“异己”力量，以使对手最终顺从和屈服于自己，从而达到自己的目的。

## 二、自私的在场意味着仁爱的缺席

爱尔维修说："人身上的一切都是感觉；因此肉体的感受性乃是人的需要、感情、社会性、观念、判断、意志、行动的原则。"[①]"人是一部机器，为肉体的感受性所发动，必须做肉体的感受性所执行的一切事情。这是一个水轮，为一股水流所推动，使活塞上升，从而使预定流入准备盛水的容器的水随着活塞上升。"[②] 在上述言论中，爱尔维修反复提到了"肉体的感受性"这一用语。这里的"肉体的感受性"是指人的感觉器官对外物的感知能力以及感知的状态。由于人具备感知的天然能力，因而，只要这种感知能力能够正常地持续地存在，人的各种感觉器官就能真切地分辨出何为快乐、何为痛苦。当身体感到舒服、心里觉得愉悦时，人们就快乐；当身体感到难受、心里觉得烦躁时，人们就痛苦。人们之所以要想方设法去克服重重困难，之所以要历尽艰辛去获取他们渴求的对象，目的正是体验舒服和愉悦的感觉并避免难受和烦躁的感觉。人的自私动机正是从这种"肉体的感受性"之上生发出来的。爱尔维修接下来对自私做了相当详尽的论述，他说："在任何时代，任何国家，人们过去、现在和未来都是爱自己甚于爱别人的。"[③]"人们为什么这样贪图名誉地位呢？这是因为人们爱自己，因为人们要求自己幸福，因而要求享受幸福的权力。对于获得幸福的力量和手段的爱，在人身上必然与自爱相联系。人人都愿意发号施令，是因为人人都愿意扩大自己的幸福，愿意他的同胞们都为此工作。然而，在一切强迫他们这样做的手段中间，最可靠的是实力和暴力的手段。因此，以享幸福为基础的对于权力的爱好，乃是我们一切欲望的共同对象。所以，财富、爵位、荣誉、妒忌、尊敬、正义、美德、偏狭以及一切人为的感情，在我们身上只不过是用这些不同的名目化装起来的权力之爱。"[④]"问：作为有感觉的动物，人应当怎么办？""答：应当躲避痛苦，追求快乐。人们称之为自爱的，就是这种经常不断的追求，就是这种躲避。"[⑤] 我们注意到，在上述论述中，爱尔维修用"爱自己"和"自爱"等字眼来代替自私，用"幸福"来代替快乐。表述上虽然存在着一定差异，他对自私

---

① 北京大学哲学系外国哲学史教研室编译：《十八世纪法国哲学》，商务印书馆，1963 年版，第 499 页。
② 同上，第 499 页。
③ 同上，第 501 页。
④ 同上，第 503 页。
⑤ 同上，第 542 页。

的界定却相当明确。爱尔维修有关自私的思想可以作如下理解：第一，自私具有普遍性。具体体现在自私的存在不分时间，不择地点，甚至不论国籍。第二，人们自私的根源在于趋乐避苦。除非人们不喜欢快乐而喜欢痛苦，才可能在他们身上找不到自私的蛛丝马迹。第三，为了达到趋乐避苦的目的，人们往往以权力作为强有力的后盾。因为只有拥有权力人们才可能获得他们需要的一切，才可能战胜和征服那些潜在的和公开的对手，这样，谋求权力和争夺权力的行为也就应运而生。当然，因为谋求权力和争夺权力而导致的不可避免的冲突也就随之产生。霍尔巴赫说："既有肉体方面、又有精神方面的人，乃是有生命、有感觉、能思想、能行动的生物，在他的一生中，可以说无时无刻不在努力谋求自己喜爱的或者适于养生的东西，而竭力避开可以伤害自己的东西。""因此，自保乃是事物的一切能力、力量机能似乎不断趋赴的目标。物理学家们曾经把这种趋势或倾向命名为自身引力；牛顿称之为惯性力；道德学家们则把人身上的这种趋势称为自爱，这无非就是对于自保的倾向，对于幸福的欲求，对于安适和快乐的爱慕，对于一切显得有利于自己的东西的急于攫取，以及对于一切使自己烦恼和恐惧的东西所表示的厌恶：这些为人类每一分子所共有的原始情感，就是他们的一切机能竭力去满足的东西，就是他们的一切欲望、意志、行动继续不断地以之为目标、为鹄的东西。因此这种自身引力乃是一切人和存在物身上的一种必然的趋向，任何一个存在物，只要没有什么东西打乱他的机体的秩序或原始倾向，都是千方百计地坚持其既得的生存的。"① 霍尔巴赫的上述论述虽然与爱尔维修的看法大致相同，其内涵却要丰富得多。在霍尔巴赫看来，作为生物的人，不管他是只偏爱物质利益，还是具有一定的精神向度，自私都将贯穿于他的一生，而自私又总是根源于人们趋乐避苦的生理和心理倾向。因此，只要这种倾向依然存在，自私也就难以消除。霍尔巴赫对人们因趋乐避苦倾向而引发的自私流露出了明显的悲观情绪。

虽然自私的动机和行为无处不在、无时不有，人们为了达到利己的目的而使出浑身解数以致演变到了忘乎所以、肆无忌惮的地步，但这并不意味着仁爱就没有立足之地。仁爱与自私一直处于相互对立的状态，仁爱是对自私的否定、冲击和颠覆。正是因为仁爱的存在，自私的地盘才不断受到限制，正是因为仁爱的存在，社会的谦让与和谐才获得了希望和可能。仁爱既然与自私相反相成，是自私

① 北京大学哲学系外国哲学史教研室编译：《十八世纪法国哲学》，商务印书馆，1963 年版，第 594 页。

的对立物，那么，仁爱具体体现在哪些方面？它究竟有何特征？通过考察我们得知，仁爱主要体现在情感和利益两个方面。就情感而言，它又可以分为喜、怒、哀、惧、爱、恶、欲等类型，在这些情感类型中，仁爱通常与正面的积极的情绪有关，喜欢、热爱等是与仁爱的含义相近的词语。当然，仁爱并不仅仅是指对自己和与自己关系亲近的人的喜欢和热爱，如果是这样，仁爱也就在无意中走向了狭隘，它与自私也就不存在任何区别，甚至已经完全等于自私了。因为自私其实就是对自己及与自己关系亲近的人的过分喜欢和热爱。仁爱的涵盖范围更广，其目标不仅仅是自己和与自己关系亲近的人，而是包括所有人，包括为数众多的人群，那些素不相识的陌生人当然也被包括在内。正是因为仁爱的存在，主体才愿意为此而努力拼搏。仁爱不只存在于人的内心深处，它还往往通过主体的语言、眼神、表情、动作等表现出来。通过这些方式表现出来的并非别的东西，而是付出和给予，这种付出和给予就是情感的付出和给予，就是温暖和关怀的显现。就利益而言，具有仁爱情怀的人并不关心自身的利益问题，而把自己之外的所有人通通作为关注的对象，通通作为利益的天然拥有者。当自身利益与国家利益、集体利益和他人利益发生冲突时，主体首先不是考虑自身利益的得失问题，不是考虑自己能够获取多少利益或者损失多少利益的问题，而是先为他者着想，即先为国家着想，先为集体着想，先为他人着想，体现出一种舍己为公和舍己为人的风范和品质。换言之，主体强调的不是索取而是奉献，主体关注的不是占有而是放弃，主体重视的不是获得而是牺牲。仁爱的特征也很明显：一是无私。无私既是指情感上的无私，同时也是指利益上的无私。无私就是付出之后不图任何回报，此时的付出完全是一种自觉自愿的心理和行为，它不附带任何功利色彩，完全出于真心实意。那种付出了之后迫切希望转眼就获得回报甚至获得更多的回报的动机，与无私无疑是背道而驰的。二是共享。共享既包括情感的共享也包括利益的共享。从境界上说共享虽然比无私要低，但在保证每一个主体都能够维持基本生存的前提下要做到共享其实也绝非易事。共享的确切含义是情感和利益的并存和融合，是“己欲立而立人，己欲达而达人”美好局面的形成和构建。自人类诞生以来，自私与仁爱就一直相生相伴，它们无时无刻不在变换着自己所扮演的角色，而什么时候自私占上风，什么时候社会就会剑拔弩张、人人自危；什么时候仁爱占上风，什么时候社会就会充满亲切氛围和友善气息。

由于纵欲主义者总是以物质利益和感官色情作为其动机和行为的两大支撑，因而他们在表现出极度自私的同时也往往表现出极端的排他性。在纵欲主义者看来，只有别人痛苦自己才会获得快乐，如果别人快乐自己得到的将是痛苦。因为快乐不但极其有限，而且无法与他人共享。在这种理念的支配下，纵欲主义者当然也就不存在什么仁爱可言，他们除了把自己的快乐建立在别人的痛苦之上，好像不再有多余的考虑。

# 第七章　纵欲主义的外围比较

## 第一节　禁欲主义与纵欲主义的比较

### 一、禁欲主义概述

禁欲主义是一种主张人们在一定范围内克制欲望、放弃物质享受以达到宗教理想目的或道德自我完善的伦理学理论。它泛指一种极端克制个人欲望，摈弃物质享受的生活态度。

在西方，禁欲主义的主要代表有古希腊的犬儒学派和斯多葛学派等。犬儒学派提倡克己自制，独善其身，把名利看作身外之物，极端鄙视物质生活。斯多葛学派提倡宿命论，认为人的美德就在于听从命运安排；主张忍耐、节制，不以苦乐为意，过一种逃避社会、摆脱物质享受、不为社会舆论和风气所左右的生活。“性压抑”可视为人们在性欲问题上所持的一种禁欲主义态度。性压抑是奥地利弗洛伊德和赖希的用语。它指对人的性本能冲动进行约束和限制。弗洛伊德认为，在个体心理结构中，性压抑就是性本能组成的潜意识受到阻拦而未进入前意识领域。在社会结构中，则指人的性本能冲动虽追求快感满足却受到宗教、法律、道德等社会文明从外部施加的限制。性压抑虽然妨碍人的快乐和幸福，但它对社会进步与文明发展有一定好处。赖希认为解除性压抑的手段就是性革命和性解放。

在中国，禁欲主义的代表主要有唐代哲学家、文学家李翱和北宋哲学家周敦颐等。李翱的禁欲主义思想主要体现在《平赋书》和《复性书》中。李翱说：

“仁义之道，章章然如大道焉，人莫不知之，然皆不能行，何也？见之有所未尽而又有嗜欲以害之。”[①] 李翱以情为恶，他认为仁义道德之所以不能彰显，就是因为过多的嗜欲在起着破坏作用。“圣人知人之性皆善，可以循之不息而至于圣也。故制礼以节之，作乐以和之。安于和乐，乐之本也；动而中礼，礼之本也。故在车则问鸾和之声，行步则闻佩玉之音，无故不废琴瑟。视听言行，循礼法而动。所以教人忘嗜欲而归性命之道也。”[②] 李翱灭情复性的主张，实际上就是对欲望所做的限制，或者说就是一种禁欲主义，它成了宋代理学家“存天理，灭人欲”的先声。周敦颐的禁欲主义思想集中体现在《通书》里。周敦颐说：“无欲故静。”“圣可学乎？曰：可。曰：有要乎？曰：有。请问焉！曰：一为要。一者，无欲也。无欲则静虚动直。静虚则明，明则通；动直则公，公则溥。明通公溥。庶矣乎。”[③] “孟子曰：‘养心莫善于寡欲，其为人也寡欲，虽有不存焉者，寡矣，其为人也多欲。虽有存焉者，寡矣。’予谓养心不止于寡欲而存耳。盖寡焉以至于无，无则诚立、明通。诚立，贤也，明通，圣也。是圣贤非性生，必养心而至之，养心之善，有大焉如此，存乎其人而已。”[④] 周敦颐认为，人生在世，难以避免欲望的产生和存在。而有了欲望怎么办呢？周敦颐说：“君子乾乾不息于诚，然必惩忿窒欲，迁善改过而后至。”[⑤] 显然，在周敦颐看来，有了欲望不能坐视不管，不能任其泛滥成灾，而必须找出一种能够解决问题的办法。“惩忿窒欲，迁善改过”就是其所能找到的解决问题的最佳办法。

佛教等宗教也主张禁欲，佛教把欲望的过分放纵视为不可饶恕的罪恶。作为世界三大宗教之一的佛教，在其戒律中对放纵欲望的行为做出了明确规定。佛教五戒为：1. 不杀生，尊重一切有情的生命，不可杀害。2. 不偷盗，也作“不与取”，不能擅自取他人的东西。3. 不淫邪，不能发生不正当的男女关系。4. 不妄语，不说空话、假话、大话。不刻薄谩骂，实话实说，诚实待人。5. 不饮酒，保持心性清静。佛教八戒为：1. 不杀生，尊重一切有情的生命，不可杀害。2. 不偷盗，也作“不与取”，不能擅自取他人的东西。3. 不淫邪，不能发生不正当的男女关系。4. 不妄语，不说空话、假话、大话。不刻薄谩骂，实话实说，诚实待人。5. 不饮酒，保持心性清静。6. 不坐高广大床。7. 不著香花，不涂香

① 李翱著：《平赋书》。
② 李翱著：《复性书》。
③ 周敦颐著：《通书·圣学》。
④ 周敦颐著：《通书·养心亭》。
⑤ 周敦颐著：《通书·乾损益动》。

水，不观听歌舞伎乐。8. 不食非食，即过午不食。佛教认为，凡是与物质利益、声色犬马相关的一切行为都是欲望放纵的表现，都应当被禁止。此外，佛教还把杀生、偷盗、邪淫、妄语、两舌、恶口（粗恶语）、绮语（杂秽语）、贪欲、嗔意、邪见视为十恶。在佛教看来，恶之所以产生，主要是由于“无明”而引起的贪欲，所以贪欲被佛教视为罪恶之本。这样，欲修行而进入涅槃，即佛所谓的理想境界，就必须破除贪欲，采取禁欲主义态度。贪欲之所以被认为是恶之本，“无明”之所以被视为是恶之源，是因为它们使人堕入苦海，永远在轮回中煎熬。世亲著《百法明门论》列十一善心所：一曰信，二曰精进，三曰惭，四曰愧，五曰无贪，六曰无嗔，七曰无痴，八曰轻安，九曰不放逸，十曰行舍，十一曰不害。其中，以无贪、无嗔、无痴为善的根本。概括地说，一切无事、无我、大觉纯净之心为善，一切有常、有我的“无明”贪欲之心为恶。善是佛之本性，恶为人之欲求。① 这是从宗教视角对善恶所做的区分，从而引导人们弃恶从善，剔出贪欲。

## 二、禁欲主义与纵欲主义的简要比较

首先，禁欲主义与纵欲主义在行动方向上不同。禁欲主义具有悠久的历史，从古代希腊到中国的唐宋时代，从宗教领域到其他领域，禁欲主义思想都有自己的活动轨迹和生存空间。从李翱、周敦颐的有关言论和佛教戒律看，禁欲主义均强调满足自然欲望或本能需求的危害性和罪恶感，因此，所谓的禁欲，实质上是禁止属于人的自然欲望或本能需求方面的要求，而不是禁止所有的欲望和需求。如果把包括非自然欲望或非本能需求在内的一切要求都全部禁绝了，人的生命赖以存在的基础将不复存在，禁欲主义从而也就失去了自身的价值。即使是对于自然欲望或本能需求的限制，它也主要是抑制那些超常的部分，亦即那些奢华和享乐的部分。如果连吃饭穿衣这种最低限度的要求也要绝对禁止，那它肯定就无法扩大其影响的范围，很可能孤掌难鸣，不会赢得任何响应者和追随者的支持。因而，禁欲主义的范围，一般都局限在自然欲望或本能需求之内，而且准确地说主要是程度上的限制。纵欲主义对非自然欲望或非本能需求没有丝毫激情，对自然欲望或本能需求却热情高涨，纵欲主义不但不认为大吃大喝、纵情享受是什么见不得天的事情，不但不认为大吃大喝、纵情享受有什么危害性和犯罪感，而且它

---

① 罗国杰主编：《中国伦理思想史》上卷，中国人民大学出版社，2008 年版，第 420 页。

还以此为荣，把能够最大限度地占有和消耗物质利益对象和最大限度地追逐和享受感官色情对象作为人生最大的乐趣。

其次，禁欲主义与纵欲主义在生活方式上有别。在禁欲主义看来，过清心寡欲的生活有助于坚定宗教信仰和提升道德境界。因而，如果人们整日沉溺于物质享乐、感官刺激和声色犬马之中，无疑会白白地浪费掉很多宝贵的时间和精力，这样的人层次十分低下，与吃了就睡、睡醒又吃的动物似乎没有什么区别。既然如此，崇高和理性的追求也就无法得到切实保证。纵欲主义则与此相反。纵欲主义不但对墨守成规、因循守旧的生活方式缺乏兴趣，而且对过“清教徒”和“苦行僧”式的日子更是嗤之以鼻。纵欲主义认为，人生最大的意义就是不要亏待自己，守着好吃的不吃，守着好喝的不喝，守着好玩的不玩的人除了故意和自己过不去好像没有特别的理由。由于纵欲主义极力鼓吹过莺歌燕舞、放荡不羁的生活，因而，它一直不乏成千上万的响应者和追随者。在纵欲主义看来，当下的现实享乐具有非凡意义，所谓的宗教信仰和道德境界等都不切实际，全是一些看不见摸不着的玄而又玄极为可笑的东西。纵欲主义往往用摈弃崇高、排斥理性来彰显自身存在的价值。

再次，禁欲主义与纵欲主义在意志磨炼上不同。从禁欲主义的一般特征看，要达到真正的禁欲，就必须忍受常人难以忍受的生理痛苦和心灵煎熬，而在一个处处充满着物质利益和感官色情诱惑的社会，自然就需要有坚强的意志和顽强的毅力。毕竟，人的自然欲望是第一欲望，人的本能需求是首要需求。当一个人因忍饥受寒而体力不支的时候，其离精神崩溃的日子已经为时不远了。禁欲主义由于违背了人的自然本性，和人与生俱来的要求相对立，因而它对人的身心健康明显不利。从人性化的角度看，如果不是万不得已，如果不是物质利益对象和感官色情对象极度匮乏，如果不是处于战争或自然灾害等非常时期，要施行禁欲无异于人为地强行剥夺他人的生命权和健康权。禁欲主义自身难以克服的致命缺陷不证自明。纵欲主义则与此相对，只要客观条件允许，只要顺着自己欲望的指引一路前行，一切也就顺理成章。在纵欲主义看来，吃喝玩乐是很多人津津乐道、梦寐以求的事情，连高兴都还来不及，哪里还需要用什么坚强的意志和顽强的毅力去克服。

又次，禁欲主义与纵欲主义在施行意愿上有别。禁欲主义往往通过外在强制措施来对主体行为进行控制。从这个意义上说，禁欲主义者大多并非出于自愿，而是被迫和屈从。比如，在规定的时间内，主体只能吃素而不得吃荤，只能喝水而不得进食，只能跪着而不得躺着、坐着或站着。如果违反了这些规定就会被认为是对神灵的严重冒犯，就不能得到神灵的饶恕而会受到严厉惩罚。纵欲主义则不然。它不用去做什么苦口婆心的说教和动员工作，也无须通过什么强制和胁迫手段，它只随意地把鸡鸭鱼肉、珍珠玉石、豪华别墅、高档汽车、绝代佳人摆在那里，很多人就会像灯蛾扑火一样自投罗网，无法拒绝。在主体满足其世俗欲望的过程中，既不需要专门学习和模仿，也无须经过严格的训练。

最后，禁欲主义与纵欲主义在心理状态上不同。人们提及禁欲主义自然就会联想到宗教，就会联想到罪恶、禁忌、戒律、玷污、惩罚等与宗教有关的一切行为及其后果。因此，禁欲主义者总是处于诚惶诚恐、战战兢兢的心理状态。纵欲主义不存在此类顾虑。在纵欲主义看来，上帝、佛祖、真主、菩萨等这些被尊为无所不知、无所不能、掌握和控制着凡人命运的一切神灵均虚幻不实，只有自身现实的最大满足和超常享受才最为实在可靠。纵欲主义者不畏惧任何惩罚，他们都是彻头彻尾的无神论者，他们可以做到不怕天、不怕地，不信神、不信鬼，什么上刀山、下火海、进地狱，他们认为都是一些用来吓唬不明真相的胆小鬼的谎话，根本不值得理会。纵欲主义者最担心的要么是用来占有和消耗的物质利益对象及追逐和享受的感官色情对象极度匮乏，要么是面对诱人的人间美味自己的肚子已经没有了任何空隙，或者面对绝色天姿时自己虽然意犹未尽却已力不从心。

## 第二节　无欲主义与纵欲主义的比较

### 一、无欲主义概述

“无欲主义”与“禁欲主义”类似，它是古希腊伦理学用语，主要指对一切外物都没有欲望的状态。

在西方，毕达哥拉斯最早提出清心寡欲、苦行反省的修养方法，以净化灵魂，达到忘我的无欲境界。苏格拉底提出人不要去追求感官快乐和物质财富，而应多关注自己的灵魂，要求人们放弃欲望，按神的训示行事。柏拉图则把肉体欲望看作灵魂的枷锁，主张去除欲望，净化灵魂，以求进入神的不朽世界。

在中国，持无欲主张的主要是春秋时期思想家、道家创始人老子和战国时期哲学家庄子。老子说：“不尚贤，使民不争；不贵难得之货，使民不为盗；不见可欲，使心不乱。是以圣人之治，虚其心，实其腹，弱其志，强其骨；常使民无知无欲。”[①] 在老子看来，要达到天下太平，就必须与世无争，就必须淡泊名利，就必须无知无欲。否则，偷盗、争夺等矛盾冲突就会无休无止、没完没了。“五色，令人目盲；五音，令人耳聋；五味，令人口爽；驰骋田猎，令人心发狂；难得之货，令人行防。”[②] 老子认为，感官耳目之欲，物质利益之求，是一切祸乱的根源。因此，要消除祸乱，就应当从人们的内心欲望着手。只有达到弃绝一切欲望和需求，社会的和平安宁才有保障。“绝圣弃智，民利百倍；绝仁弃义，民复孝慈；绝巧弃利，盗贼无有。……见素抱朴，少私寡欲。”[③] 这里的“寡欲”实质上也是“无欲”。即使是智慧、仁义等这些属于非自然欲望的内容也必须毫无例外地去除，老子把“无欲”的主张推向了极致。“罪莫大于可欲，祸莫大于不知足，咎莫大于欲得。”[④] 显然，欲望、进取都属于罪过，只有无知无欲才是正确选择。故圣人云：“我无为，而民自化；我好静，而民自正；我无事，而民自富；我无欲，而民自朴。”[⑤] 老子试图以完全被动无为的方式来实现社会有序和谐的目标。“金玉满堂，莫之能守。富贵而骄，自遗其咎。”[⑥] “是故甚爱必大费，多藏必厚亡。”[⑦] 老子对于物质利益的鄙视和抵触之情清晰可见，老子对于疯狂追逐物质利益的可能恶果表现出深刻洞见。庄子说：“为善无近名，为恶无近刑，缘督以为经，可以保身，可以全生，可以养亲，可以尽年。”[⑧] 庄子的主张虽然与老子近似，但其保全生命的立场相当明显。庄子想以淡化善恶、规避冲突的方式来达到其长生久寿的目的不言自明。“古之畜天下者，无欲而天下足，无为而万物化，渊静而百姓定。”[⑨] “［市南子］曰：其民愚而朴，少私而寡欲；知作而不知藏，与而不求其报；不知义之所适，不知礼之所将，猖狂妄行，乃蹈乎大方；其生可乐，其死可葬。……市南子曰：少君之费，寡君之欲，虽无粮而乃足。”[⑩] 可见，《庄子》的观点与老子一脉相承，都主张人们应尽量放弃对于外物的追求，不要为名利所累。“知和曰：平为福，有馀为害者，物莫不然，而财

① 《老子·三章》。
② 《老子·十二章》。
③ 《老子·十九章》。
④ 《老子·四十六章》。
⑤ 《老子·五十七章》。
⑥ 《老子·九章》。
⑦ 《老子·四十四章》。
⑧ 《庄子·养生主》。
⑨ 《庄子·天地》。
⑩ 《庄子·山木》。

其甚者也。今富人，耳营钟鼓管籥之声，口嗛于刍豢醪醴之味，以感其意，遗忘其业，可谓乱矣；侅溺于冯气，若负重行而上也，可谓苦矣；贪财而取慰，贪权而取竭，静居则溺，体泽则冯，可谓疾矣；为欲富就利，故满若堵耳而不知避，且冯而不舍，可谓辱矣；财积而无用，服膺而不舍，满心戚醮，求益而不止，可谓忧矣；内则疑劫请之贼，外则畏寇盗之害，内周楼疏，外不敢独行，可谓畏矣。此六者，天下之至害也，皆遗忘而不知察。及其患至，求尽性竭财，单以反一日之无故而不可得也。故观之名则不见，求之利则不得。缭意体而争此，不亦惑乎？"[①]《庄子》陈述了追名逐利的种种弊端，进而告诫人们：不能本末倒置，更不能舍本逐末，要善于放弃那些于己于人都有害无益的累赘。

## 二、无欲主义与纵欲主义的简要比较

第一，无欲主义与纵欲主义在方式和目的上有别。无欲主义侧重于人主动自觉地提升内心修为，它往往通过示范、引导、说服、教育和宣传等方式使主体的意识和观念发生转变，以最终促成主体自律行为的出现。纵欲主义无须刻意地提升内心修为，它最多只需要有人带头和引领，即使没有任何人举着旗帜走在前面进行专门的鼓动，因其与日常生活紧密相连，所以差不多所有的人都无师自通。鉴于此，对于无欲主义来说绝对必要的所谓示范、引导、说服、教育和宣传等方式，到了纵欲主义这里都纯属多余。从目的上看，无欲主义希望实现在无人监督的情况下主体也能恪守内心的道德操守，做到不争名、不夺利。纵欲主义不要求主体在无人监督的情况下保持自律状态，而是主张丢掉一切束缚自身手脚的框框套套，抛弃一切限制人身自由的清规戒律，使自己的身心达到最大限度的放纵和松弛。

第二，无欲主义与纵欲主义所需时间各异。着眼于从深层次解决问题的无欲主义往往需要花费很长时间，少则几年，多则几十年。一旦无欲主义者真正从内心深处领悟了无知无欲的精神实质以及由此带来的种种奥妙，就无须再费更多力气，一切均迎刃而解。纵欲主义则不然。纵欲主义自始至终都不需要花费什么时间，也不需要耗费什么力气。纵欲主义关心的只是用来满足他们欲望的物质利益对象是否丰厚，感官色情对象是否诱人，与此无关的一切，通通不属于他们的考虑范围，他们不会为此而冥思苦想和劳神费心。

第三，无欲主义与纵欲主义在策略上不同。从历史渊源和思想背景看，无欲

① 《庄子·盗跖》。

主义更多地倾向于一种处世哲学和人生态度，虽然无欲主义的目标是让人们的欲望最终达到虚无，以使主体在走向虚无的过程中，其人生境界能慢慢得到提升，社会的和谐从而能够自动实现。无欲主义的形式当然是无欲或无为的，但就其实质而言，它仍然包含着或多或少的功利因素。因而无欲主义实际上并非绝对的绝欲。如果人人都心甘情愿地放弃对于物质利益、感官享乐和名誉地位的追求，那么主体的既得利益也就不存在任何损失的危险。在无欲主义看来，即使是通常意义上的仁义道德和计谋智慧也要一并剔除，果真如此，主体的安全感当然也就会相应得到提升。要是所有社会成员都在一门心思地为自身的利益着想，个人的自保和社会的安宁也就没有了指望。因此，无欲主义是以表面上的无为来实现实际上的有为，这显然具有一定的迷惑性和欺骗性。纵欲主义不拐弯抹角，它直奔主题，开门见山。纵欲主义严格说来不存在什么策略，如果说有，也只不过是如何不择任何手段、不惜一切代价去获得那些让人垂涎欲滴的东西来满足自身的欲望。从这个意义上讲，纵欲主义是无遮拦的、赤裸裸的，它撕掉一切假惺惺的面具，常常通过无声的举动来抵制所有千奇百怪的计谋和心机。

第四，无欲主义与纵欲主义在动力上存在着差别。由于无欲主义倡导清心寡欲和见素抱朴，这从客观上会导致主体的生存和发展动力不足，也不利于主体最大限度地发挥他们的聪明才智，其积极性、主动性和创造性也难以得到应有的激发。在无欲主义看来，能够有饭吃、有衣穿、有住处已经非常满足，其他的一切均属于非分之想。在纵欲主义看来，有饭吃、有衣穿、有住处并非其所追求的梦想，吃得可口、穿得漂亮、住得舒适才是纵欲主义的本质要求。显然，这已经不属于生存范围，而是远远地超出了生存的范围，要实现这一目标绝非易事，它不仅需要无数人开动脑筋，而且最好还要有奇思妙想。这样，人们潜在的聪明才智就会被充分发挥出来，他们的积极性、主动性和创造性就能得到应有的激发。至于实际投入了劳动的那些人最终是否会得到相应回报，纵欲主义并不关心，纵欲主义所关心的是物质利益对象及感官色情对象是否丰富，以及自身是否还拥有消耗和享受这些对象的能力。

第五，人们对无欲主义与纵欲主义的认可度不同。作为一种“不战而屈人之兵”的方式，无欲主义不仅能够软化人们的拼搏意志，而且能够淡化人们的竞争意识，因而它通常给人留下一种与世无争、超然物外的感觉。纵欲主义的实质就是争权夺利，就是一场剑拔弩张的角逐。不如此，对物质利益对象占有和消耗的最大化及对感官色情对象追逐和享受的最大化的美好愿望就会落空，纵欲主义没有什么客气和文明可言，公开的掠夺和私下的窃取是其反复使用且屡试不爽的手段。也许正因为这样，它总是难以给人留下良好的印象。

## 第三节　节欲主义与纵欲主义的比较

### 一、节欲主义概述

在所有对待欲望的态度中，节欲主义的影响最大。所谓节欲，就是对人所产生和存在的欲望进行一定的调节和限制。在《吕氏春秋》中，就有对于节欲的论述。“世之人主贵人，无贤不肖，莫不欲长生久视，而日逆其生，欲之何益？凡生之长也，顺之也；使生不顾者，欲也；故圣人必先适欲。”[①] “昔先圣王之为苑囿园池也，足以观望劳形而已矣；其为宫室台榭也，足以辟燥湿而已矣；其为舆马衣裘也，足以逸身暖骸而已矣；其为饮食酏醴也，足以适味充虚而已矣；其为声色音乐也，足以实性自娱而已矣。五者，圣王之所以养性也，非好俭而恶费也，节乎性也。”[②] 节欲既区别于对欲望不加限制的放纵，也不同于对欲望的禁绝或虚无态度。这种态度之所以能得到大多数人的认同，主要是因为人们认识到用来满足欲望的对象不是无限而是有限的，而人的欲望一旦产生了就不得不加以满足，否则，将会出现难以想象的后果。因此，这种既使主体欲望得到一定程度的满足，又不至于因为对象供应不足而导致剧烈的矛盾冲突的折中的不走极端的两全其美的方式就受到了人们的广泛欢迎。

节欲主义的代表人物较多，比较典型的有中国宋代伦理思想家李觏和现代哲学家、伦理学家张东荪等人，西方则主要有马尔萨斯等。

李觏说：“天之生人，有耳焉，则声入之矣；有目焉，则色居之矣；有鼻焉，则臭昏之矣；有口焉，则味壅之矣。耳之好声亡穷，金石不足以听也；目之好色亡穷，黼黻不足以观也；鼻之好臭亡穷，郁鬯非佳气也；口之好味亡穷，太牢非盛馔也。苟不节以制度，则匹夫拟万乘之富或未足以厌其心也。”[③] 李觏对人们沉溺于耳目感官之欲表示深深的忧虑——这种忧虑来自他的合理推导和自然延

① 《吕氏春秋·重己》。

② 同上。

③ 李觏著：《安民策第四》。

伸，他认为如果任感官享乐纵横恣肆，泛滥无穷，必会产生不良后果。因此，有必要对其进行一定的限制和约束。但李觏并未提出解决问题的办法。张东荪认为，“人性是有伸缩性的，换言之，即有可塑性”①。张东荪为其对待欲望的态度及采取的措施预设了一个前提，这就是人性的可伸缩性和可塑性。这一前提为调节和限制人们的欲望奠定了基础。没有这个前提，一旦人欲成为脱缰之野马，就会束手无策。他说：“一个人生在世上第一件要事就是升移本能，设若率本能而行，便是禽兽。”② 在张东荪看来，停留在本能需求的层面就是停留在动物的层面。因此，要让人们不停留于此层面只有一条办法，那就是升移本能，对本能进行必要的改造和加工。“人欲绝不是好东西，不能任其横流。而处置之法，于许多方法中，似以一方提向高尚，他方最小满足为最妥当。”③ 张东荪把“升移本能”之法进一步具体化：一方面，要用道德的手段让人们弃恶从善，在欲望产生和存在时尽量保持忍耐和克制；另一方面，要保证维持生命的最基本需求得到满足。他说：“我们的人如何是理性的，而总脱不了人欲的牵制，所以人生观上对付人欲是一个大问题。向来的意见可分三种：曰绝欲主义，把人欲从根本上扑灭；曰纵欲主义，听人欲自然流畅；曰节欲主义，把人欲调节一下，不使其泛滥。这三种见地，在我看来，都不甚妥当。因此我另立一个‘化欲主义’或‘移欲主义’。”④ 从上述主张看，张东荪对绝欲、纵欲和节欲均持反对态度，他提出了一种新的有别于上述三种主张的新主张——“化欲”或“移欲”。那么，这种新主张的内涵和实质是什么呢？从字面上看，好像这种新的主张与禁绝、放纵及节制欲望的主张确有不同，事实上，张东荪的新主张与上述的第三种主张并无本质区别。张东荪的所谓“化欲”或“移欲”既不是对于欲望斩钉截铁地绝对禁止，也不同于对于欲望失去控制的放纵无度，就是说，他还是要人们能得到一定程度的满足。这与节制欲望有何区别呢？张东荪之所以要用一个新概念去取代原有的概念似乎并无深意，不过表明了他更强调节制和限制欲望的办法罢了，舍此无他。“人类的下等欲念不是没有法子对付的，乃饶有许多精巧的方法。不过有一点须大大注意：就是我们只能化他，移他，而不能绝他。所以我主张对于

① 钟离蒙，杨凤麟主编：《中国现代哲学史资料汇编》第一集第五册，辽宁大学哲学系，1981 年，第 232 页。

② 同上，第 234 页。

③ 钟离蒙，杨凤麟主编：《中国现代哲学史资料汇编》第一集第六册，辽宁大学哲学系，1981 年，第 204 页。

④ 同上，第 203 页。

人欲从积极方面是必须把他移到高尚地方去发泄，从消极方面是必须最小限度地满足。”① 这显然是对上文所述观点的进一步展开和发挥。“须知人生的基础欲念不外乎是饮食男女。我们能不吃东西么？不能。我们能不穿衣服不住房子么？不能。我们能不结婚么？不能。虽则吃东西，但不必吃好东西；穿衣服但不必穿美衣服；住房子但不必住大房子；娶老婆但不必终日跳舞讲恋爱。这便是我的最小限度满足论。若是并此最小限度而不有，则人生殆即成为不可能了。否则亦必生病。”② 这是他的节欲思想的最好注脚。张东荪同样看到了自然欲望得不到满足所可能产生的后果：生存难以维持，身体健康亦不保。他又说：“须知人生所以又不满足并不是起于机械观与价值观的不相伴，乃只是由于我们的愿望与妄想太多。我们有许多不能实现的奢望。例如我们怕死，总想活到一千年。我们怕老，总想是翩翩年少。有时我们仰头看月，就想飞到琼楼玉宇高处去徘徊一下。诸如此类的心愿真不胜枚举。愿望不能达以至于失望。失望即诅咒人生，把人生视如粪土。须知人生于此是本不负责任的；只是你的心愿超越了人生所能及的限度了。我以为一切烦闷与悲观其根源皆在于此。”③ 张东荪一连用了“愿望”“妄想”“奢望”和“心愿”等词，而这些词都可以用“欲望”一词来取代。在张东荪富于文学色彩的表述里，笔者看到了他在分析人类烦闷和悲观的原因，即人的欲望太多，人的欲望太强，以致现实情况根本满足不了这些欲望。“人生于世总希望自己能内而把自己的人格越提越高，外而把所处的环境越改越善，则其所为之影响可谓于可能限度内已届极远极广极大的程度了；如此当然可以尊称之曰不朽……亦可称为‘自我实现’。”④ 在张东荪看来，人要达到“不朽”或“自我实现”，就既要有道德水平的提升，即通过高尚人格体现出来；又要有物质生活的满足，即外部环境的改善。直言之，就是在满足自然欲望的同时，非自然欲望也要得到满足。“以人常有在文化层中向下堕落之势，故不得不有拘束的道德。拘束的道德无他，即禁人之下堕而已。何以人必有此种倾向，亦复易见。盖吾人欲以理想超脱现实则必须改变原性，而此原性虽经修改仍常有复现之势。故无论如何高尚之个人其中不能绝对无世俗之欲念，无论如何开化之社会，其中不能绝对无害群之分子。诚以人性之中有肉欲，社会之中有反社会性，皆为不可免之事

① 钟离蒙，杨凤麟主编：《中国现代哲学史资料汇编》第一集第六册，辽宁大学哲学系，1981 年，第 204 页。

② 同上，第 204 页。

③ 同上，第 200 页。

④ 同上，第 207 页。

也。须知文化之加于人正犹豢养野兽而为家畜，马犬之虽被人豢养而致驯良，然有时其兽性仍须勃发。人亦如此。人之沐化于文化中，虽其原有性情已改大半，然究不能无所遗留，此即个人之所以必须修德克己，社会之所以必须奖善惩恶之故也。拘束的道德之为重要即如此。”① 张东荪认为，要让人们的人格品质不至于下滑堕落，就要借助于道德约束和控制（他的用语是“拘束”）。如果没有必要的约束和控制，将无法扭转这一下滑和堕落的趋势。可见，张东荪对人性问题并未持盲目乐观的态度。不仅如此，他还看到了人性之恶的反复性、人性改造的艰巨性及建立激励约束机制的必要性。这是张东荪的独到和过人之处。

马尔萨斯说：“任何享受如无节制，都有损于其本身的目的。在最晴朗的天气漫步在最美丽的乡村，如果走得太远，终究会感到痛苦和疲劳。最卫生营养的食物，如果贪吃过度，非但不能增强体质，反而会使身体虚弱。甚至理性的快乐，虽然确实比其他各种快乐更不易满足，但如一味贪婪追求，也会使身体衰弱，精力耗损。”② 很明显，马尔萨斯对欲望也持节制态度。他认为，如果不加节制，让欲望放任自流，其后果将不堪设想。欣赏美丽的风景如此，品尝营养的食物如此，享受理性的快乐亦无不如此。

从李觏、张东荪和马尔萨斯的上述言论看，虽然他们都持节欲主张，他们的侧重和贡献却不尽相同。李觏指出了节欲的必要性；张东荪不但肯定节欲的必要，还提出了节欲的具体措施，且看到人性之恶的反复性和人性改造的艰巨性；马尔萨斯则道出了不节欲可能导致的后果。

## 二、节欲主义与纵欲主义的简要比较

首先，节欲主义与纵欲主义具有一定的内在关联。主要表现在：节欲主义建立在从实际情况出发的基础上，一方面，它允许人有一定程度的欲望满足，在保证让人活下去的同时尽量让人活得更好，这通过主体的主观努力和实际能力是有望能够实现的；另一方面，它通过道德约束等措施来调节和限制人的行为，从人的可改造性、可伸缩性和可塑造性上看这确实切实可行。这样，节欲主义就不再仅仅停留在理论层面，而且在实践中也具有一定的可操作性。这么说，是不是意味着李觏、张东荪和马尔萨斯等人所主张的节欲就是一种完美无缺、无可挑剔的

① 张东荪著：《道德哲学》，中华书局，1931 年版，第 585 页。
② 马尔萨斯著，周进编译：《人口论》，北京出版社，2008 年版，第 81 页。

理论模式呢？不是的。他们的主张虽然具有一定的合理性和启发意义，但其缺陷仍然不可忽视。具体说来，就是他们虽然都看到了如果不对欲望加以限制势必就会酿成不良后果这一严峻事实，但他们并没有找到产生这一结果的真正原因，既然没有发现症结所在，接下来，他们不知道什么才是使欲望得到满足的根本手段也就在情理之中了。欲望之所以难于满足，主要原因是用来满足欲望的对象太少，而要使对象增多，唯一的办法就是劳动。如果不劳动，现存对象只会越来越少，非现存对象也不可能自动被生产和创造出来，那么，欲望的满足将永远成为不可能。纵欲主义在满足主体欲望的问题上与节欲主义没有什么不同，它们二者的区别在于程度上的差异。节欲主义主张欲望满足达到正常程度即可，纵欲主义则不满足和停留于此，它要求要超出这个正常范围。也就是说，在用来满足主体欲望的对象的数量上不是简单地达到普通标准，而是要高于这个标准；在用来满足主体欲望的对象的质量（素质）上不是简单地达到普通标准，而是要高于这个标准；在用来满足主体欲望的对象的内容上不是简单地达到普通标准，而是要更加齐全，具有更大的选择余地；在用来满足主体欲望的对象的形式上不是简单地达到普通标准，而是要尽量别出心裁，让人感到耳目一新。纵欲主义由于只顾占有和消耗物质利益，只顾追逐和享受感官色情，至于占有和消耗的物质利益对象及追逐和享受的感官色情对象从何而来，来得是容易还是艰难、是一帆风顺还是充满波折，来源是合法还是非法、是合理还是不合理，这都不属于纵欲主义考虑的范围，也不是纵欲主义关注的问题。现存对象也好，非现存对象也罢，只要对纵欲主义有利，它就一定不会放过。

其次，节欲主义与纵欲主义存在着明显差异。具体表现在：第一，节欲主义虽然提出了用道德要求来限制欲望泛滥这一保守性措施，但这一措施与其说是釜底抽薪，还不如说是扬汤止沸。其缺陷在于它未能从根源上解决问题，而是用一种方式去限制另一种方式，即用打压的方式去遏止扩张的方式。纵欲主义的动机是最大限度地实现身心的放纵和享乐，因而，在纵欲主义眼里，所有貌似冠冕堂皇的道德说教都无异于用来束缚人们手脚、让人无法释怀的绳索和枷锁，只要时机成熟，纵欲主义就会想方设法地挣脱和抛弃这些一度使自身失去自由的绳索和枷锁。不如此，其纵欲的目的就难以顺利实现。第二，节欲主义只有一种约束手段，这种手段就是道德，而道德的作用和力量是极其有限的。从道德的示范、引导、说服、教育和宣传等非强制性特征可知，要是遇到根本不在乎善恶评价，要是遇到既不害怕社会舆论谴责，也不把传统习俗放在眼里，完全属于麻木不仁、丧尽天良的那一类人，道德约束就显得苍白无力、不堪一击。此时，如果再寄希望于用道德手段来解决因欲望而引发的一系列社会矛盾冲突就必然捉襟见肘。从节欲主义的内涵看，它并未把制度和法律这两种刚性约束包括在内，这从另一侧面说明节欲主义的手段并未形成强大合力。既然从古至今制度和法律一直都在发挥着其他约束所无法替代的重要作用，那么，将其作为因欲望而生的社会问题的解决办法就不失为一种明智之举和有效之策。这样，在道德层面能够解决的，就通过道德的调处来解决；在道德层面无法解决的，就通过制度的执行来解决；在制度层面仍然无法解决的，就借助于强大法律武器的运用来解决。纵欲主义既不乐意道德的约束，也不喜欢制度的惩处和法律的制裁。依纵欲主义之见，世界上最好是既没有道德，也不存在制度和法律，这样，它在随心所欲地占有和消耗物质利益对象的同时，还可以为所欲为地追逐和享受感官色情对象。而这一切，正是纵欲主义所梦寐以求的。

# 第八章　纵欲主义的双重困境

人是一种具有全面性需求的动物，这种需求不仅体现在物质性和感官性方面，而且体现在社会性和精神性方面，而纵欲主义者只存在着物质性和感官性需求，却没有社会性和精神性需求，因而，在全面性需求与片面性需求之间就出现了明显的不一致。人既是生产者又是消费者，是生产者与消费者的统一体，但纵欲主义者只是以消费者的身份出现，并未履行作为生产者的义务，因而，在生产者与消费者的统一体及作为单纯的消费者之间也出现了明显的不一致。双重的不一致使纵欲主义面临着自身难以克服的困境，这主要表现在两个方面：一个方面是理论困境，另一个方面是现实困境。

## 第一节　理论困境

### 一、全面性需求与片面性需求之间的关系

与本能、社会和精神等多重属性相联系，人不可能只有一种需求，而是具有物质性、感官性、社会性、精神性等多种需求。张载说："饮食男女皆性也，是乌可灭？然则有无皆性也，是岂无对？"[①] 物质性需求和性需求都是人的本能需求，都理应得到满足。"湛一气之本，攻取气之欲。口腹于饮食，鼻舌于臭味，皆攻取之性也，知德者属厌而已，不以嗜欲累其心，不以小害大，未丧本焉

① 张载著：《正蒙·乾称》。

尔。”[①] 张载显然肯定了人的各种需求，本能需求属于其中的基本内容。张载虽然承认本能需求具有合理性，但他也看到了它可能产生的危害。于是张载说：“徇物丧心，人化物而灭天理者乎。”“化而自失焉，徇物而丧几也。”[②]“阳明胜则德性用，阴浊胜则物欲行。”[③] 在张载看来，属于本能需求的吃、喝和性与属于非本能需求的德和理，一样都不能缺少，而本能需求与非本能需求之间却存在着大小之分、主次之别，因而不能本末倒置。王安石认为，“人之情所愿得者，善行、美名、尊爵、厚利也”[④]。他还认为，人之情“接于物而后动焉，动而当于理，则圣也，贤也；不当于理，则小人也”[⑤]。“民窘于衣食，而欲其化而入于善，岂可得哉！”[⑥]“盖聚天下之人，不可以无财；理天下之财，不可以无义。”[⑦] 把王安石的上述言论集中起来，他表达的观点大致如下：凡人都希望获得物质利益，都希望享有高官厚禄，都希望受人尊重、美名远扬；这些需求对象的获得必须符合法律和道德的规定和要求，如果符合了，不仅天经地义，而且还可能成圣成贤，如果不符合，不仅逆情悖理，而且可能卑劣猥琐；物质利益的需求是最基本的需求，如果这一基本需求得不到应有满足，那么，要想让他知荣明耻，遵章守纪，那简直就是一句空话。概言之，本能需求是基本需求，而非本能需求是基本需求的发展和升华。从对张载、王安石上述言论的分析中，笔者发现这样一个不争的事实：人不仅有本能需求，还有非本能需求，人是本能需求与非本能需求的统一体。吴向东说：“正确的价值观追求物质价值与精神价值的结合与统一，功利与真善美的结合与统一最终达到自由这一最高层次的人生境界。”[⑧] 人的需求不仅纷繁复杂、层出不穷，而且它们并不完全都处于同一层次和同一水平。换言之，人的需求存在着一定的不平衡性。休谟说：“任何主要的欲望都可以伴有与之相关的从属的欲望，而且如果有其他欲望与那些从属欲望平行，那么这些其他的欲望也就与主要欲望发生关系。”[⑨] 这意味着，人的需求既具有多样性，又存在着不平衡性。需求既然存在着多样性和不平衡性，那么，在谁先谁后的问题

① 张载著：《正蒙·诚明》。
② 张载著：《正蒙·神化》。
③ 张载著：《正蒙·诚明》。
④ 王安石著：《上皇帝万言书》。
⑤ 王安石著：《性情》。
⑥ 王安石著：《夔说》。
⑦ 王安石著：《乞制置三司条例》。
⑧ 吴向东著：《论价值观的形成与选择》，载《哲学研究》，2008 年第 5 期。
⑨ 休谟著，关文运译：《人性论》下册，商务印书馆，1980 年版，第 432—433 页。

上，就应该坚持属于主要和处于支配地位的需求必须优先满足而属于次要和处于服从地位的需求可以推迟满足的原则；在孰重孰轻的问题上，就应该坚持属于主要和处于支配地位的需求得到重点满足而属于次要和处于服从地位的需求得到一般满足的原则。

在所有的需求中，纵欲主义者只注重物质性和感官性方面的需求，而忽视社会性和精神性方面的需求。相对于人的需求的全面性来说，这显然是一种片面性需求，或者说是一种畸形性需求。全面性需求与片面性需求之间是一种包含与被包含的关系。也就是说，全面性需求包含了片面性需求，而片面性需求却无法包含全面性需求。纵欲主义者的片面性需求只包括本能需求而没有包括非本能需求，只包括属于本能需求的物质性和感官性部分，而没有包括属于非本能需求的社会性和精神性部分。那么，属于非本能需求的社会性和精神性部分究竟包含哪些内容，它们对人来说是否无关紧要呢？

非本能需求的社会性部分也就是社会性需求，它主要包括道德和名誉等。马克思说："人的本质不是单个人所固有的抽象物，在其现实性上，它是一切社会关系的总和。"[①] 生存于社会中的人，他们都希望自己的道德境界更高些，名声更好些。道德和名誉等需求是本能需求之外的需求。道德在非本能需求中具有举足轻重的作用。作为非本能需求的一个主要内容，道德具有双重特征：其一，道德作为手段被用来调节利益冲突和人际关系。其二，道德作为目的被视为主体追求的理想和向往的境界。道德的手段性特征，从道德的起源上能够体现出来。关于道德的起源，荀子有过很多论述，他说："礼起于何也？曰：人生而有欲，欲而不得，则不能无求，求而无度量分界，则不能不争。争则乱，乱则穷。先王恶其乱也，故制礼义以分之，以养人之欲，给人以求。使欲必不穷乎物，物必不屈于欲，两者相持而长，是礼之所起也。"[②] 可见，道德一开始并不是目的，而是用来限制人们无止无休地争夺物质利益的手段。为了避免出现混乱无序的局面，"礼义"即道德应运而生了。"今人无师法，则偏险而不正；无礼义，则悖乱而不治。古者圣王以人之性恶，以为偏险而不正，悖乱而不治，是以为之起礼义，制法度，以矫饰人之情性而正之，以扰化人之情性而导之也。使皆出于治，合于道者也。"[③] 在这里，荀子进一步阐明了创制礼义法度的目的，即矫正人性之恶，

① 《马克思恩格斯选集》第1卷，人民出版社，1995年版，第56页。
② 《荀子·礼论》。
③ 《荀子·性恶》。

改造人的情性，以促进治世的实现。“问者曰：‘人之性恶，则礼义恶生？’应之曰：‘凡礼义者，是生于圣人之伪，非故生于人之性也。’”① “故圣人化性而起伪，伪起而生礼义，礼义生而制法度；然则礼义法度者，是圣人之所生也。故圣人之所以同于众其不异于众者，性也；所以异而过众者，伪也。夫好利而欲得者，此人之情性也。”② 荀子紧接着上述观点，把道德的限制和调节功能引向了深入：人的好利欲得的天然情性，不通过礼义法度的制定和实施是无法控制的，而且这种礼义法度的制定只有圣人才能完成。道德起源于解决无序争端的目的，道德只能由圣人创制，这是荀子得出的结论。而道德的目的性特征，则是通过道德手段的调处、道德观念的形成及道德行为的显现来实现的。人之所以存在着善良和邪恶之分，高贵与卑鄙之别，这主要是由于把道德作为一种目标和理想来努力的结果。主体通过不断加强自身道德修养，最终上升到一个常人难以企及的高度，这个高度就是道德境界。在这个过程中，主体势必要放弃和牺牲一些个人利益，要压抑和克制一些需求特别是来自本能的需求。正因为如此，《周易》才说：“善不积不足以成名，恶不积不足以灭身。”③ 荀子也说：“积善成德，而神明自得，圣心备焉。”④ 一言以蔽之，要做到仁、义、礼、智、信，绝非一朝一夕之功；要达到修身齐家、尊老爱幼、慎独忠恕、舍己为人也并不是轻而易举的事。正因为道德兼有手段性和目的性这两重特征，人们才把它作为一种调节“君君，臣臣，父父，子子”⑤ 关系的手段，才坚持不懈地致力于道德践行，以最终成就理想人格。名誉在非本能需求中具有特殊意义。名誉看似虚幻不实，既不能当饭吃，也不能当衣穿，既不能当房住，也不能当车乘；同样，名誉不能作为异性来满足自己的性需求。而人们对于名誉的需求有时却很强烈。一心一意想出名，想获得好名声，想赢得荣誉和赞美的大有人在，这显然是人类重视名誉的表现。人都不想背负恶名，甚至不喜欢别人的负面评价。人们为什么如此看重名誉呢？弗兰西斯·培根道出了其中的缘由：“荣誉的获得在于把一个人的德行和价值完美无缺地显露出来……假如一个人做了一件别人没有尝试过的事，或者是一件经人尝试过而被放弃了的事，或者是别人也做过但没有做得那么完善的事，那

① 《荀子·性恶》。
② 《荀子·性恶》。
③ 《周易·系辞下》。
④ 《荀子·劝学》。
⑤ 《论语·颜渊》。

么他就可以比仅仅追随别人做了一件更难或更高的事的人得到更多的荣誉。”① 在培根看来，荣誉就是道德和价值的反映。换言之，一个人要有道德和价值才会获得荣誉，没有道德和价值作为支撑，要赢得荣誉是不可能的。培根的论述触及了名誉与道德和价值的关系。

非本能需求的精神性部分就是精神性需求。精神性需求是否得到满足虽然不会危及主体的生存，但随着社会的发展和人类的进步，它越来越显示出非凡的作用。精神性需求主要是指对知识、文化、艺术、科学及宗教等内容的渴望和追求，这些内容与有形的看得见摸得着的物质形式相比，有着明显的差异。由于精神性需求的各种具体内容在内涵上存在着相互交叉的现象，因而笔者不打算把它们分开来论述，而是把它们集中起来，统一用“精神形态”这一概念来指称。精神形态的特征主要表现在三个方面：其一，精神形态具有形而上性。所有分门别类的精神成果和精神产品，无论它们在具体形式上如何千差万别，但从本质上说，它们都是看不见摸不着的。因为严格说来精神成果和精神产品只存在于创造者的头脑中，它们虽然没有形状和颜色，虽然没有软硬、长短、大小之分，但它们一直处于川流不息、日夜奔腾的状态。它们一旦成型，就会通过思想或者艺术特有的方式呈现出来，并开始发挥其他东西所无法取代的作用。精神形态尽管不易捉摸，但仍可以通过主体的听觉或视觉去获取。语言、文字和图像等就是了解和认识这些精神形态的重要手段。其二，精神形态具有内在性。如前所述，精神形态具有不易把握的特征，这种特征就决定了精神形态不像物质形式那样明明白白，可以随时随地呈现于人们的视野之中，而是深藏于内，如果不经过专门训练、反复思考和抽象提炼就无法获得，同样，这些经过创造者精心打磨出来的智慧结晶如果不借助于物质形式，它们也难以呈现于世人眼前。精神形态就其内容和本质来说是非物质性的，可是由于其自身的特殊性，它仍需借助于物质形式才能得以显现。其三，精神形态具有持久性。与物质形式相比，精神形态持续的时间更长。无论是精神成果还是精神产品，它们一旦以成熟的形态诞生，作为学习者、吸收者或者作为享受者都不可能一次就把它们消费掉。换言之，精神形态的生命不是暂时的、短期的，而是可以多次享用的、长期的。“文章千古，功名一时”说的就是精神形态具有持久性，利益和名望则只是转瞬即逝的过眼云烟。精神成果和精神产品的这种持久性特征表明：任何貌似强大的、不可一世的、豪华的、显赫的物质利益，在真正经得住推敲的精神成果和精神产品面前，都显得自

① F. 培根著，东旭等译：《培根论说文集》，海南出版社，1995 年版，第 220 页。

惭形秽甚至不堪一击。[①]

通过对上述社会性需求和精神性需求的内容及特征的分析，我们发现，一直处于物质性需求和感官性需求之外且一向被纵欲主义者所漠视的道德和名誉以及各种精神形态，其实并非可有可无，它们都是人的全面性需求所不可或缺的重要组成部分。

## 二、片面性需求的弊端

纵欲主义者无视需求的社会性存在和精神性存在，而只专注于需求的物质性存在和感官性存在，这是需求片面性的表现，其弊端不言而喻：

首先，片面性需求会加剧整个社会的世俗化程度。具体表现在：第一，世俗化与物质性需求和感官性需求不谋而合。世俗与高贵相对立，主要是指把功利作为人生的唯一动机或最终归宿的想法、说法和做法。世俗者的内心已经完全被功利所占据，他们与人交往时开口闭口谈功利，在行为举止上也处处体现出功利。世俗者精神境界不高，他们鼠目寸光、视野狭窄，他们对宏观事物漠不关心，对事物的根源、规律和原理不感兴趣，他们从不深究世界的本质是什么，从不过问人生的价值和意义何在，从不思考人为什么活着、怎么活着之类的问题。也就是说，他们对形而上的存在物缺乏热情，而对形而下的东西津津乐道，对凡俗的、日常的、琐碎的、鸡毛蒜皮的小事激情满怀。世俗者的话语体系总是与钱有关、与利有关、与性有关，他们逢人便说吃一顿饭花了多少钱，买一件衣服花了多少钱，住一晚上宾馆花了多少钱，坐轮船的头等舱花了多少钱，曾经拥有过多少女人，现在还拥有多少女人，战胜了对手盈利多少，被对手算计了又损失多少，等等。他们总是对此兴味盎然、没完没了。一个人偶尔表露出世俗的特征情有可原，如果这个人自始至终都给人一种俗不可耐的印象就很值得警惕；个别人身上残留着少许的世俗气息也无须大惊小怪，如果社会上的绝大多数人都是如此，形势就已经非常严峻。物质性需求和感官性需求与上述表现不但具有内在关联，它们之间在相当大的程度上还存在着重合，因此，如果说片面性需求就是指物质性需求和感官性需求的话，那么，这种片面性需求不但会导致整个社会世俗化的出现，而且还可能会加剧整个社会世俗化的程度。第二，世俗化与社会性需求和精

① 蔡贞明著：《欲望论》，西南交通大学出版社，2010 年版，第 72 页。

神性需求格格不入。孔子说："君子喻于义，小人喻于利。"[①] 在孔子看来，义与利两相比较，由于义的层次很高，它代表的总是高贵的气象和品质，因而只有君子圣贤的理想人格才能与之匹配；而利的层次很低，它隐含的总是世俗的见识和做派，因而只有凡夫俗子才会念念不忘利益的得失问题。董仲舒说："正其谊不谋其利，明其道不计其功。"[②] 董仲舒的看法与孔子类似。董仲舒认为，谊和道至高无上、神圣至极，而利和功都是等而下之的东西，如果人们无意谋求煌煌大道而只图追逐蝇头小利，他们的精神品味就会严重下滑，浩然正气就难以重见天日。孔子和董仲舒的思想显示出与世俗化的深刻对立。从未受到世俗化困扰和裹挟的人，在社会生活方面，往往乐于参与各种社会活动，并试图通过社会活动的参与来确立自身的位置，把与他人的沟通和交流看作是增进友谊的良好机会，在社会交往中，能够"见贤思齐焉，见不贤而内自省也"[③]，对他人施以仁爱和关怀，把道德境界的提升作为一种自觉自愿的行为，时时刻刻注意自己的一言一行、一举一动所可能给整个社会带来的正面或负面影响。在精神生活方面，把对文化知识的学习和吸收视为人生最大的乐趣，把对精神产品的创造和生产作为自己坚定不移的努力方向和理想追求，能够做到"学而不厌，诲人不倦"，展现出积极有为和自强不息的精神风貌，把人类的一切文明成果和精神食粮奉为至宝和圭臬。力争百尺竿头，更进一步，以达到尽善尽美，精益求精。这些在社会生活和精神生活方面所体现出来的所作所为，明显与那种只想吃喝玩乐、只知吃喝玩乐、只谈吃喝玩乐的俗不可耐的人生境界大相径庭。从这个意义上讲，社会性需求和精神性需求不仅是物质性需求和感官性需求之外的需求，而且是物质性需求和感官性需求之上的需求，因为它们具有形而上的特征。具有社会性需求和精神性需求的人高度关注宏观事物，不但对事物的根源、规律和原理充满好奇，而且还要深究世界的本质是什么，不但要过问人生的价值和意义何在，而且还要思考人为什么活着、怎么活着之类的问题。由于社会性需求和精神性需求具有某种高贵性特征，因而它们与物质性需求和感官性需求自然不能相提并论。一般情况下，过于重视物质性需求和感官性需求的人往往会轻视或仇视社会性需求和精神性需求。同样，把社会性需求和精神性需求看得高于一切、重于一切的人也会对物质性需求和感官性需求不屑一顾。物质性需求和感官性需求与社会性需求和精

① 《论语·季氏》。

② 班固撰：《汉书·董仲舒传》。

③ 《论语·里仁》。

神性需求之间所表现出来的深刻对立，其实就是世俗化和高贵性之间的深刻对立，因为世俗化在某种意义上就是物质性需求和感官性需求的同义语，而高贵性则是社会性需求和精神性需求的代名词。

其次，片面性需求只会让人停留在接近于动物的层次上。荀子说："水火有气而无生，草木有生而无知，禽兽有知而无义；人有气、有生、有知亦且有义，故最为天下贵也。"① 荀子把道德礼义作为人与无生命之物、人与植物、人与动物相区别的根本标志，在荀子看来，不履行必要的道德义务、不遵守严格的道德准则、缺乏高尚的道德追求的人严格说来都算不上真正的人。人与动物之间的区别主要表现在：第一，动物和人都有物质性需求，这是二者的共同之处。而在吃喝问题上，动物通常只要求吃饱喝足，人不但对吃喝对象的数量和质量有要求，而且对吃喝对象的内容和形式也有要求。最为重要的是，人即使在非常饥渴的状态下，在吃喝问题上也会遵守一定的秩序，讲究一定的礼仪，并能表现出忍嘴待客、相互谦让等独特而可贵的品质。第二，动物和人都有感官性需求，这也是二者的共同之处。动物只满足于种的繁衍，而人并不仅仅停留于此，人还希望获得刺激、快乐、销魂和陶醉，动物不会把性与其他的东西联系起来，人却会把性与情感、道德、责任、长相、性格、名誉、金钱、权势、地位等联系在一起。第三，动物无所谓道德和名誉，既没有善与恶的判断，也没有好与坏的评价。动物既不会因为自己善良而沾沾自喜，也不会因为自己凶恶而羞愧难当；既不会因为自己名声很好而情绪高涨，也不会因为自己声名狼藉而心情沮丧。动物只是本能地顺应自然，并设法把自己的生命延续下去。人却有着强烈的社会性需求，也就是有道德和名誉的需求。人们很在乎自己在他人心目中是德高望重的形象还是卑劣猥琐的形象，很在乎自己是属于善良之辈还是属于邪恶之徒，人们的道德意识、道德观念和道德准则正是在这种社会舆论和评价体系中慢慢形成的，它为社会的有序和谐奠定了坚实基础。第四，动物不存在什么精神性需求，它们既没有读书、读报的能力，也没有看电影、看画展的愿望，动物当然更不会去创造艺术作品或从事科学研究。人却有独特的精神性需求，这具体表现在人不但有继承和借鉴一切有益的文化成果的趋向，而且还有创造和生产精神成果的强烈意愿和实际行为。从上述分析我们得知，人与动物在物质性需求和感官性需求方面存在着共同之处，而在社会性需求和精神性需求方面却没有共同之处。人之所以不同于动物，人之所以高于动物，人之所以拉开了自己与动物之间的差距，其主要原因

① 《荀子·王制》。

就在于人存在着社会性需求和精神性需求。如果人放弃了这两种将自身与动物区别开来的需求，也就是说人如果只剩下片面性的需求，只剩下物质性需求和感官性需求，人与动物就没有多少差别了。此时，如果说人尚未完全与动物处于同一层次，至少人已经非常接近动物了。

总之，人是世界上需求最繁多、最全面的一种动物。鉴于此，在事关需求的态度上，既不能片面地强调本能需求而忽视非本能需求，也不能片面地强调非本能需求而忽视本能需求，应当坚持需求的协调性和全面性的统一。同时，由于人的需求客观上存在着一定的不平衡性，因而，也不能在本能需求与非本能需求之间简单画等号，搞绝对的“平均主义”，而应当适当体现出需求的主与次，亦即适当体现出需求的重点和非重点。

## 第二节　现实困境

### 一、人是生产者与消费者的统一体

生产与消费密不可分，它们之间的关系是手段与目的的关系。没有生产就没有生产成果，消费也就缺少了对象或内容，同样，没有消费不但生产的成果难以消化，而且主体的生产能力也难以得到恢复。因此，生产与消费虽然不能简单替代，也不能随便混淆，但它们之间通常是相互依赖、彼此推动的。一般来说，人既要生产又要消费，是生产者与消费者的统一体。但如果从人的整个生命历程的视角来对这种双重身份进行仔细考察，我们就会发现，人的这两种身份或者说人所扮演的这两种角色其实并非自始至终都处于同一状态，换言之，生产者与消费者在人生的整个过程中总体上呈现出有分有合、分合结合的特点。我们据此把生产者与消费者的结合与分离状态分为两个不同的阶段。

第一个阶段是消费者阶段。消费者阶段又包括两个不同的时期，第一个时期是未成年时期，第二个时期是老年时期。未成年时期的起点是人出生之后，终点是成年之前。它大致包括婴儿时期、幼儿时期、童年时期、少年时期和青年时期。从年龄上看，大概在 1 岁到 20 岁之间，时间跨度为 20 年[①]。在这一时期，人们的身体和心理还未得到充分成长，也还没有完全发育成熟。他们不仅没有独立生产的能力，而且也没有自理生活的能力。在这一时期，人们的体力较弱，智力尚未达到完全开化的状态，其记忆能力、理解能力、判断能力、分析能力、归纳能力和创造能力都还处于起始和发展状态，因而，他们的主要任务是到学校里接受专门的教育，学习文化科学知识，以为将来从事各种职业奠定基础并做好准备。在这一时期，他们的食、衣、住、行或者说生活来源几乎全部由父母负责，他们有时可能也会协助父母去做一些力所能及的事务，但由于其主要任务并不是从事生产活动，他们的体力和脑力的承受能力还不强，因而，他们所扮演的仍然不是纯粹生产者的角色，他们所起的也还不是主导和支配作用。可喜的是，在这一时期，人们的身体和心理、体力和脑力都处于蓬勃上升的状态，并且亟待完善和成熟。不管怎样，身处这个时期的人们都属于被抚养的对象。老年时期的起点是 60 岁之后，终点是生命的终结。从年龄上看，大概在 60 岁到 100 岁之间，极少数寿命特别长的也可能延长到 100 岁以上。这一时期的时间跨度难以固定，其主要原因在于每一个人的寿命不完全等同。在这一时期，人们的身体和心理逐渐从圆满走向残缺，体力和脑力也从巅峰慢慢下降直至低谷。在这一时期，人们很容易患上各种疾病，记忆能力、理解能力、判断能力、分析能力、归纳能力和创造能力渐渐一日不如一日。在这一时期，人们的首要任务已经不是独立地从事生产活动，而是谨小慎微、小心翼翼地呵护自己脆弱的生命，以使身体保持健康、生命得以延续。尽管他们在子女忙于生计时也会帮助料理家务并照顾自己的孙子女和外孙子女，但这实际上已经不属于他们自己的分内职责，而明显带有非义务的性质。在这一时期，因为视力和听力日渐衰退和心态愈益苍老之故，人们的收入不但不会大幅度增加而且还会逐日减少甚至没有收入，自己食、衣、住、行、医所需的花费往往入不敷出，通常需要由自己的子女全部承担，或者需要得到政府更多的关心和帮助。因此，身处这个时期的人们无疑都属于被赡养的对象。

第二个阶段是生产者与消费者合而为一的阶段。这一阶段的起点是成年之后，终点是老年之前。从年龄上看，主要在 20 岁到 60 岁之间，时间跨度大约是 40 年。在这一阶段，人的身体和心理都达到了完善和成熟的状态，体力强壮、精力旺盛，生命充满着活力，智力达到最高水平。人们的记忆能力、理解能力、

① 此处所做的划分及界定是就人身体和心理的生长和发育的一般状况而言的，并非法律意义上或其他意义上的划分及界定。下同——笔者注。

判断能力、分析能力、归纳能力和创造能力都远远地超过了消费者阶段，也就是未成年时期和老年时期，它被视为人生的黄金时代。在这一阶段，人们的欲望繁多而强烈，他们对生活充满热情，对未来满怀信心。在这一阶段，人们不仅仅是消费者，更重要的是生产者，他们是生产者与消费者的结合体。他们把成年之前学到的一切文化科学知识应用到生产实践之中，他们对任何事情都怀有浓厚的兴趣，乐于提高自己生产的技能和技巧。在这一阶段，人们都能从自身的实际情况出发去从事各种职业。作为工人，他们会努力提高自己的业务水平，以生产出各种质量过硬的产品；作为农民，他们会精耕细作，以种植出大量的粮食；作为科研人员，他们不但全面调研，而且深入思考，以期拿出更多经得住时间和历史检验的精品力作；作为商人，他们会千方百计地提供优质的服务以满足不同人群的多样化需求。在这一阶段，由于年轻力壮，所以人们生产的积极性、主动性和创造性总是空前高涨，他们希望把自己的聪明才智尽情地发挥并充分地释放出来，以最大限度地实现自我价值。在这一阶段，他们不但能够轻松地解决自己食、衣、住、行、乐所需的一切费用问题，而且还能够创造出高于自己生活所需的数倍、数十倍甚至数百倍的利益。当然，在这一阶段，他们的责任也很重大，因为上有老下有小的缘故，他们得养家糊口，也就是说，他们除了要负责自己的吃喝拉撒之外，家庭其他成员的吃喝拉撒也是他们义不容辞的责任。很明显，这个阶段不仅是人们自食其力的阶段，而且是人们要对子女承担起抚养义务、要对父母承担起赡养义务的阶段。

上述情况表明，人们的消费行为贯穿于他们生命的全部过程，而他们的生产行为才是其中的一个部分，占大约二分之一的样子。这样，以较短时间的生产来为较长时间的消费制造和提供维持生命所需的一切对象或内容，压力之大和难度之高可想而知。但不管人生可以分为几个不同的阶段，不管这些阶段生产者与消费者的结合和分离呈现出何种特点，一句话，生产者与消费者都已经实现了真正意义上的结合。这种结合虽然只是阶段性的而不是持续性的，虽然只是短暂的而不是永久的，但生产者与消费者的结合已经成为无可辩驳的事实。能够产生这一结果主要基于两个方面的原因：一方面，主体在客观上已经具备了进行生产的能力。他们既不是处于年幼体弱的状态，也不是处于年老体衰的状态，而是处于年富力强的状态。另一方面，主体在主观上有进行生产的意愿，他们与好吃懒做者拉开距离，不但一心一意埋头苦干，而且自始至终胸怀理想。正是因为客观能力与主观意愿的有机结合，才使得生产与消费并行不悖，生产者与消费者融为一体。与此同时，它们的结合也呈现出了不同寻常的意义。首先，这一结合使主体本人须臾不可或缺的吃、穿、住、行等通通得到了妥善解决，主体性需求的满足问题也一并得到了解决。其次，主体在未成年时期和老年时期作为一个单纯的消费者所消费掉的所有利益得到了应有的补偿和填充。再次，主体具备了支付其家庭成员生活和学习所需的一切费用的全部能力，这主要体现在对未成年子女的抚养和对老年父母的赡养两个方面。最后，主体的不懈努力和顽强拼搏，为社会创造了丰富的物质财富和精神财富，它大大减轻了政府的财政负担，为整个社会营造和平安宁的氛围创造了有利的条件。

## 二、生产者与消费者的分离

与常人相比，纵欲主义者的特殊之处在于，他们未能把生产者与消费者很好地结合起来，也就是说，他们没有同时扮演作为生产者与作为消费者这两种一身而二任的角色。如前所述，常人由于生产者与消费者的结合和分离呈现出不同特点而被分为两个不同的阶段，在纵欲主义者那里，却没有这两个阶段。纵欲主义者当然也要经历从出生到死亡的过程，当然也要经历婴儿时期、幼儿时期、童年时期、少年时期、青年时期、中年时期、老年时期等各个不同的时期，当然也要受制于作为生物的一员的发生、发展和灭亡的规律，当然也无法摆脱生物物种的生灭过程。但纵欲主义者的与众不同之处在于他们没有作为生产者出现，也就是说，他们没有扮演过生产者的角色，他们也不准备扮演生产者的角色。在此情况下，纵欲主义者作为消费者就不是阶段性的而是持续性的，就不是暂时的而是永久的。具体表现为：纵欲主义者虽然身体和心理都达到了完善和成熟的程度，体力强壮、精力旺盛，生命显示出活力，智力达到较高水平。他们的记忆能力、理解能力、判断能力、分析能力、归纳能力和创造能力虽然都像其他同龄人一样远远地超过了未成年人和老年人，但他们并没有充分发掘和利用自身的这些优势。纵欲主义者虽然欲望非常强烈，他们也在想方设法地通过各种手段去满足自己的欲望，但是这些手段不仅经不住推敲，而且还带有或多或少的社会危害性。纵欲主义者虽然完全可以扮演生产者与消费者的角色，虽然能够成为生产者与消费者的结合体，但他们总是放弃自己的生产者角色，而只扮演消费者的角色。于是，他们不亲自投身于生产实践，对为社会创造财富缺乏浓厚的兴趣即在情理之中。不仅如此，他们还会把提高生产的技能和技巧等视为卑贱的行当。纵欲主义者不会从自身实际情况出发去从事各种职业。不会像工人那样去努力提高自己的业务水平，以生产出各种质量过硬的产品；不会像农民那样去精耕细作，以种植出大量的粮食；不会像科研人员那样去进行全面调研和深入思考，以期拿出更多经得住时间和历史检验的精品力作；不会像商人那样去千方百计地提供优质的服务以满足不同人群的多样化需求。纵欲主义者虽然年轻力壮，但他们生产的积极性、主动性和创造性严重缺失，即使有一定的聪明才智他们也不会将其尽情地发挥并充分地释放出来用在正道上。纵欲主义者不通过自己的劳动和双手去解决自己食、衣、住、行、乐所需的一切费用问题，更不要说能够创造出高于自己生活所需的数倍、数十倍甚至数百倍的利益。纵欲主义者缺乏责任意识和担当精神，即使他们上有老下有小，他们也可能不管不问，但如果他们大肆挥霍之后仍有剩余，由于自私的缘故他们也可能会考虑家庭其他成员的吃喝拉撒，纵欲主义者从不为社会承担任何必要的义务。

把纵欲主义者的上述表现综合起来，我们发现，纵欲主义者不从事生产活动不是因为他们缺乏生产的能力：既不是因为他们的身体没有达到完善和成熟的程度，也不是因为他们的心理存在着任何缺陷；既不是因为他们的体力弱小，也不是因为他们的智商低下。最主要的根源在于他们在主观上缺乏生产的意愿。这主要出于两个方面的原因：一则因为他们已经养成了好吃懒做和坐享其成的习惯，二则由于有现存的消费对象或内容可供他们消费。在这种情况下，他们就自然而然地成了地地道道的消费者。在他们看来，生产完全是与己无关的事情，生产者的角色完全是别人扮演的角色。这样，在别人那里生产原本应与消费相联系，在他们那里就被完全割裂了开来，在别人那里生产者原本应与消费者合而为一，在他们那里却出现了彼此分离的奇特状态。

消费离不开生产，消费者与生产者不能长期处于分离状态。但在纵欲主义者那里，活生生的现实却是：消费完全离开了生产，消费者与生产者长期处于分离状态。那么，纵欲主义者是不是会因为自身没有参与生产就无法生存下去呢？是不是因为自己没有扮演生产者的角色而会导致他们失去生活的来源呢？回答是否定的。他们不但生存不会受到任何影响，而且还一直在谋求“发展”，他们不但不会失去生活的来源，而且他们对于生活的要求还很高，无论是在消费品的数量和质量（素质）上，还是在消费品的内容和形式上，他们都有超越于常人的需求。他们之所以能够过着不劳而获、游手好闲的生活，主要有以下原因：一是由于制度的缺陷而使他们获得了某种特权。这种特权就是不生产只消费的特权，就是不扮演生产者角色而只扮演消费者角色的特权。不仅如此，纵欲主义者还拥有在消费品的数量、质量（素质）、内容、形式方面都远远高于常人的特权。这种现象在中国的帝制时代相当普遍。二是前辈为他们留下了一大笔遗产。此时的纵欲主义者所展示出来的就是人们常说的纨绔子弟和花花公子形象，他们过着衣来伸手、饭来张口的自由自在的生活。三是通过不法手段获得生活资料。比如，以公开的方式去抢劫或抢夺国家、集体和个人钱物，以秘密的方式去盗窃国家、集体和个人钱物，以蒙蔽受害者的方式去诈骗国家、集体和个人钱物，以赌博的方式去获取他人的钱物。凡此种种，都是纵欲主义者不参与生产、不扮演生产者角色而只参与消费、只扮演消费者角色的形形色色的表现，这也成了纵欲主义者不付出任何代价，不花费丝毫体力和脑力而照样过着逍遥自在、花天酒地的生活的重要原因。

由纵欲主义者所引发的生产与消费的脱节以及生产者与消费者的分离会产生什么不利影响呢？第一，生产与消费的脱节以及生产者与消费者的分离会给社会提供不良误导，也就是说，它会使社会生活中的一部分人不再老老实实地坚守在生产岗位，而把自己的心思和精力转移到消费上面，这势必造成整个社会的生活资料的严重匮乏。第二，生产与消费的脱节以及生产者与消费者的分离不利于经济的发展和科技的进步，人们丧失了继续钻研业务的热情，不再把在生产过程中充分展示自己的实力作为一种荣耀和快乐，而会把进行生产活动看作让人苦不堪言、难以忍受的差事。第三，生产与消费的脱节以及生产者与消费者的分离会大大地加重社会的负担。因为不但纵欲主义者本人的生活来源需要靠社会的其他成员来提供，而且其家庭成员所需的吃、穿、住、行等费用也要由社会的其他成员来承担，如此，社会的负担就会很快接近极限。如何才能使这一问题得到有效解决？如何才能让生产与消费不再脱节并让生产者与消费者重新结合起来？如何才能使纵欲主义者的存在空间受到应有的限制？如何才能使纵欲主义者的地盘迅速地缩小？这需要借助于制度、法律和道德等多种手段才能完成。当制度、法律和道德形成了强大合力之后，纵欲主义者就会慢慢地失去自己的立足之地和容身之所，如果要谋求继续生存，他们只有走上生产岗位，否则就没有别的出路。

# 第九章　纵欲主义的不利后果

纵欲主义的倡导和蔓延存在着诸多不利的后果，这些后果从主体身体所能承受的限度、满足内容的供求状况、主体的日常生活状态、人与人之间的无谓竞争、对和平安宁环境的影响及对约束机制的冲击等方面清晰地体现出来。

## 第一节　突破身体健康底线

### 一、身体的功能

身体是生命的载体，它由大大小小的器官和许许多多的组织构成，这些器官和组织有机联系、密切配合，它们共同组成一个复杂、精致而庞大的生命系统。身体健康与否，直接关系到生命的存亡。人们爱惜自己的生命首先就应从保护自己的身体开始。身体一旦出了问题，那就意味着生命受到了某种程度的威胁。因而，对于身体的呵护其实也就是对于生命的关爱。

身体具有实用和审美两种功能。实用功能是身体的主要功能，它包括两个部分：一个部分是生产功能，另一个部分是消费功能。脑、手、脚、肩和背等是人体的重要生产器官和组织，它们的职责是直接参与生产活动。脑力劳动主要靠脑来完成，而体力劳动则主要由手、脚、肩和背等来承担。没有这些负责生产性任务的器官和组织，人们的生产活动就难以开展。嘴、牙、舌、喉、肠和胃等则是人体的重要消费器官和组织，缺少这些承担消费性职责的器官和组织，人们的消费活动也难以顺利进行。而无论是生产性器官和组织还是消费性器官和组织，它们都离不开其他器官和组织的协助和配合，因为它们虽然非常重要，在生产活动或消费活动中一直占据主导地位并起着支配作用，但如果没有其他那些辅助性的器官和组织的协助和配合，单纯依靠自己，它们肯定也不能独立完成自身的任务和职责。人们为了维持自己的生命，不但要通过身体去从事生产活动，以获得满足自己生存和发展所需的食物、衣物、住房和交通工具及性满足对象，而且还要通过身体对生产出来的那些食物、衣物、住房和交通工具及性需求对象进行消费，从而使自己在生产过程中被消耗掉的体力和脑力得以有效恢复。

人的身体虽然都具备生产和消费这两种实用功能，但并不是所有的人在不同时期他们身体的实用功能都是完全相同的，换言之，人的身体的实用功能虽然具有一定的共同性，但也不能忽视它们之间差异性的客观存在。人的身体的实用功能的差异性是通过横向和纵向两种方式进行比较的结果，具体表现在：第一，不同个体身体的实用功能存在着一定的差异性。这是进行横向比较的结果。例如，张三和李四分别是两个不同的个体，张三为男性，李四为女性，他们二人的身体差异首先从身体的外形上反映出来：张三高，李四矮；张三胖，李四瘦；张三重，李四轻。把这些零碎的印象综合起来之后，张三就给人以身材魁梧的印象，李四则给人以身材娇小的印象。如果再接着考察，我们会发现，由于张三的体型高大、李四的体型瘦小，因而，那些用于从事生产性或消费性活动的人体器官和组织，比如两人的头、手、脚、肩、背、嘴、牙、舌、喉、肠、胃等均存在着比较明显的差异。在这种情况下，张三在干重体力活等生产性活动中力气较大，生产能力较强，生产效率较高；李四力气较小，生产能力较弱，生产效率较低。而在从事技能技巧类的生产性活动中，李四力气虽小，但灵活性较好，生产能力较强，生产效率较高；而张三力气虽大，但灵活性较差，生产能力较弱，生产效率较低。在吃、喝等消费性活动中，张三的消费意愿狂热，消费功能较强，消费量较大；李四的消费意愿淡薄，消费功能较弱，消费量较小。而在穿着打扮等消费性活动中，李四的消费意愿繁多，消费功能较强，消费量较大；张三的消费意愿单一，消费功能较弱，消费量较小。由此可见，在性别不同的两个个体之间，由于他们自身的生理机能不同及所从事的工种有别，因而他们身体的生产功能存在着较大差别。同时，由于他们消费意愿上的差异，因而他们身体的消费功能也表现出不尽一致的情况。性别不同的两个个体之间身体的实用功能如此，那么，性别相同的两个个体之间是否存在着类似的情形呢？回答是肯定的。在性别相同的两个个体之间这种差别依然存在，只不过是程度不同而已。第二，同一个体身体的实用功能在不同时期也存在着一定的差异性。这是进行纵向比较的结果。例如，一个人在其生命的全部历程中，往往要经历婴儿时期、幼儿时期、童年时期、少年时期、青年时期、中年时期、老年时期。在不同时期，这个人身体的外形存在着一定的差异。一般来说，未成年时期个子矮、体型瘦、体重轻；到了中年时期，他（她）身体的外形就发生了明显变化，个子高，体型胖，体重重；到了老年时期，他（她）身体的外形仍在继续发生变化，从挺拔到逐渐萎缩，从笔直到逐渐佝偻，从肥胖到逐渐瘦弱（因病致胖的情况除外）。与此相联系，这个人身体的实用功能也存在着一定的差异。在生产活动中，未成年时期，他（她）体力弱小，智力水平有限，生产能力不强，生产效率不高；到了中年时期，他（她）体力强大，智商达到最高水平，生产能力很强，生产效率很高；到了老年时期，由于体力变小，记忆力衰退，反应迟钝，他（她）生产能力变弱，生产的效率就慢慢下降。在消费活动中，未成年时期，他（她）消费功能较弱，所需消费品数量较少；到了中年时期，他（她）消费功能极强，所需消费品数量很多；到了老年时期，他（她）消费功能渐弱，所需消费品数量又逐日减少。

说人的身体具有生产和消费两种实用功能，并不意味着身体所拥有的这两种功能随时都能够发挥作用。也就是说，人的身体要能正常凸显其应有的功能必须具备一定的前提。这里的前提是指无论是从事生产活动还是进行消费活动，人的身体都存在着一个“度”的问题。身体的“度”就是身体的边界和限度，这种边界和限度不能被随意突破，亦即身体的承受能力不能被任意超越。当一个人连续生产的时间长达100小时之后，在他身体的边界和限度被大大地突破的同时，他身体的承受能力也被无情地超越了，此时，这个人可能就会土崩瓦解；当生产任务重得让人喘不过气来，生产者又没有获得片刻休息的时间，这样，这个人的身体也会被这种繁重的任务活活压垮。从事生产活动如此，进行消费活动是否就很轻松自如呢？回答是否定的。虽然消费不像生产那样艰难，虽然消费比生产更有乐趣，事实上，消费如果突破了身体自身的边界和限度，消费如果超越了自身身体所能承受的能力，它同样会不堪重负，以至于变成一摊稀泥。吃喝是最常见的消费活动，吃得恰到好处和喝得适可而止固然无可厚非，但是原本三天吃的食物如果你一顿就将它吃完，那么，给你带来的肯定就不是正面的积极的好处而是负面的消极的恶果。如果十次才能喝完的烈酒你一次就把它喝掉，那么，你肯定也会为此付出沉重的代价。

审美功能是身体的次要功能。身体的审美功能关乎身体外形的美丑，它虽然不属于身体的主要功能，在主体性需求及其满足方面却起着至关重要的作用。从外形上看，一个人是美还是丑不但与他（她）五官的端正程度有着密切的关系，而且与他（她）身体各组成部分之间的比例也紧密相连。当一个人五官端正，身体各组成部分之间的比例处于恰当状态时，我们就说这个人的身体凸显出审美功能，他（她）的身体具有较大的审美价值；反之，当一个人缺鼻子少眼睛，要么体型过于肥硕，要么体型过于清瘦，要么体型比例严重失调，此时，我们就说这个人身体的审美功能没有得到应有的凸显，他（她）身体的审美价值很低，甚至审美价值为零。身体的审美功能一般应具备三个条件：一是协调性。协调性就是指身体的各个组成部分之间的比例适当。黄金分割率就是用来衡量身体的各组成部分之间的比例是否适当的一个通行的标准。二是对称性。由于人体上存在着眼睛、耳朵、乳房、手、脚等数对并存的器官或组织，正常情况下这些器官或组织在形状、面积、体积上都是完全相同的，因而，如果某一对器官或组织中的一个与另一个不完全一致时，我们就会认为它们不对称。比如，如果有个人的一只眼睛大另一只眼睛小，或者他的一只手长另一只手短，这个人的眼睛或手就会给人留下不对称的印象。三是生动性。生动性主要从人的面部反映出来，人的眼神、表情等是判断一个人是否生动的主要标志。如果一个人面无表情、目光呆滞，这无疑就是这个人缺乏生动性的具体表现。

实用功能与审美功能之间具有一定的关系。这种关系表现在：有的人既具备实用功能而又不乏审美功能，有的人则可能没有审美功能，他（她）的审美价值可能很小甚至为零，而作为一个活生生的生命，他（她）的实用功能（包括生产功能和消费功能在内）却是必然存在着的。对审美功能无须设置前提，一个人究竟是美还是丑，其审美价值是大还是小，都不会突破其身体的边界和限度，也不会超越其身体所能承受的能力。实用功能则不然。过度的生产或过度的消费都会突破身体的边界和限度，都会超越身体所能承受的能力。

## 二、逾越生理极限的危害

如前所述，纵欲主义者并不参与生产，并未扮演生产者的角色，而只参与消费，只扮演消费者的角色。也就是说，作为主体，他们并没有发挥其身体的生产功能，而只尽情地凸显其身体的消费功能。这样，由于他们不从事任何生产活动，因而其身体的边界和限度就不存在被突破或不被突破的问题，身体的承受能力也不存在被超越或不被超越的问题。纵欲主义者不但自始至终都参与消费，对消费品的数量、质量（素质）、内容和形式都有很高的要求，而且他们消费的重点主要集中在物质利益和感官色情两大领域，因而他们身体的边界和限度就免不了被随时突破，他们身体的承受能力也会被随时超越。

“出则以车，入则以辇，务以自佚，命之曰‘招蹷之机’。肥肉厚酒，务以自强，命之曰‘烂肠之食’。靡曼皓齿，郑卫之音，务以自乐，命之曰‘伐性之斧’。”① “耳不可以听，目不可以视，口不可以食，胸中大扰，妄言想见，临死之上，颠倒惊惧，不知所为。用心如此，岂不悲哉?”②《吕氏春秋》的上述言论无疑是在向人们提出善意的警告。这就是，纵使主体的欲望再强烈，纵使满足欲望的对象再迷人，主体也不能不加节制，纵欲无度，而应在其身体许可的范围内行事，既不能突破自身身体的边界和限度，也不能超越自身身体所能承受的能力。如果逾越了生理的极限，结局就不堪设想。主体虽然一直想把吃喝玩乐置于首位，最后自己却丧失了吃喝玩乐的基本功能，主体虽然一直想生活得花天酒地，最后自己却无福享受这种花天酒地的生活。这不仅可怜而且可悲。

尽管这些善意的忠告不绝于耳，但并不意味着人们就将其铭记于心并时刻用来提醒自己。不仅如此，他们还执迷不悟，把纵情于声色犬马视为人生至乐，其危害性可想而知。这方面的例子在中国历史上并不少见。

汉成帝刘骜就是其中非常典型的一位。据史料记载：“赵后腰骨纤细，善踽步而行，若人手持花枝，颤颤然，他人莫可学也。在王家时，号为飞燕，入宫复引援其妹，得幸，为昭仪。昭仪尤善笑语，肌骨秀滑，二人称天下第一，色倾后宫。”“帝（汉成帝刘骜）日服一粒，颇能幸昭仪。帝一夕在太庆殿，昭仪醉进十粒。初夜，绛帐中拥昭仪，帝笑声吃吃不止。及中夜，帝昏昏，知不可，起，或仆或卧。昭仪急起，秉烛视帝，精出如涌泉，有顷，帝崩。”③ 上述引文的大意为：赵飞燕天生丽质，走路的姿势尤其独特动人，她因此而得到汉成帝刘骜的宠幸。入宫之后，赵飞燕把她的妹妹赵合德也介绍了进来，由于妹妹也长得花容月貌，因而同样博得成帝的宠爱，很快就被封为昭仪。赵氏姊妹的天姿国色不禁使众宫女黯然失色。成帝因抵挡不住二人的肉体诱惑，常常纵欲过度，在自身体力不支的情况下，便用一种能够增强性功能的药丸来作为弥补手段，这种春药只需口服一粒即效果显著，且没有什么副作用。一天晚上，由于昭仪大醉，误将十粒药丸一同让成帝服下，成帝随后举止反常，时而昏睡不醒，时而忽立忽卧。等到昭仪手持蜡烛仔细观看时，才发现汉成帝的精液汹涌而出，不多久，就一命呜

① 《吕氏春秋·本生》。

② 《吕氏春秋·情欲》。

③ 秦醇著：《赵飞燕别传》。

呼了。

北齐文宣帝高洋也与刘骜不相上下。他不但非常宠爱一位歌妓出身的薛贵嫔，还跟她的姐姐私通。除了皇后李氏，他对后妃总是喜怒无常，一旦厌烦就将她们杀掉。李皇后的姐姐是魏亲王元昂的妻子，因长得香艳迷人，高洋早就对她垂涎欲滴。后来借口到元昂家饮酒而同其调情。高洋想将李皇后之姊纳入宫中当三昭仪，但又担心她留恋丈夫，便用乱箭将元昂射死，欲火攻心的高洋竟然在元昂灵前把李皇后之姊奸污了，朝廷命官吓得从此不敢蓄美纳艳。年仅三十岁，高洋就已经不能吃饭，每天只靠几碗酒度日，最后死在昏醉之中。[①] 下述史料可以作为其所作所为的一个有力证据："既征伐四克，威振戎夏，天保六年，以功业自矜，遂留连耽湎，肆行淫暴。或躬自鼓舞，歌讴不息，从旦通宵，以夜继昼。或袒露形体，涂傅粉黛，散发胡服，杂衣锦彩。拔刃张弓，游于市肆，勋戚之第，朝夕临幸。时乘駞驼牛驴，不施鞍勒，盛暑炎赫，隆冬酷寒，或日中暴身，去衣驰骋，从者不堪，帝居之自若。亲戚贵臣，左右近习，侍从错杂，无复差等。征集淫妪，分付从官，朝夕临视，以为娱乐。凡诸杀害，多令支解，或焚之于火，或投之于河。沉酗既久，弥以狂惑，至于末年，每言见诸鬼物，亦云闻异音声。情有蒂芥，必在诛戮，诸元宗室咸加屠剿，永安、上党并致冤酷，高隆之、高德政、杜弼、王元景、李蒨之等皆以非罪加害。尝在晋阳以槊戏刺都督尉子耀，应手即殒。又在三台大光殿上，以锯锯都督穆嵩，遂至于死。又尝幸开府暴显家，有都督韩悊无罪，忽于众中唤出斩之。自余酷滥，不可胜纪。朝野憯憎，各怀怨毒。而素以严断临下，加之默识强记，百僚战栗，不敢为非，文武近臣，朝不谋夕。又多所营缮，百役繁兴，举国骚扰，公私劳弊。凡诸赏赉，无复节限，府藏之积，遂至空虚。自皇太后诸王及内外勋旧，愁惧危悚，计无所出。暨于末年，不能进食，唯数饮酒，曲蘖成灾，因而致毙。"[②]

明神宗朱翊钧（万历皇帝）也是一位地地道道的纵欲主义者。近代史学家孟森在他的《明清史讲义》中把神宗的晚期形象地称为"醉梦之期"，并说这一时期神宗"怠于临朝，勇于敛财，不郊不庙不朝者三十年，与外廷隔绝"。按照晚明名士夏允彝的说法，神宗怠于临朝的原因，先是因为宠幸郑贵妃，后是因为厌恶大臣之间的朋党斗争。某些学者则认为，主要是由于他爱抽鸦片、过度饮酒并沉迷于后宫。正是这些嗜好使他的身体逐渐虚弱。万历十七年（1589）十二

① 参见百度百科词条："高洋"。

② 李百药著：《北齐书·帝纪》。

月，大理寺左评事雒于仁上了一疏，疏中批评神宗纵情于酒、色、财、气，并献“四箴”。在处理这件事的过程中，神宗曾召见申时行等人于毓德宫中，“自辨甚悉”。神宗对内阁大学士们说：“他说朕好酒，谁人不饮酒？……又说朕好色，偏宠贵妃郑氏。朕只因郑氏勤劳，朕每至一宫，她必相随。朝夕间她独小心侍奉，委的勤劳。……朕为天子，富有四海之内，普天之下，莫非王土，天下之财皆朕之财。……人孰无气，且如先生每也有僮仆家人，难道更不责治？”明末社会确实好酒成风。清初学者张履祥记载了明代晚期朝廷上下好酒之习：“朝廷不榷酒酤，民得自造。又无群饮之禁，至于今日，流滥已极。……饮者率数升，能者无量。……饮酒或终日夜。朝野上下，恒舞酣歌。”意思是说，明代后期对于酒不实行专卖制度，民间可以自己酿酒，又不禁止群饮，因而饮酒成风。酒喝得少的能喝几升，多的无限量，日夜不止，朝野上下都是如此。神宗好酒，不过是众多饮酒事例中的一例。至于说到好色，神宗在万历十年（1582）三月，就曾效仿他的祖父世宗的做法，在民间大选妃嫔，一天就娶了“九嫔”。至于贪财，神宗在亲政以后，查抄了冯保、张居正的家产，让太监张诚将这些家产全部搬入宫中，归自己支配。为了掠夺钱财，他派出宦官担任矿监税使，到各地四处搜括民财。由于酒色过度，致使神宗的身体极为虚弱。万历十四年（1586），年仅24岁的神宗传谕内阁，说自己“一时头昏眼黑，力乏不兴”。礼部主事卢洪春为此特地上疏，指出“肝虚则头晕目眩，肾虚则腰痛精泄”。万历十八年（1590）正月初一，神宗自称“腰痛脚软，行立不便”。万历三十年（1602），神宗曾因为病情加剧，召首辅沈一贯入阁嘱托后事。神宗处理政事的主要方法是通过谕旨的形式向下面传递。万历三大征中对于边疆大事的处理，即是通过谕旨的形式而不是大臣们所希望的“召对”形式。三大征结束之后，神宗甚至连对大臣们的奏章批复的兴趣都没有了。神宗荒怠的情形由此可分为前后两个阶段：前一阶段是不愿意上朝听政，后一阶段是连大臣们的奏章也不批复，直接“留中”不发。①

清咸丰皇帝（爱新觉罗·奕詝）寿命很短，只活了31岁，这不能说与他沉溺于酒色没有丝毫关系。人们通常认为，咸丰皇帝的死因有四：一是恋美色。山西籍孀妇曹氏，风流姝丽，脚甚纤小，喜欢在鞋履上缀以明珠。咸丰帝将其诏入宫中，最为眷爱。二是喜丝竹。他把一个戏班挪到承德，上午唱叫“花唱”，下午唱叫“清唱”。冬天在屋子里演，夏天在“如意洲”演。三是贪美酒。咸丰贪杯，每饮必醉，而且大发酒疯。据史料记载：“文宗嗜饮，每醉必盛怒。每怒必

① 参见百度百科词条：“朱翊钧”。

有一二内侍或宫女遭殃，其甚则虽所宠爱者，亦遭戮辱。幸免于死者，及醒而悔，必宠爱有加，多有赏赐，以偿其苦痛。然未几而醉，则故态复萌矣。”四是好鸦片。咸丰即位不久，违背祖训，吸食鸦片，美其名曰“益寿如意膏”。早在北京时，咸丰帝因为被酒色掏空了身子而面黄肌瘦，时常咳嗽不止。医生开出药方，说鹿血可以滋阴壮阳，于是咸丰帝就养了百余只鹿，每天取血饮用。他后来到了热河，鹿群却留在北京。咸丰十一年（1861）七月，由于没有鹿血滋补，咸丰帝终于走到了死亡的边缘。①

把上述刘骜、高洋、朱翊钧、爱新觉罗·奕詝等四位皇帝的史实综合起来分析，我们不难发现他们都有一个共同点，那就是：纵情于声色犬马，沉溺于淫声艳语，吃喝玩乐，荒淫无度。最终结局都是由于身体极度虚弱，因而“心有余而力不足”，于是，一病不起，早早夭亡。究其原因，主要是他们在物质利益对象和感官色情对象面前，不能理性地克制自己。酒虽然让人想入非非，性虽然美丽迷人，但切不可逾越生理的极限。一旦逾越，一旦身体的边界和限度被突破，身体的承受能力被超越，身体的健康就无法得到应有保障。由于身体与心理往往联系在一起，因而，在身体健康得不得保障的情况下，人的心情也会郁郁不乐。同时，由于身体是生命的载体，因而，当身体不再健康，生命离终结的日子也就为时不远了。

## 第二节　造成需求对象短缺

### 一、需求对象何以短缺

需求主体与需求对象虽然密切相关，但它们之间并非一一对应的关系。具体说来就是生产者与消费者之间不对应，生产成果与分配结果之间不对应。需要说明的是，由于分配是消费之前的一个至关重要的环节，分配数量的多少直接决定着消费空间的大小和消费水平的高低，至于交换，则完全可以根据个人的实际情况进行。因而，考察生产者与消费者之间的非对应关系及生产成果与分配结果之间的非对应关系具有重要的意义。

① 参见百度百科词条：“爱新觉罗·奕詝”。

生产者与消费者之间的非对应关系主要表现在：第一，从生产者与消费者人数的对比看，消费者远远多余生产者。可以说，只要是生命处于存续期的人，他们无一例外都是消费的主体，他们都是消费的亲力亲为者，他们都免不了要吃喝拉撒，而要消费就需要有相应的生活资料或消费品作为对象或内容。这些生活资料或消费品通常包括食物、衣物、住房、交通工具等。它们究竟从何而来？谁能够源源不断地为消费者提供这些生活资料或消费品？这就成了摆在人们面前亟待解决的难题。如果有朝一日出现生活资料或消费品短缺的现象，将会产生什么后果？而在所有的消费者中，有一部分人比如说纵欲主义者是不从事生产活动的，也就是说，他们不是生产的主体，不是生产的亲力亲为者，而仅仅是旁观者或局外人。这样，以人数较少的生产者来养活人数较多的消费者，无形之中就为生产者增加了巨大的压力。第二，从生产者自身的情况看，生产者虽然是能够并愿意通过自己的劳动来养活自己的自食其力的人，但他们的生产周期与消费周期并不完全一致。也就是说，他们的生产周期短，而他们的消费周期长。生产者从一出生就是消费者，但并不是从一出生就是生产者。生产者直到临终前仍是不折不扣的消费者，但从老年时期开始他们就已经退出了生产领域，不再是真正意义上的生产者。生产者的消费过程涵盖了婴儿时期、幼儿时期、童年时期、少年时期、青年时期、中年时期和老年时期。从目前的平均寿命看，他们消费的时间跨度通常在 100 年之内，极少数寿命很长的可能还在 100 年以上。而他们的生产周期是成年之后和老年之前，即 20 岁到 60 岁之间，大约是 40 年的时间，显然，其生产周期只是其消费周期的二分之一。这样，生产者要在较短的生产周期内为较长的消费周期生产出能够满足自己需要的生活资料或消费品，其任务之艰巨可想而知。第三，不是所有的生产者都在从事生活资料或消费品的生产，在所有的生产者当中，有一部分人是专门生产生产资料的，也就是说，他们生产的是劳动工具，这些生产资料包括种类繁多的机器和大大小小的厂房等。既然是生产资料，就意味着既不能用来当饭吃，也不能用来当衣穿；既不能用来当房住，也不能用来当交通工具乘坐。但如果缺少它们，生活资料或消费品的生产就难以顺利进行。因此，生产资料的生产虽然不会产生生活资料或消费品并直接进入消费领域供人们消费，但从长远的角度看生产资料的生产又是不可缺少的。无论如何，这占去了一部分人力和物力，使原本就有限的生产者和资金的投入变得更加有限，以致出现雪上添霜的局面。第四，在所有的生产者中，有一部分人不生产物质生活资料，他们生产的是精神文化产品。①虽然这些精神文化产品从类别上看仍然属于生活资料或消费品之列，但精神文化产品需要消费者具备一定的文化素养并有一定的精神文化追求，比如说纵欲主义者就缺乏消费精神文化产品的需求。由于仍然有相当一部分人存在着这方面的需求，因而精神文化产品的生产依然是必需的。这样，把生产者中的这一部分人除去，实际上剩下来专门从事物质生活资料生产的生产者就已经寥寥无几了。第五，如果把生产资料与生活资料或消费品做一比较，出于生存的考虑人们首先会选择生活资料或消费品；如果把物质生活资料与精神文化产品进行比较，同样出于生存的考虑人们也会首选物质生活资料。这样，物质生活资料自然而然就成了所有消费者关注的中心和焦点。

生产成果与分配结果之间的非对应关系主要表现在：第一，生产资料虽然属于生产成果，但是由于生产资料不能直接用于消费，不能立即进入消费过程，因而所有消费者都不参与生产资料的分配。第二，精神文化产品虽然属于生产成果，但是由于对精神文化产品的消费有一定的条件和要求，因而，并非所有消费者都会参与精神文化产品的分配，而只有部分消费者参与分配并有实际的消费行为。第三，作为生产者与消费者一身二任的主体，他们的分配分为两种情况：一是他们作为单纯消费者的阶段。这一阶段包括他们的未成年时期和老年时期。在这个阶段，他们不是真正意义上的生产者，他们不参加生产活动，但他们要参与生活资料或消费品的分配。二是作为真正生产者的阶段。此时，他们既是生产者又是消费者，生产成果与分配结果就是在这个阶段才出现短暂的重合，也就是说生产与分配呈现出对应关系，或者生产与消费呈现出对应关系，生产者的劳动投入得到了回报（数量上并不一定完全对等）。第四，所有消费者都要参与物质生活资料的分配。由于物质生活资料为人类生存之必须，不管是从事生产活动的生产者，还是不从事生产活动的非生产者，他们都无一例外地要吃饭、穿衣、住房、出行，因此都需要从生产出来的成果中获得一定份额。第五，当货币成为一切利益的代表之后，消费者分配到的生活资料或消费品不一定是实物，而可能是一定数量的货币。当得到的货币数量越多，他们消费的空间就越大，自主权也就越高；当得到的货币数量越少，他们的消费空间就越小，自主权也就越低。但无论如何，他们都必须拿出一部分去购买物质生活资料，其余部分则可根据自己的

① 此处的“生产”和“产品”其实分别用“创造”和“成果”去取代更为准确。因为创造精神文化成果是一种不能重复的创造性劳动，它与印刷厂里印刷书籍、杂志、报纸的劳动存在着一定区别。之所以这样表述主要是为了方便起见。下同——笔者注。

实际情况决定开支的方向和用途。

上述生产者与消费者之间的非对应关系及生产成果与分配结果之间的非对应关系表明，需求对象的短缺已经到了刻不容缓的程度。纵欲主义者虽然不是生产者，不直接从事生产活动，没有任何生产成果，但他们仍然要参与对生活资料或消费品的分割，这分割到的生活资料或消费品不但被他们用来维持自身的生存，而且还被他们用来大肆挥霍和纵情享乐。他们获得生活资料或消费品的渠道通常有二：一是手中掌握的政治权力。帝王将相凭借着手中的政治权力，就可以完全以他们个人的主观意志为转移，想要什么就能得到什么，想要多少就能得到多少。“普天之下，莫非王土，率土之滨，莫非王臣。”[①] 从整体大于部分、部分属于整体的常理可知，连整个天下都是国王的，难道天下还有什么东西不是属于国王的？各级官吏凭借着手中的政治权力，就可以贪污受贿、为非作歹、聚财敛物、有利必图。二是违法乱纪所得。那些既不是帝王将相也没有一官半职的纵欲主义者只有采取抢劫、抢夺、盗窃、诈骗、赌博等常见手段才能获得不正当利益。一旦不正当利益到手，他们就会认为“得来全不费功夫”，于是出手阔绰，一掷千金，过着纸醉金迷的生活。更危险的是，纵欲主义者在需求对象数量上求多、质量上求优、内容上求全、形式上求变，这无疑会大大地加剧对原本就匮乏的需求对象争夺的激烈程度。

## 二、需求对象短缺的隐患

纵欲主义者不但不劳而获而且要求很高，这客观上加剧了整个社会需求对象短缺的严重程度，出现需求对象短缺这种局面是否存在着一定隐患？通过考察我们发现，需求对象短缺存在着以下隐患：

首先，会使社会成员产生明显的不公平感。第一，在所有生产者中，有一部分人是专门生产生产资料的，他们人数的多少通常由社会生产力的水平、科技发展的速度和扩大再生产的规模所决定。一般来说，社会生产力水平越高，科技发展速度越快，扩大再生产规模越大，对生产资料的需求越大，对生产资料的投入越多，所需的生产者人数就越多；反之，社会生产力水平越低，科技发展速度越慢，扩大再生产规模越小，对生产资料的需求越小，对生产资料的投入越少，所需的生产者人数就越少。而在所有的生产成果中，有一部分是生产资料。如果生

---

① 《诗经·小雅》。

产资料占生产成果的比例越大，那么，用来消费的生活资料或消费品就会越少；如果生产资料占生产成果的比例越小，那么，用来消费的生活资料或消费品就会越多。无论专门生产生产资料的人数是多还是少，无论生产资料占了生产成果多大的比例，这都是由客观的形势所决定的。因此，生产生产资料的生产者参与生活资料或消费品的分配并不会引起社会成员的不满情绪，社会成员也不会迁怒于这一部分生产者。第二，在所有生产者中，有一部分人是从事精神文化产品生产的，他们的生产成果具有一定的特殊性。人们消费了这些精神文化产品之后，思想文化素质会大大提高，道德境界和文明程度也会明显增强。如果人们不愿意消费，而把花在精神文化产品上的时间和精力用来干其他事情，似乎也无伤大雅，也就是说，也不会危及这一类人的生存。但是，从长远的角度看，社会越发展，精神文化生活的重要性就越突出，它在整个社会生活中所占的比重就越大。这样，生产精神文化产品的生产者参与生活资料或消费品的分配也不会引起社会成员的不满情绪，人们也不会对这部分生产者横加指责。第三，在所有生产者中，那些生产生活资料或消费品的生产者，他们只有一个短暂的阶段在从事实质性的生产活动，未成年时期他们没有参与生产，老年时期他们也没有参与生产，但在这两个时期他们都获得了能够满足他们生存所需的生活资料或消费品，这同样不会引起社会成员的不满情绪，也不会受到任何非难。原因在于，他们之所以没有参与生产并不是他们主观上有意为之，而是客观上他们并不具备生产能力。第四，纵欲主义者虽然客观上具备了生产的能力，主观上他们却缺乏参与生产的意愿。不从事生产活动从而不参与生活资料或消费品的分配是完全正常的。问题是，纵欲主义者虽然没有实际的生产行为，但照样能够获得一部分生活资料或消费品，这无论从理论上还是在实践中都是行不通的。根据按劳分配“多劳多得、少劳少得，不劳动者不得食”的原则，纵欲主义者就没有资格获得任何生活资料或消费品。从现实实际看，如果生活资料或消费品不是非常紧缺，那么，从人道主义的立场出发也可以对那些在生活方面面临暂时困难的人们给予适当的照顾，但由于各个方面的原因，生活资料或消费品就很紧缺，在此情况下，纵欲主义者还能分割到一部分生活资料或消费品来满足自身的需求就让人无法容忍和接受。这势必引起社会成员的极大不满，并遭到一切有正义感的人们的强烈抵制。

其次，会使社会成员产生极大的不安全感。从日常生活经验看，所有的生产者都是通过从事生产活动才获得满足其需求的生活资料或消费品的，区别在于不同的生产者付出劳动的多少不同，不同的生产者的生产成果数量有别。如果在所有社会成员中，突然出现一群没有付出任何代价、不参与任何形式的生产也能过上悠闲自得的生活的人，他们可能就会觉得极不正常，并会感到无比惊奇。要是这些无所事事、游手好闲的人还能过上远远超过一般人的神仙般的日子，他们肯定就会萌生出极大的不安全感。因为“天上不会掉下馅饼”是众所周知的事实。如果有一部分人生活得如鱼得水、风光无限，就一定有一部分人过着饥寒交迫、牛马不如的生活。之所以会出现这种离奇的情况，主要是因为那些一贫如洗的社会成员的生活资料或消费品被生活阔绰的社会成员无偿占有。生活拮据者虽然一年到头辛辛苦苦地从事生产活动，到头来他们分配到的生产成果却少得惊人。这些社会成员由于身处社会底层，无权无势，加之文化知识贫乏，所以尽管他们自己的劳动果实无端被他人窃取，他们自己往往一无所知。在他们的潜意识中，总是认为有一种无形的力量暗中在支配着他们的命运，有一只看不见的手在安排着他们的处境。于是他们就只能过着提心吊胆、战战兢兢的生活。虽然他们一如既往地埋头苦干，精打细算地过日子，他们还是不知道今天花了 10 元钱，明天那 10 元钱是否会如期到来。而那些置身于灯红酒绿、醉生梦死的环境中的人们，今天喝了 1 瓶五粮液，明天可能还要喝 10 瓶威士忌。两相比较，穷人的安全感就会荡然无存。中国封建时代的帝王们所过的生活在让人感到不可思议的同时还让人产生严重的不安全感。明世宗朱厚熜（嘉靖皇帝）具有一定的代表性。据史料记载，明世宗朱厚熜的后妃竟达 82 人之多。其中，皇后 4 人：陈皇后、张皇后、方皇后、杜皇后。皇贵妃 3 人：阎贵妃、王贵妃、沈贵妃。贵妃 3 人：马贵妃、文贵妃、周贵妃。妃 41 人：文恭妃、曹端妃、尚寿妃、杨荣妃、郑贤妃、沈安妃、卢靖妃、江肃妃、包宜妃、赵懿妃、陈雍妃、马贞妃、赵荣妃、张德妃、杨淑妃、王丽妃、徐永妃、王靖妃、于宜妃、宋宜妃、王宸妃、褚晏妃、褚静妃、张常妃、王庄妃、彭安妃、杜庄妃、王康妃、张和妃、高和妃、高安妃、张安妃、王徽妃、张淑妃、王贞妃、陈静妃、王怀妃、何睦妃、耿平妃、吴定妃、李顺妃。嫔 31 人：王宁嫔、李敬嫔、赵荣嫔、卢靖嫔、江恭嫔、任顺嫔；庄嫔王氏、惠嫔韦氏、常嫔陈氏、常嫔李氏、裕嫔王氏、怀嫔王氏、御嫔黄氏、宛嫔赵氏、常嫔马氏、常嫔刘氏、常嫔杨氏、常嫔张氏、康嫔刘氏、常嫔傅氏、常嫔张氏、常嫔刘氏、昭嫔张氏、常嫔武氏、宁嫔郭氏、静嫔田氏、安嫔孟氏、丽嫔宋氏、和嫔任氏、常嫔高氏、常嫔王氏。[①] 笔者之所以不厌其烦地把世宗的这些名分和姓氏俱全的成群的妻妾罗列出来，旨在说明一个问题，这就是：封建帝王对性需求对象的精挑细选及无偿占有。值得注意的是，这些对象不仅数量可

① 参见百度百科词条：“朱厚熜”。

观，而且质量上乘。假如那些大大小小的官员也仿效世宗的做法对剩下的性需求对象精挑细选并无偿占有，也像世宗一样自私贪婪，那社会将会是什么情景？在任何时代男女比例都大致相当的情况下，一个人因为手中掌握着绝对权力而可以随意挑选并占有量多质优的异性，更多的人除了眼睁睁地成为“怨女”或“旷夫”似乎别无选择。

最后，会使社会成员产生深刻的幻灭感。无数从事生产活动的社会成员通过自己艰辛的努力往往收效甚微。也就是说，他们付出的劳动多而获得的报酬少；他们的投入多而产出少；他们花费的代价大而收获少。那些不事稼穑的社会成员，没有任何付出，没有任何投入，不花费任何代价，他们获得的利益却多得难以计数。对比之下，生产者就会丧失希望，就会觉得前途一片黑暗，就会感到没有任何奔头，由此他们就会生发出一种对社会或人生莫名的怨恨情绪。如果现实情况一日没有好转，他们的幻灭感不但不会自动消失反而还将与日俱增。

综上所述，由于纵欲主义者的存在，而使其他社会成员用来满足其需求的对象出现了严重短缺。这种长期面临的短缺如果得不到有效解决，将会使他们生发出不公平感、不安全感和幻灭感，而不公平感、不安全感和幻灭感相互交织在一起，就会形成巨大的短期内难以消除的隐患。这种隐患一日不除，社会危机就会迫在眉睫，矛盾冲突就会随时爆发。中华人民共和国成立之初，毛泽东同志就曾发出过严正警告，他说：“中国人要有志气。我们应当教育全国城市、乡村的每一个人，要有远大的目标，有志气。大吃、大喝，统统吃光、喝光，算不算一种志气呢？这不算什么志气。要勤俭持家，作长远打算。”①

## 第三节　加剧精神空虚程度

### 一、时间分配

由于纵欲主义者只是消费者而不是生产者，只参与消费活动而不从事生产活动，因而有必要对他们的日常生活进行一番考察。通过考察我们发现，在日常生活方面，纵欲主义者与普通人之间的区别主要是时间分配上的区别，这种区别决

① 《毛泽东文集》第7卷，人民出版社，1999年版，第308页。

定了他们各自的心理状态。

一般情况下，生产者与消费者合而为一的主体，在一天的24小时中，他们把三分之一的时间用于睡眠，把三分之一的时间用于社会交往及吃喝拉撒等活动，剩余的三分之一时间就用来从事生产活动。在这些主体中，有生产生产资料的生产者，有生产生活资料或消费品的生产者，有生产精神文化产品的生产者。其中，生产生产资料和生产消费资料或消费品的主体工作时间比较有规律，他们的工作时间通常都是明文规定的。如果工作任务繁重到必须突破规定的时间，就需要加班，而如果加班雇佣者则会按照超出正常工作时间的多少而付给生产者一定数量的加班费。有的厂方按照计件方式发放工资，在此情况下，生产者为了多挣钱而往往突破8个小时工作时间的限制，他们可能会工作10个小时、12个小时、14个小时，甚至16个小时。这样，在一天的有限时间内，他们就只能压缩用来睡眠的时间，或者压缩用于社交和吃喝拉撒的时间，不然，他们就无法达到多挣钱的目的。此时，他们不仅每天只睡五六个小时，而且还会大大地减少社交的次数，有时吃一顿饭的时间也从几十分钟缩短为几分钟。商品经济逐渐发展起来以后，那些从事商品买卖活动的商人其实也属于广义的劳动者，但商人的作息时间没有任何规律可循，他们必须起早贪黑，遇到生意好的时候，他们忙得不可开交，可能要把三分之二的时间花费在买卖活动上；生意不景气的时候，他们至少也要把二分之一的时间花费在买卖活动上。凡属上述情形的劳动者，他们的作息时间可以说都是排得满满的，除了工作和休息之外就几乎没有闲暇；除了生产和消费以外就几乎不存在空白。为了谋生，即使肚子饿了也不得不推迟吃饭时间，即使非常困倦也必须勉强坚持。因而对这些主体来说，他们不仅生活得很充实，而且简直可以说非常忙碌。那些生产精神文化产品的主体，他们的作息时间更是毫无规律。还没有生产的时候，他们就要事先做一些准备，比如深入调研、搜集资料、体验生活、积累素材等。但不管属于何种情况，他们都必须付出一定的体力和脑力。因此，他们用于睡眠、社交和吃喝拉撒的时间大多不足三分之二，而投入工作的时间往往会超过三分之一。到了构思阶段，他们可能连吃饭和睡觉都在想如何才能把最有价值的思想形态或最有意味的艺术形式呈现出来。此时，他们得耗费大量心血。到了正式生产的阶段，他们通常不分白天黑夜，不分工作日和周末，一连数天、数周、数月，甚至数年都在潜心工作。在这个阶段，他们的体力和脑力往往严重透支，常常处于身心俱疲的状态。用于工作的时间常常在三分之二以上，只有不到三分之一的时间花在休息或消费上面。这类主体，应该说随时都在争分夺秒地工作，没有什么消遣和无聊的余地可言。

上述作息时间几乎适用于从事所有行业的生产者，不同行业之间当然也存在着一定的差别，这种差别虽然比较细微，但是没有本质上的不同。作息时间的一般表现形式就是工作与休息彼此错开，生产与消费相互并列。由于行业有别，因而有的工作时间长一点而休息时间短一点，有的工作时间短一点而休息时间长一点；有的生产时间长一点而消费时间短一点，有的生产时间短一点而消费时间长一点。从总体上看，不管主体是从事以体力劳动为主的工作，还是从事以脑力劳动为主的工作，总之，他们一天之内 24 个小时的时间就是工作时间和休息时间相加之和，或者就是生产时间和消费时间相加之和。这一作息时间贯穿于主体的整个中年时期，也就是从 20 岁到 60 岁之间的时期。

纵欲主义者则不然。纵欲主义者因其在整个中年时期，也就是从 20 岁到 60 岁之间的时期都不从事任何生产活动，都不以生产者的身份出现，因此可以说纵欲主义者在其整个人生历程中都不从事任何生产活动，都不以生产者的身份出现。这样，适用于所有生产者的作息时间，在纵欲主义者这里却并不存在或者就派不上什么用场。因为他们只有“息”而没有“作”，也就是只有休息而没有从事工作，只有消费而没有进行生产。既然如此，作息时间对他们来说不但显得多余，而且简直没有意义。接下来的问题是，既然纵欲主义者不工作、不生产，那么，生产者用来工作或生产的那一部分时间，亦即一天之中大约三分之一的时间，纵欲主义者怎么打发？纵欲主义者究竟用来干什么？纵欲主义者既然不用来工作，当然就只能用来休息；既然不用来生产，当然就只能用来消费。然而，休息或消费的时间对纵欲主义者来说已经完全足够，甚至绰绰有余。这样，在休息或消费之外，他们的时间就必然出现大量剩余，这一剩余的时间他们要么有事不做要么无事可做。这段时间他们如果不是度日如年，至少也是百无聊赖。因为旧的欲望满足了，新的欲望还没有产生。欲望再强烈的人也有暂时满足的时候，欲望再繁多的人也有暂时穷尽的时候。吃饱了之后哪怕面对山珍海味也无心下箸，喝足了之后哪怕面对琼浆玉液也无意品尝，性欲得到充分满足之后哪怕面对绝代佳人也无力回天。这无疑成了摆在纵欲主义者面前亟待解决的最为棘手的问题。如果偶尔获得一两天空闲，那对很多人来说不仅不是坏事而且简直就是求之不得的好事，对纵欲主义者而言却不是这样，纵欲主义者不是只有一两天空闲时间，而是天天都有空闲时间，周周都有空闲时间，月月都有空闲时间，年年都有空闲时间，如此一直持续整整 40 年。有人可能会提出建议，说纵欲主义者既然已经陷入极度空虚的状态，不如让其去参与任何一种形式的生产活动，或者去做一些力所能及的公益性事情，但这与纵欲主义者的本性又是格格不入的。如果纵欲主义者真的如此行事，那纵欲主义者可能就不成其为真正的纵欲主义者了。纵欲主义者要想破解如何打发无聊时光这一难题，显然不能从外围也就是不能从工作或生产方面入手，而只能求助于休息或消费。换言之，只能在休息或消费上寻找新的出路或可开拓空间。于是，把睡眠时间无限延长，把饮酒时间无限延长，把赌博时间无限延长等都成了纵欲主义者最初的尝试和选择。可过了一段时间之后，纵欲主义者发现通过延长休息或消费时间的方式仍然不是打发无聊时光的最佳方式，于是他们只好在休息或消费的内容上、形式上做文章。在纵欲主义者看来，不断变换休息或消费的内容和形式，比单纯地延长休息或消费时间效果可能更好。然而，休息或消费的内容和形式也并非随时都能变换，过了一段时间之后，无论是在休息或消费的内容上，还是在休息或消费的形式上都会不可避免地出现重复。这样，纵欲主义者又重新陷入新的苦闷和恐慌之中。

通过以上对比我们发现，在作息时间大致被分为睡眠占三分之一、社交和吃喝拉撒占三分之一、生产占三分之一的情况下，普通人因为从事各种类型的生产活动而终日忙忙碌碌，纵欲主义者则因为不参与任何形式的生产而郁郁寡欢；普通人因为工作与休息、生产与消费相互交织而使自己的生活虽然艰辛却很丰富，纵欲主义者则因为只有单一的休息或消费而使自己的生活虽然清闲却很贫乏。

## 二、荒唐行为

尽管纵欲主义者绞尽脑汁地延长休息或消费的时间，尽管纵欲主义者煞费苦心地变换着休息或消费的内容和形式，但由于剩余时间太多，因而空虚寂寞总是挥之不去。普通人偶有闲暇或无事可做时，他们往往会选择读书、读报、看电影、看电视等精神文化活动来充实自己、提高自己，因为从事这些精神文化活动不但能够学到一些实用的知识，获得一些新鲜的信息，而且还能够提升人们的文化素养，陶冶人们的道德情操。纵欲主义者对科学知识天生不感兴趣，对文化活动本能地怀有排斥心理。因此，他们绝对不会动脑筋去读一本书或读一份报，也绝对静不下心来看一场电影或看一部电视连续剧。但无论如何，纵欲主义者还得想出一些“行之有效”的办法来填补上一个欲望和下一个欲望之间出现的空白。哪怕这些想法再离谱，哪怕这些想法再荒唐，只要能够想得出来，他们也会付诸行动。在中国历史上，这方面的例子并不少见。

周幽王以荒淫无度著称，是一个能够用离奇古怪的方式来取乐的代表人物。据史书记载：“三年，幽王嬖爱褒姒。褒姒生子伯服，幽王欲废太子。太子母申侯女，而为后。后幽王得褒姒，爱之，欲废申后，并去太子宜臼，以褒姒为后，以伯服为太子。周太史伯阳读史记曰：‘周亡矣。’昔自夏后氏之衰也，有二神龙止于夏帝庭而言曰：‘余，褒之二君。’夏帝卜杀之与去之与止之，莫吉。卜请其漦而藏之，乃吉。于是布币而策告之，龙亡而漦在，椟而去之。夏亡，传此器殷。殷亡，又传此器周。比三代，莫敢发之，至厉王之末，发而观之。漦流于庭，不可除。厉王使妇人裸而譟之。漦化为玄鼋，以入王后宫。后宫之童妾既龀而遭之，既笄而孕，无夫而生子，惧而弃之。宣王之时童女谣曰：‘檿弧箕服，实亡周国。’于是宣王闻之，有夫妇卖是器者，宣王使执而戮之。逃于道，而见乡者后宫童妾所弃妖子出于路者，闻其夜啼，哀而收之，夫妇遂亡，奔于褒。褒人有罪，请入童妾所弃女子者于王以赎罪。弃女子出于褒，是为褒姒。当幽王三年，王之后宫见而爱之，生子伯服，竟废申后及太子，以褒姒为后，伯服为太子。太史伯阳曰：‘祸成矣，无可奈何！’”“褒姒不好笑，幽王欲其笑万方，故不笑。幽王为烽燧大鼓，有寇至则举烽火。诸侯悉至，至而无寇，褒姒乃大笑。幽王说之，为数举烽火。其后不信，诸侯益亦不至。”“申侯怒，与缯、西夷犬戎攻幽王。幽王举烽火征兵，兵莫至。遂杀幽王骊山下，虏褒姒，尽取周赂而去。于是诸侯乃即申侯而共立故幽王太子宜臼，是为平王，以奉周祀。”① 上述引文的大意为：周幽王得到了褒姒，对她非常宠爱。褒姒为周幽王生下儿子姬伯服后，周幽王对其更是宠爱有加。周幽王王后为申国国君申侯之女，其子为太子姬宜臼。周幽王准备废掉申后，并废黜太子姬宜臼，把褒姒立为王后，把姬伯服立为太子。太史伯阳当时就断言“西周必然灭亡”。夏朝末年，有两条神龙停在夏帝的朝廷前，说道：“我们是褒国的两个先王。”夏帝占卜，杀掉神龙、赶走神龙、留下神龙都不吉利。夏帝又占卜，只有把神龙的唾沫贮藏起来才吉利。于是陈列玉帛，并以简策书写文告请求神龙，神龙离去后留下唾沫，夏帝用匣子把唾沫装起来，并把地上的唾沫痕迹除掉。夏朝灭亡，这个匣子传到商朝。商朝灭亡，这个匣子又传到周朝。经历了三个朝代，都没有人敢打开它。到周厉王末年，有人才建议打开来观看。匣子一打开，唾沫就流到宫中，无法除去。周厉王便命令妇女赤裸着身子对它大声呼喊，唾沫很快变成了一只黑蜥蜴，窜到周厉王的后宫。后宫有个侍女才七八岁，碰上了它。周宣王时，这个侍女一成年便怀孕，虽无丈夫却生下孩子，她很害怕，就将生下的孩子丢弃了。曾经有个小女孩唱着歌谣说：“桑木做成的弓，箕木制成的箭袋，是用来灭亡周国的。”周宣王

① 司马迁著：《史记·周本纪》。

听到这首歌谣时，恰巧有一对夫妇在卖桑木做成的弓和箕木制成的箭袋，周宣王试图派人抓住并杀掉他们。夫妇俩在逃跑的路上，遇到侍女丢弃在路旁的那个怪女孩正大声啼哭，出于同情，便把女孩收养起来。夫妇俩逃到褒国。后来，褒国人有罪，便请求把那位侍女丢弃的怪女孩献给周幽王赎罪。这个女孩就是后来的褒姒，因为是从褒国而来，所以称她为褒姒。因周幽王过于宠幸褒姒，太史伯阳认为祸患已经形成，谁也无法改变。褒姒不喜欢笑，周幽王便想出各种各样的办法让她笑，但褒姒始终不笑。周幽王设置烽火台和大鼓，有敌人进犯就点燃烽火召集援兵。有一次，周幽王点燃烽火，众诸侯以为敌人进犯都纷纷率兵赶来。他们赶到后却发现没有一个敌人，褒姒看到诸侯们惊慌失措的样子，忍不住哈哈大笑。周幽王非常高兴，于是如法炮制，多次点燃烽火。后来诸侯们不再相信他，也不肯应召前来。周幽王十一年（前771），申国联合缯国、西夷犬戎攻打周幽王，周幽王点燃烽火召集众诸侯救援，诸侯们仍然没有前来救援。犬戎最终在骊山之下杀死了周幽王，俘虏了褒姒，西周至此灭亡。周幽王太子宜臼被立为周平王，史称东周。

南朝宋前废帝刘子业更是有过之而无不及。“先是，帝游华林园竹林堂，使宫人倮相逐，一人不从命，斩之。夜，梦在竹林堂，有女子骂曰：‘帝悖虐不道，明年不及熟矣！’帝于宫中求得一人似所梦者斩之。又梦所杀者骂曰：‘我已诉上帝矣！’于是巫觋言竹林堂有鬼。”① 上述引文的大意为：先前，刘子业出游华林园竹林堂时，命令宫女们赤裸着身体相互追逐、嬉笑，有一个宫女拒不从命，他就把那个女子杀了。晚上刘子业做梦，梦见自己在竹林堂，有一个女子骂他说：“你这样悖逆不道，肯定活不到明年小麦成熟的时候。”刘子业在宫里发现一个和自己梦中所见模样相仿的人便把她杀了。夜里又梦见那个被他杀掉的女子骂他：“我已经向上帝控诉你了！”于是，巫师、巫婆们都说竹林堂里有鬼。史学家对刘子业的行为曾做如此评价：“管弦不辍，珍羞备膳。詈辱祖考，以为戏谑。行游莫止，淫纵无度。肆宴园陵，规图发掘。诛剪无辜，籍略妇女。建树伪竖，莫知谁息。拜嫔立后，庆过恒典。宗室密戚，遇若婢仆，鞭捶陵曳，无复尊卑。南平一门，特钟其酷。反天灭理，显暴万端。苛罚酷令，终无纪极，夏桀、殷辛，未足以譬。阖朝业业，人不自保；百姓遑遑，手足靡厝。行秽禽兽，罪盈三千。高祖之业将泯，七庙之享几绝。吾老疾沉笃，每规祸鸩，忧煎漏刻，气命

① 司马光撰：《资治通鉴》（卷一百三十）。

无几。开辟以降，所未尝闻。远近思奋，十室而九。”①

从上述周幽王和刘子业的史实可知，他们两位帝王均性格古怪，举止异常。周幽王为了博得美人一笑，竟然把诸侯们都召集起来，原本很严肃的事情却被他视为儿戏并用来取悦自己的爱妻，这种荒唐行为不仅使自己招致杀身之祸，曾经宠爱的美人也被别人活活掳走，更严重的是直接导致一个王朝的覆灭。刘子业则让一群赤身裸体的宫女在宫中互相追逐、嬉戏，他试图以此来打发漫长无聊的时光，人家稍微流露出一点不情愿，他就将人家活活杀死。其心灵之空虚、手段之残忍可谓前所未有、无以复加。

## 第四节　导致攀比之风盛行

### 一、攀比的范围

尽管纵欲主义者缺乏社会性需求和精神性需求，但他们并不甘于寂寞，并不仅仅停留于和满足于对物质利益对象和感官色情对象的私人化追逐，也就是说，他们虽然不参加社会活动，但他们并非就悄悄关起门来吃喝玩乐，特别是当他们吃喝玩乐的档次远远高于别人时，他们更是渴望别人知道自己在物质性需求和感官性需求的满足方面所呈现出来的无限风光和踌躇满志，他们希望看到别人羡慕不已的目光和五体投地的神情。因为物质性需求和感官性需求的满足及满足程度如何，直接关系到他们人生的成败，直接关系到他们自我价值的大小。如果在物质性需求和感官性需求及其满足方面他们也与别人不相上下、平起平坐，那么，他们的优势就无法得到彰显，他们的强项就得不到认可，他们的虚荣心从而也就无法得到满足。在这种心理支配下，他们会不失时机地进行一切形式的攀比，他们希望通过与别人攀比来确立自己在社会生活中的位置和人生的价值。值得注意的是，纵欲主义者所进行的攀比并非覆盖物质性、感官性、社会性和精神性等所有领域，而是被限定在一个狭小的范围之内。社会性领域和精神性领域是纵欲主义者的弱项，出于避实就虚的考虑和“有肉就放在碗口”的策略，他们不会在这两个领域抛头露面。如果他们在社会性和精神性这两个领域也想一决高下，那

① 沈约等著：《宋书·本纪》。

是他们缺乏自知之明的表现，同时也是他们外扬家丑的见证。因此，凡属与别人攀比，他们都会小心而巧妙地避开社会性领域和精神性领域。如此一来，纵欲主义者的攀比就主要在物质利益和感官色情这两个领域之内进行。

第一，在物质利益领域之内攀比。物质利益领域可以说包罗万象，它包括一切与吃、穿、住、行等有关的内容。吃是每个生命个体的当务之急，常言说“人是铁，饭是钢”“空袋囊，立不起”，言下之意即吃饭是天底下最为重要的事情。既然任何时代、任何社会、任何种族、任何民族、任何性别、任何年龄的人都离不开吃这一使人赖以生存下去的活动，那么，纵欲主义者将其纳入攀比之列也就具有了普遍意义。无论任何人，不管你愿意不愿意承认，你首先都必须面对吃这一问题；不管你有多么了不起，你首先都得吃。只有吃才能使你生发出从事其他一切活动的力量和精神。如果你觉得吃无关紧要，你对吃持一种无所谓的态度当然也无可厚非。此时，唯一合理的解释就是你不想活了。但这种情况是极其少见的。在绝大多数情况下，都没有人敢说他与吃无关，都没有人敢说他可以置身事外。而吃就得有吃的对象或内容，吃的对象或内容也就是食物。纵欲主义者攀比的重点不在于吃的形式、吃的速度、吃的时间，纵欲主义者最关心的就是吃的对象或内容，也就是食物问题。因为只有从食物上才能体现出一个人政治权力的大小、经济实力的强弱和物质生活水平的高低，而从吃的形式、速度和时间等方面则无法体现出这些隐藏在吃这一活动背后的东西。除了吃以外，喝也不可缺少。喝的对象或内容通常包括酒和饮料等以液体的形态呈现出来的东西。这些东西虽然从地位上看远没有食物那么重要，但它们也是维持人的生命存在所不可缺少的内容，因此，对待它们也不可等闲视之。我们说纵欲主义者喜欢吃喝玩乐，实际上已经暗含了纵欲主义者非常重视喝这一问题，纵欲主义者在和别人攀比时自然会把喝包括在内。穿也是物质利益领域之内非常重要的一项活动。人们之所以要穿，首先是因为要御寒，其次是为了获得美感及遮羞。御寒与气候的变化有着密切的关系，隆冬时节需要穿很厚实的衣物才能抵挡寒冷。此时，御寒的意义就被极大地凸显了出来。但到了烈日炎炎的盛夏，人们御寒的需求转而被避暑的需求所取代。此时，人们身上的衣物不但显得多余，而且简直成了累赘和负担，人们往往急于脱掉身上的衣物。而获得美感和遮羞虽然没有隆冬时节的御寒那么紧迫，但达到这两种目的通常不分季节，也与天气的冷热无关。衣物正好能够使人们的这些目的得以实现，因而它就理所当然地成了穿的对象或内容。从这个意义上讲，穿的目的并不局限于一种而有三种：一是生理的需要，二是审美的需要，三是道德的需要。纵欲主义者对衣物的道德功能不感兴趣，他们最关注的是衣物的生理功能和审美功能。在生理功能中，他们并不关心衣物的保暖功能，而只关心衣物是否能给自己的身体带来舒适感。而衣物是否舒适以及是否具有美感又是由衣物的质地、颜色和款式等决定的。由于衣物的质地、颜色和款式能够反映出一个人政治权力的大小、经济实力的强弱和物质生活水平的高低，因此，穿便成了纵欲主义者与别人攀比的一项重要内容。住也是物质利益领域之内的一项重要活动。人们之所以要住主要出于以下原因：一是自然界的威力过于巨大。夏天有烈日烘烤，暴雨降临；冬天有大雪飘落，冷风扑面。为了躲避日晒雨淋，远离冰天雪地，人们就千方百计地寻找一个狭小的空间，从而让自己暂时与自然界隔离开来。二是为了使自己的人身和财产免受非法侵害，人们得有一个相对封闭而坚实的空间，这个空间当然不应该是露天的和易碎的。三是人类有一些不愿意让外人看见的隐秘活动，比如说性行为等，对于这些隐秘活动他们不喜欢在大庭广众之下进行，而喜欢在一个相对独立的空间内进行。四是人们在制订攻击或防范他人的计划时需要处于高度秘密的状态，如此，他们的计划才不会落空。五是人们在不停地奔波劳碌之后需要有一个相对固定的饮食起居之所，以使自己疲惫的身心得以恢复。住房具备了多种功能并能帮助人们促成这些目的的实现。不仅如此，透过住房的状况仍然能够反映出很多耐人寻味的东西。物质利益领域内的最后一项重要活动是行。一个人如果从出生、成长到死亡都一直待在同一个地方，那么，行对他来说就没有多少意义。但是由于人们要谋求生存并获得发展，因而就需要离开自己的生活所在地外出学习、工作、经商、参观、考察、旅游。这样，行也就不可避免地发生了。而且，随着社会的不断发展和科技的持续进步，人们活动的范围也从原先在一个县内方圆几百里的有限区域逐渐扩大到全球范围内几万里、几十万里的地方。行的重要性便愈益凸显出来。但行并不等于简单的步行，它需要有各种各样的可以代步的方便快捷舒适的交通工具，比如自行车、摩托车、汽车、火车、飞机、轮船等。而通过乘坐这些交通工具也能反映出一个人的政治权力、经济实力和物质生活水平。这样，行自然而然地成了纵欲主义者用来与别人攀比的物质利益领域内的一个不可或缺的内容。

第二，在感官色情领域之内攀比。如果说上述攀比还是属于物的攀比，那么，在感官色情领域内的攀比则属于人的攀比。需要明确的是，虽然是人的攀比，但又不是主体自身与他人的攀比，而是主体的性需求及其满足对象与别人的性需求及其满足对象之间的攀比。人既然是动物，就无法免除作为动物的本能需求。当一个人吃饱喝足之后，他体内那些用于其从事生产和生活活动的能量就会慢慢地积累起来，性能量是其中一个重要的组成部分。当性能量积累到一定程度，就需要得到释放，就需要有一个释放的渠道，不然，人的新陈代谢就无法正常进行，人的身心健康就会受到影响。然而，主体通过自身并不能使性能量得到有效释放，性能量的有效释放只有求助于异性才能完成，两性之间互相依赖的关系从而也就天然地形成了。主体不能通过自身来解决性的需求及其满足问题，只有通过异性才能解决这一问题，这就决定了异性的至关重要性和不可替代性。而异性并不都是整齐划一的，虽然他们都不乏实用和审美两种价值，但如果做进一步的考察我们就会发现，异性之间实用价值的差别并不明显，而他们的审美价值却大相径庭。这无疑为每一个主体提供了巨大的选择空间，那些拥有较大政治权力和较强经济实力的主体，必然会去选择审美价值较大的异性，而无权无势者和一文不名者则只有审美价值极小或审美价值为零的异性可供自己选择。从纵欲主义者自身的情况看，这就为他们一显身手提供了不可多得的机会。鉴于此，纵欲主义者在和别人攀比时，把感官色情作为一大类别即在情理之中。

综上所述，纵欲主义者与别人的攀比并非面面俱到，它只局限在一个较小的范围之内，这个范围并不包括社会性需求和精神性需求在内。因此，凡是一切有益的社会活动纵欲主义者都拒绝参加，凡是涉及是否受人尊重之类的话题他们都漠不关心，凡是与学识、能力、学术成果、艺术成就等方面有关的评价他们都避之唯恐不及。在纵欲主义者看来，只有在物质利益和感官色情这两大领域他们才显得底气十足，也只有在这两大领域他们才有用武之地。

## 二、攀比的条件

纵欲主义者与别人攀比的范围被限定在物质利益和感官色情这两个领域之后，接下来涉及的问题就是攀比条件的设置。通过考察我们得知，数量、质量（素质）、内容、形式是纵欲主义者用来与别人攀比的必要条件：

第一，在数量上进行攀比。无论是物质利益对象还是感官色情对象，都存在着一个数量多少的问题。在物质利益对象方面，食物、衣物、住房、交通工具等都可以通过数量的多少来加以比较。一般情况下，通过比较，就可以看出比较双方或多方的高下来。食物、衣物、住房、交通工具数量多者处于优势，而食物、衣物、住房、交通工具数量少者处于劣势。处于优势者意味着成功，同时也意味着主体的自我价值大；处于劣势者意味着失败，同时也意味着主体的自我价值小。在感官色情对象方面，数量多者处于优势，数量少者处于劣势。处于优势者意味着成功，同时也意味着主体的自我价值大；处于劣势者意味着失败，同时也意味着主体的自我价值小。

第二，在质量（素质）上进行攀比。无论是物质利益对象还是感官色情对象，都存在着一个质量好坏或素质高低的问题。在物质利益对象方面，食物、衣物、住房、交通工具等都可以通过质量的好坏来加以比较。通过比较，比较双方或多方的差别就可以清晰地呈现出来。食物、衣物、住房、交通工具质量好者处于优势，而食物、衣物、住房、交通工具质量差者处于劣势。处于优势者意味着成功，同时也意味着主体的自我价值大；处于劣势者意味着失败，同时也意味着主体的自我价值小。在感官色情对象方面，素质高者处于优势，素质低者处于劣势。处于优势者意味着成功，同时也意味着主体的自我价值大；处于劣势者意味着失败，同时也意味着主体的自我价值小。

第三，在内容上进行攀比。无论是物质利益对象还是感官色情对象，都存在着一个内容齐全或残缺的问题。在物质利益对象方面，食物、衣物、住房、交通工具等都可以通过内容是否齐全来加以比较。通过比较，就可以看出比较双方或多方的档次来。食物、衣物、住房、交通工具内容齐全者处于优势，而食物、衣物、住房、交通工具内容残缺者处于劣势。处于优势者意味着成功，同时也意味着主体的自我价值大；处于劣势者意味着失败，同时也意味着主体的自我价值小。在感官色情对象方面，内涵丰厚者处于优势，内涵单薄者处于劣势。处于优势者意味着成功，同时也意味着主体的自我价值大；处于劣势者意味着失败，同时也意味着主体的自我价值小。

第四，在形式上进行攀比。无论是物质利益对象还是感官色情对象，都存在着一个形式新旧的问题。在物质利益对象方面，食物、衣物、住房、交通工具等都可以通过形式是否新颖来加以比较。通过比较，就可以看出比较双方或多方的差异来。食物、衣物、住房、交通工具形式新颖者处于优势，而食物、衣物、住房、交通工具形式陈旧者处于劣势。处于优势者意味着成功，同时也意味着主体的自我价值大；处于劣势者意味着失败，同时也意味着主体的自我价值小。在感官色情对象方面，形式鲜活者处于优势，形式呆板者处于劣势。处于优势者意味着成功，同时也意味着主体的自我价值大；处于劣势者意味着失败，同时也意味着主体的自我价值小。

需要说明的是，数量、质量（素质）、内容、形式虽然是纵欲主义者与别人攀比的必要条件，但这种攀比具有一定的相对性。也就是说，在时间和空间发生了变化的情况下，处于优势的纵欲主义者会变为劣势，而处于劣势的纵欲主义者却会变为优势。因时间变化而出现的情况是：随着时间的推移，原先在物质利益对象和感官色情对象的数量、质量（素质）、内容、形式方面均处于优势的纵欲主义者现在却变成了劣势，而原先在物质利益对象和感官色情对象的数量、质量（素质）、内容、形式方面均处于劣势的纵欲主义者却变成了优势。究其原因，主要是处于优势的纵欲主义者产生骄傲自满情绪而处于劣势的纵欲主义者坚持不懈努力拼搏的结果。因空间发生变化而出现的情况可分为两种：一种是随着空间范围的扩大，在物质利益对象和感官色情对象的数量、质量（素质）、内容、形式方面处于优势的纵欲主义者却变成了劣势。之所以如此，主要是因为空间范围扩大之后，或者竞争对手数量增多，或者竞争对手实力强大，或者二者兼而有之。另一种是随着空间范围的缩小，在物质利益对象和感官色情对象的数量、质量（素质）、内容、形式方面处于劣势的纵欲主义者却变成了优势。之所以如此，主要是因为空间范围缩小之后，或者竞争对手数量减少，或者竞争对手实力弱小，或者二者兼而有之。常言说的“山中无老虎，猴子出来称霸王”即属于此类情况。从这个意义上讲，纵欲主义者之间没有谁能始终保持着优势地位，也没有谁会永远处于劣势地位，他们之中谁胜谁负存在着很大的不确定性，往往呈现出“各领风骚数百年”的局面。

在中国历史上，石崇与王恺斗富就是极为典型的攀比例子。“［石崇］财产丰积，室宇宏丽。后房百数，皆曳纨绣，珥金翠。丝竹尽当时之选，庖膳穷水陆之珍。与贵戚王恺、羊琇之徒以奢靡相尚。恺以台澳釜，崇以蜡代薪。恺作紫丝布步障四十里，崇作锦步障五十里以敌之。崇涂屋以椒，恺用赤石脂。崇、恺争豪如此。武帝每助恺，尝以珊瑚树赐之，高二尺许，枝柯扶疏，世所罕比。恺以示崇，崇便以铁如意击之，应手而碎。恺既惋惜，又以为嫉己之宝，声色方厉。崇曰：‘不足多恨，今还卿。’乃命左右悉取珊瑚树，有高三四尺者六七株，条干绝俗，光彩曜日，如恺比者甚众。恺惘兄然自失矣。”“崇为客作豆粥，咄嗟便办。每冬，得韭萍齑。尝与恺出游，争入洛城，崇牛迅若飞禽，恺绝不能及。恺每以此三事为根，乃密货崇帐下问其所以。答云：‘豆至难煮，豫作熟末，客来，但作白粥以投之耳。韭萍齑是捣韭根杂以麦苗耳。牛奔不迟，良由驭者逐不及反制之，可听蹁辕则駃矣。’于是悉从之，遂争长焉。崇后知之，因杀所告者。”① 上述史料的大意为：石崇财产充足，楼房豪华，美女上百，一个个都打扮得花枝招展。听最悦耳的音乐，吃最美味的食物。石崇曾与晋武帝的舅父王恺和羊琇等人攀比谁的生活最为奢靡。王恺饭后用糖水洗锅，石崇便用蜡烛当柴

① 房玄龄著：《晋书·列传第三》。

烧；王恺做了四十里的紫丝布步障，石崇便做五十里的锦步障；石崇用花椒涂抹墙壁，王恺则用赤石脂涂抹墙壁。晋武帝暗中帮助王恺，赐给他一株珊瑚树，两尺长的样子，枝柯错落有致，极为罕见。王恺把这株珊瑚树拿到石崇面前炫耀，没想到石崇竟挥起铁如意将珊瑚树打得粉碎，王恺很是心疼，还以为是石崇嫉妒自己的宝物，石崇却一笑置之："不必生气，我还给你。"说着便叫侍从取来六七株珊瑚树，这些珊瑚树长度多为三四尺，造型奇特，光彩夺目，与王恺那株珊瑚树不相上下，王恺自愧不如。豆粥原本是较难煮熟的，可石崇想让客人喝豆粥时，只要吩咐一声，转瞬间就能把热气腾腾的豆粥端上来。即使到了冬天，石崇家也能吃到绿莹莹的韭菜碎末，这不禁让人感到奇怪。石崇与王恺一道出游，两人都希望自己最先抵达洛阳，可石崇的牛疾步如飞，王恺总是被远远地甩在后面。这三件事，让王恺恨得咬牙切齿，于是他用金钱收买石崇的下人，打听其中的缘故。下人回答说："豆确实非常难煮，但如果先把熟豆粉末准备好，等客人一到，就将豆末放进煮熟的白粥里，随即大功告成。韭菜则是将韭菜根捣碎后掺在麦苗里。牛车跑得快的原因，是因为驾车者的技术高明，对牛不加控制，让它无拘无束地奔跑。"王恺原封不动地按照下人提供的办法去做，就与石崇势均力敌。石崇得知是下人透露了他的秘密，就把下人杀掉了。

从上述史实可知，石崇与王恺斗富主要涉及物质利益和感官色情这两大领域，也就是说并没有超出纵欲主义者攀比的一般范围。财产、楼房、美女、食物、糖水、蜡烛、步障、花椒、赤石脂、珊瑚树、豆粥、韭菜、牛车等都是他们二人用来攀比的内容。而就攀比的条件而言，则涉及攀比对象数量的多与少、质量的好与坏、内容的全与缺等。在数量方面，王恺的步障是四十里，石崇的就是五十里；王恺的珊瑚树只有一株，而石崇的有六七株；王恺的珊瑚树只有两尺长，石崇的则有三四尺长——石崇多于王恺。在质量方面，王恺的步障是用丝制成，而石崇的则用锦制成——石崇优于王恺。在内容方面，王恺用糖水洗锅，石崇则用蜡烛当柴烧；石崇用花椒涂抹墙壁，王恺则用赤石脂涂抹墙壁——石崇全于王恺。不仅如此，石崇还能够让客人迅速地吃上豆粥，自己冬天也能吃到韭菜。二人攀比的最终结果是，石崇无论在数量、质量上，还是在内容上都明显占了上风，王恺则只能甘拜下风。通过上述事实我们发现，任何攀比都需要有一定的政治权力和经济实力作支撑，否则攀比行为就不可能发生，因攀比而产生的社会危害性亦不证自明。纵欲主义者为了满足自己一时的虚荣心，达到炫耀的目的，实现所谓的自我价值，往往绞尽脑汁地展开疯狂而无谓的攀比，而攀比行为则常常成为引发更加严重的社会矛盾冲突的根源。

老一辈无产阶级革命家刘少奇同志曾对攀比这一不良社会现象发出过警告，他说："值得注意的是，有不少干部，处处讲究生活上的享受，对群众的疾苦漠不关心。在不少的干部中间，那种摆排场，闹阔气，假公济私，明目张胆地挥霍人民财产的特殊化作风，在最近一个时期内有了滋长。这种旧官僚的恶习，在我们的队伍里是完全不能允许的。凡是犯了这种错误的人，都应该彻底改正，严重的还应该受到应得的处分。只有打掉了这些官气，彻底纠正了这些恶劣作风，党同群众的联系才能够进一步加强。"① 近年来，党和国家领导人对社会上兴起的极不正常的攀比之风也提出了严厉批评。江泽民同志说："讲排场、比阔气、挥霍浪费的现象，在不少地方、部门和单位盛行起来。一些人沉溺于物质享受，过着纸醉金迷的生活，令人触目惊心。……这种吃喝之风是怎么刮起来的？应该说，新中国成立以后，在相当一段时间内，这方面的问题解决得是很好的。为什么现在泛滥起来了？值得我们深思和研究。"② "有些党员、干部包括有些领导干部，追求和模仿西方腐朽的生活方式，信奉拜金主义、享乐主义，这是很危险的。现在，就是在西方国家，有些政治家和有识之士对享乐主义泛滥、思想堕落、精神颓废之类的'西方社会病'也深感忧虑。……我们是共产党人，是马克思主义者，对包括拜金主义、享乐主义在内的'西方社会病'更应该有鲜明的批判态度，更应该自觉加以抵制和防范。"③ 习近平同志说："要坚持勤俭办一切事业，坚决反对讲排场比阔气，坚决抵制享乐主义和奢靡之风。"④ 无论是刘少奇对攀比现象发出的警告，还是江泽民、习近平对攀比之风提出的批评，都具有现实针对性和重要指导意义，他们的论述无疑是杜绝攀比现象和遏止攀比之风的强大思想武器。

## 第五节　增加社会冲突风险

冲突是和谐的对立面，社会冲突就是社会和谐的对立面。社会冲突主要包括利益冲突、情感冲突、权力冲突、意志冲突和观念冲突等类型。在这些冲突中，利益冲突和情感冲突不仅比较常见，而且它们与纵欲主义的关系非常密切，鉴于

① 《厉行节约反对浪费——重要论述摘编》，中央文献出版社，2013 年版，第 29—30 页。

② 《论党的建设》，中央文献出版社，2001 年版，第 238 页。

③ 《江泽民文选》第 1 卷，人民出版社，2006 年版，第 621 页。

④ 《厉行节约反对浪费——重要论述摘编》，中央文献出版社，2013 年版，第 55 页。

此，我们主要考察利益冲突和情感冲突。

## 一、利益冲突

由于人与利益不可分割，人的生存和发展一刻也离不开利益，人对利益具有绝对依赖性。因而在利益冲突、情感冲突、权力冲突、意志冲突、观念冲突等所有社会冲突类型中，利益冲突是最为基本、最为普遍、最为复杂、最为剧烈、最为核心的冲突。当主体趋利避害和好逸恶劳这两种本性奇特地结合在一起之后，侵犯和损害国家、集体、个人利益的现象势必就会发生，利益冲突从而也就成了活生生的事实。利益冲突是存在于利益主体之间的利益纠纷和利益争夺。由于各利益主体追求的利益目标相同，因而他们之间的关系往往呈现出抵触或敌对状态。一般表现为利益主体双方或多方在利益数量分割问题上的僵持和争执，有时则表现为利益主体的一方或多方对另一利益主体所构成的威胁，或者表现为利益主体的正当利益遭到来自其他利益主体的侵犯和损害。从理论上讲，人不仅是利益的生产者和创造者，同时也是利益的享用者和受惠者，而在社会现实中，利益的生产者和创造者却往往与利益的享用者和受惠者分离，换言之，所有利益主体都毫无疑问地要消耗利益，而他们并不都能够或都愿意去生产和创造利益。于是，就出现了利益需求大于利益供应的现象，利益需求与利益供应之间的这种非对应关系所包含的内在矛盾如果得不到有效解决，就难以从根本上消除利益冲突。由于社会现实中利益关系的多重性及利益主体的多元化，因而，个体与个体、个体与群体、群体与群体之间都会发生不同程度的利益冲突。利益冲突的多样性和复杂性决定了化解利益冲突的长期性和艰巨性。

利益冲突之所以成为所有社会冲突类型中的首要冲突，原因在于利益代表了人们需求的对象或内容，或者说利益简直就是需求的对象或内容。人们用来吃的食物是利益，人们用来穿的衣物是利益，人们用来居住的房屋是利益，人们用来出行的交通工具是利益，人们用来满足自己性需求的异性也是利益。人没有饭吃就会饥饿，人没有衣穿身体就会受到损害，人没有房住不仅生命财产安全缺乏保障，而且必要的隐私和秘密也得不到保护，人没有交通工具乘坐就难于抵达目的地，人没有获得性的满足就会影响身心健康。一句话，人缺少了利益就无法生存，当然就更谈不上发展。不是万不得已，人生下来之后就不会随便放弃自己的生存权和发展权，在这种前提下，人从求生的本能出发和从求发展的愿望出发都会想方设法地获取利益以满足自己的需求。基于此，在人与人之间所发生的情感冲突背后，谋求利益是不能忽视的动机，因为世界上既没有无缘无故的爱也没有无缘无故的恨，你不侵犯和损害人家的利益，你不动人家的“奶酪”，人家平白无故为何要和你过不去呢？要么你让别人的既得利益减少了，要么你让别人还能继续获得的利益中断了，要么你让别人即将到手的利益落空了。遇到上述情况，别人就不可能喜欢你或热爱你而只能是厌恶你或憎恨你。在人与人之间所发生的权力冲突背后，谋求利益是最原始的动机，因为权力的背后往往隐藏着一定的利益，那种没有任何利益包含在其中的纯粹权力或者裸体权力其实是很少见的。人们想弄个一官半职，除了想拥有发号施令和前呼后拥的良好感觉之外，一个不可告人的目的其实就是希望获得某种附属于权力的利益。在人与人之间的意志冲突背后，谋取利益也是一个重要原因。当三个人要共同做出一个决定，一个表示坚决要干，一个表示坚决不干，一个处于矛盾或犹豫不决的状态。此时，如果仔细分析一下他们三人的立场或态度背后所隐藏着的真实原因，就会发现他们三人都是从各自的利益出发来表达自己的立场和态度的。所谓“议而不决”指的就是这种不从全局利益出发仅从个人利益出发而导致共识最终难以达成的尴尬局面。在人与人之间的观念冲突背后，也往往包含着谋取利益的成分。两个人的观念发生冲突，一个持传统观念，一个持现代观念。从表面上看似乎这两种观念与利益都没有直接关系，实际上他们的观念之所以明显表现出不一致就是因为他们之间的利益不一致。持传统观念的一方之所以要坚持其观念主要是想拼命维护他的利益，可对持现代观念的一方来说没有任何好处；而持现代观念的一方之所以寸步不让，主要原因是对他来说有利可图，而对传统观念的持有者来说却无任何好处可言。由此可见，无论是情感冲突、权力冲突，还是意志冲突、观念冲突，它们的背后都或多或少地存在着谋取利益的动机，也就是说，在这些冲突背后都有利益冲突的影子出现。

纵欲主义者不但不生产和创造利益，不但对利益的供应没有付出过任何代价，做出过丝毫贡献，最重要的是，他们还尽其所能地垄断利益、占有利益，在数量上求多，在质量（素质）上求优，在内容上求全，在形式上求变。这样一来，本来利益的供应就很有限，在他们的巧取豪夺之下，现存的利益就更是出现捉襟见肘的情况；本来因为利益而发生的各种冲突就层出不穷，在他们的大肆挥霍和纵情享乐之下，利益冲突就更是呈现出尖锐化和白热化状态。

对于因纵欲行为而日益加剧的利益冲突，古今中外的思想家曾经有过很多精辟的论述。“遂而不返，制乎嗜欲。制乎嗜欲无穷则必失其天矣。且乎嗜欲无穷，则必有贪、鄙、悖、乱之心，淫佚、奸诈之事矣。故强者劫弱，众者暴寡，勇者凌怯，壮者傲幼，从此生矣。”① “其于物也，不可得之为欲，不可足之为求，大失生本；民人怨谤，又树大雠；意气易动，跷然不固；矜势好智，胸中欺诈；德义之缓，邪利之急。”②《吕氏春秋》一书显然敏锐地觉察到了纵欲行为所导致的严重后果。第一，当一个人被无穷的欲望裹挟且迷不知返时，这从短期看似乎无伤大雅，而从长期看却极其危险；对纵欲者本人而言似乎危害不大，而对整个社会来说简直就是巨大的灾难。第二，一个人由于永不知足、胡作非为，这样，与此紧密相关的钩心斗角、蝇营狗苟之事就会频频发生。这类事情的频繁发生不但无助于社会的和平和安宁，而且对社会的有序与和谐来说还是一种无形的破坏和冲击。第三，当无限的欲望面对有限的利益时，制度、法律和道德等这些用来约束人们行为的日常手段往往显得苍白无力。此时，获胜者大多是实力强大的一方，人数众多的一方，胆大包天的一方，年轻力壮的一方。而实力弱小、人数稀少、胆小怕事、年老体衰的一方就只能眼睁睁地看着属于自己的利益被别人活活抢走。第四，人们出于满足自身需求的目的才去拼命地争夺利益，但是，当一个人通过各种他所能想到的办法获得了他梦寐以求的利益之后，失去利益的一方必然会心有不甘。如果机会尚未成熟，他就会慢慢积累力量，等待机会；一旦时机完全成熟，力量已经足以战胜对方，他必然会设法夺回曾经失去的“天堂”，这样，无止无休的复仇也就开始了。第五，利益与道德的关系通常是一种水火不相容的关系。因此，当人们为了一己之利而不惜抛头颅、洒热血时，更为重要的道德礼义就已经不复存在。

苏格拉底的观点与《吕氏春秋》的上述论述类似，他说：“发生各种战争、革命、争斗的原因都只能归结于身体和身体的欲望。所有战争都是为了掠夺财富，而我们想要获取财富的原因在于身体，因为我们是侍奉身体的奴隶。”③ 在这里，苏格拉底仍然把获得利益视为一切冲突发生的根源。而人们为什么迫切需要获得利益，是因为利益可以用来满足身体的各种欲望。如此一来，利益是一切冲突发生的根源也就自然而然地被欲望是一切冲突发生的根源所取代。简言之，冲突的根源在利益，利益的根源在欲望，欲望从而成了一切冲突的原始根源。苏格拉底的言下之意是，人如果不是欲望的主人而成了任欲望随意摆布的奴隶，那么人的下场将是很悲惨的。

---

① 《吕氏春秋·侈乐》。

② 《吕氏春秋·情欲》。

③ 柏拉图著，王晓朝译：《柏拉图全集》第一卷，人民出版社，2002 年版，第 63—64 页。

## 二、情感冲突

情感冲突是情感的抵触或敌对状态。在两个或多个情感主体之间，有时是一个主体给另一个主体留下不良的印象而产生的反感，有时是两个主体为了争夺某个明确的目标，比如说争夺利益或者争夺权力或者争夺异性而产生的仇视，有时则是一个主体希望获得另一个主体情感上的亲近，但当对方缺乏相同的情感回应时而产生的怨恨。不管导致情感冲突的起因属于何种类型，它都会造成情感主体之间的心理隔阂和情绪对立。“势不两立”“不共戴天”“你死我活”等是用来描述这种状态的比较合适的词语。一般来说，在发生情感冲突的初期，情感主体之间的心理隔阂和情绪对立尚处于隐蔽和无形的状态。此时，他们之间的主要表现是“鸡犬之声相闻，老死不相往来”。一旦心理隔阂和情绪对立发展到顶峰，原先处于沉睡状态的反感、仇视和怨恨就会迅速地膨胀起来并形之于外，以看得见、听得清的形式突然爆发出来。此时，轻则破口大骂、拳脚相加，后果大多是皮肉之苦；重则提刀弄斧、杀人灭口，结局常常是生命消亡。值得注意的是，情感冲突潜伏的时间一般很长，所谓“君子报仇，十年不晚”，就是指情感冲突的一方在短期内不会轻易暴露出他对另一方的反感、仇视和怨恨，不会立即实施其险恶的报复计划，因为时机并不成熟。情感冲突的一方如果急于报复势必会给自己带来不利后果。在这段时间，他主要是用来精心策划并做好各方面的准备工作。等到情感冲突的另一方已经完全放松警惕之时，他才突然把多年积累起来的反感、仇视和怨恨一同宣泄出来，实施其高度秘密的计划，情感冲突的另一方往往防不胜防，甚至灭顶之灾瞬间降临到头顶自己也浑然不知。

纵欲主义者不仅不劳而获、无功受禄，而且他们对物质利益对象和感官色情对象还有着非常苛刻的要求，因此，他们免不了会招致非纵欲主义者的反感、仇视和怨恨。但是，由于非纵欲主义者既缺乏强大的政治权力与其抗衡，也没有足够的经济实力与其一决雌雄，因而，他们的反感、仇视和怨恨都只能处于“地下”状态，也就是处于“敢怒而不敢言”的状态。虽然情感冲突的一方由于自身实力不足而不敢贸然向另一方公开提出挑战，但并不意味着他们内心的反感、仇视和怨恨之火会自然熄灭，当然也不意味着情感主体之间的心理隔阂和情绪对立会自动消失。非纵欲主义者与纵欲主义者之间的情感冲突由来已久无须赘言，即使在纵欲主义者内部，他们之间也并非总是处于彼此一团和气、互相称兄道弟、你好我好大家好的局面，为了疯狂争夺物质利益对象和感官色情对象，为了在欲望满足对象的数量、质量（素质）、内容、形式上占绝对上风，纵欲主义者之间往往互不妥协、互不让步，从而上演着一场场血腥的“狗咬狗”的战争。

据史书记载：“及贾谧诛，［石］崇以党与免官。时赵王伦专权，崇甥欧阳建与伦有隙。崇有妓曰绿珠，美而艳，善吹笛。孙秀使人求之。崇时在金谷别馆，方登凉台，临清流，妇人侍侧。使者以告。崇尽出其婢妾数十人以示之，皆蕴兰麝，被罗縠，曰：‘在所择。’使者曰：‘君侯服御丽则丽矣，然本受命指索绿珠，不识孰是？’崇勃然曰：‘绿珠吾所爱，不可得也。’使者曰：‘君侯博古通今，察远照迩，愿加三思。’崇曰：‘不然。’使者出而又反，崇竟不许。秀怒，乃劝伦诛崇、建。崇、建亦潜知其计，乃与黄门郎潘岳阴劝淮南王允、齐王冏以图伦、秀。秀觉之，遂矫诏收崇及潘岳、欧阳建等。崇正宴于楼上，介士到门。崇谓绿珠曰：‘我今为尔得罪。’绿珠泣曰：‘当效死于官前。’因自投于楼下而死。崇曰：‘吾不过流徙交、广耳。’及车载诣东市，崇乃叹曰：‘奴辈利吾家财。’收者答曰：‘知财致害，何不早散之？’崇不能答。崇母兄妻子无少长皆被害，死者十五人，崇时年五十二。”① 上述引文的大意为：等到后来贾谧被杀，石崇由于与贾谧同党也被免官。当时赵王司马伦专权，石崇的外甥欧阳建与司马伦有仇。石崇有一爱妾名叫绿珠，绿珠不但貌若天仙，而且吹笛子的水平很高。依附于司马伦的孙秀暗恋绿珠，过去因石崇有权有势，他不敢公开提出要求。石崇一被免职，他就明目张胆地便派人去向石崇索取绿珠。当时石崇正在金谷园登凉台、临清水，与群妾寻欢作乐，听说孙秀派人来索取美人，石崇便将他的几十个爱妾叫出去让使者挑选，这些女子一个个都散发着兰麝的香气，穿着绚丽的锦绣，石崇说：“随便挑吧。”使者说：“这些女子虽然个个都美丽绝伦，但人家是叫我来索取绿珠，不知道是其中的哪一个？”石崇勃然大怒：“绿珠为我深爱，想要绿珠办不到。”使者说：“君侯博古通今，是个深明大义的人，请你好好考虑。”石崇回答说：“不行。”使者出门后又返回来再次争取，但石崇坚决不答应。索取绿珠不成让孙秀非常生气，他就建议司马伦把石崇和欧阳建一同杀掉。石崇和欧阳建暗中得知这一消息后，就和黄门郎潘岳悄悄劝淮南王允、齐王冏把司马伦和孙秀消灭掉。觉察出他们的计谋后，孙秀便假装把石崇、潘岳和欧阳建等人召集过来。那时石崇正在楼上宴饮，孙秀派去的使者到了门口。石崇对绿珠说：“我现在因为你而获罪。”绿珠流着泪说：“那我就死在你面前。”随即纵身从楼上跳下坠地身亡。后来石崇被乱兵杀于东市。临死前他说：“那些人都是想

① 房玄龄著：《晋书·列传第三》。

得到我的钱财！”押解他的人说：“你既然知道人为财死，为什么不早点把家财散发出去呢？”石崇回答不上来。石崇母亲哥哥妻子儿女全家不论大小一律被杀，死了一共十五人，那时石崇才五十二岁。

上述关于石崇与孙秀争夺美女绿珠的史实表明，即使在纵欲主义者之间，他们的情感冲突也非常剧烈。为了显示自己在社会生活中的地位和身份，为了享尽人间的一切荣华富贵，他们互相猜忌，彼此为敌，然后不惜动用武力，最终酿成石崇一家全被诛灭的惨剧。

爱尔维修说：“当各个家族彼此住得更加邻近的时候，那时占有同样东西的共同欲望，例如占有某棵树上的果子或某个女人的欢心的共同欲望，就会在他们中间引起争吵和殴斗：由此就产生出愤怒和报复了。”① 爱尔维修显然注意到了情感冲突的起因。在他看来，情感冲突之所以产生，主要是由于情感主体双方为了争夺物质利益对象或感官色情对象的结果，不管最终是谁获得了这个物质利益对象或感官色情对象，他们之间的心理隔阂和情绪对立都必然会形成。这种心理隔阂和情绪对立一般表现为两种状态：一种是埋藏在内心深处的愤恨和积怨，另一种则是公开的口水之战和肢体冲突。周恩来同志说：“图享受，怕艰苦；好伸手，走后门；一人做‘官’，全家享福，一人得道，鸡犬升天；请客送礼，置装添私；苦乐不均，内外不一。这是特殊化的官僚主义。”“我们国家的干部是人民的公仆，应该同群众同甘苦，共命运。如果图享受，怕艰苦，甚至走后门，特殊化，那是会引起群众公愤的。”② 在老一辈无产阶级革命家周恩来看来，一切贪图享受、见利忘义、敛财聚物、损公肥私的行为，不但是贫富悬殊、两极分化现象产生的根源，而且还会引起公愤，还会导致干部与群众之间情感的不和谐及关系的不融洽。为此，他对特殊化的官僚主义提出了严厉批评，同时要求干部和群众要手拉手、肩并肩、心连心，同甘共苦、打成一片。

## 第六节　助推现存规制崩溃

规制是指用来约束人们行为使其不逾越一定界限的规范和准则。它通常包括制度、法律和道德等。虽然并非所有时代和所有社会的规范和准则都完全相同，

① 北京大学哲学系外国哲学史教研室编译：《十八世纪法国哲学》，商务印书馆，1963 年版，第 471 页。

② 《周恩来选集》下卷，人民出版社，1984 年版，第 420—421 页。

但不同时代和不同社会的规范和准则之间仍然存在着一定的相通性。由于不同的规范和准则在它们存在的时代和社会都具有一定的合理性并能产生一定的积极作用，因而它们仍然为其所处时代和所处社会的人们共同遵守。纵欲主义者是个例外。在他们看来，要么那些规范和准则是用来约束别人的，并未把他们自身包括在内；要么他们虽然承认自己也要受那些规范和准则约束，但他们可以无视并人为地破坏那些规范和准则，处于无拘无束的状态。

## 一、不受现存规制约束

时代有文明和野蛮之分，社会有进步与落后之别。但不管是文明的时代还是野蛮的时代，不管是进步的社会还是落后的社会，都离不开一定的规制约束。为何需要一定的规制约束？因为没有一定的规制约束，人们的行为就会处于完全自发盲目的状态，处于完全自发盲目状态的人们由于没有任何规范和准则可以依循，他们就会我行我素、放任自流，就会无法无天、为非作歹，这样，社会的有序和谐目标就难于实现，而矛盾冲突则会层出不穷。为了避免乌烟瘴气、令人不堪目睹的局面的出现，就需要确立一定的规制，人们希望通过制定这些规制来让全体社会成员共同遵守，从而营造出一种有章可循、令行禁止的良好氛围。

制度是一种带有根本性、战略性和方向性的规制。制度通常以文字的形式被固定下来。制度必须具备一定的前提条件，这种前提条件就是科学性、合理性和规范性。制度只有具备一定的科学性、合理性和规范性，它才能得到人们的普遍认可。而只有得到人们的普遍认可，制度才能得以顺利推行。在阶级社会中，制度往往是统治阶级意志的产物和政治理念的体现，也就是说，被制定出来并供人们遵守的制度要把统治者的主导思想最大限度地反映出来。例如，一个国家的政治制度、经济制度、军事制度和文化制度等都是该国统治阶级意志的产物和政治理念的体现，这些政治制度、经济制度、军事制度和文化制度也都要在很大程度上把统治者的主导思想反映出来。尽管如此，统治者仍然要尽力维护其社会成员的切身利益，否则，制度即使被制定出来，也不一定能够得到人们的遵守和执行。如果人们拒不遵守和执行制度的相关规定，那制度也就失去了其存在的价值和意义。因而，那些切实可行的制度大多既体现了统治阶级的意志和政治理念，反映了统治者的主导思想，同时也在一定程度上维护了其他社会成员的切身利益。制度并非一纸空文，既然被制定出来，制度就要求得到人们的遵守和执行，谁如果违反了制度就得付出一定的代价，制度的制定者和执行者会根据情节轻重在一定范围内对违反者进行处罚，处罚的种类主要有经济处罚和行政处罚等。

法律是制度的进一步具体化，它同样是统治阶级意志的产物和政治理念的体现，同样要把统治者的主导思想通过条文的形式反映出来。但法律与制度最大的区别在于它带有超常的强制性和巨大的威慑力。“法者，编著之图籍，设之于官府，而布之于百姓者也。”① 从上述对法律的界定可以看出，法律不仅要以文本的形式固定下来，而且还要由代表国家意志的专门机关来制定、颁布、实施和监督，并广泛宣传，尽量做到家喻户晓、妇孺皆知。这样一来，整个过程就涉及法律的存在形式、谁是制定、颁布、实施和监督法律的主体、法律的适用范围等诸多方面。当人们对法律有所知悉和了解之后，就得规规矩矩、老老实实地遵守，一旦触犯后果就极其严重。尽管不同时代、不同国家违法犯罪的名称各不相同，处罚的方式也多种多样，但综合起来它们都呈现出一个总体特征，那就是：轻则经济利益受损，重则生命权被强制剥夺。由此可见，在所有的规制中，法律的约束力是最强的一种。

道德是一种与制度和法律都存在着明显区别的规制，它们之间的区别和联系主要表现在：第一，道德不用文本的形式呈现出来，它需要经历漫长的时期才能自发地形成并为人们自觉地遵守。第二，道德无须体现统治阶级的意志和政治理念，也不用反映统治者的主导思想。第三，道德通过社会舆论评价和人们的内心信念而使主体的行为受到约束，从而实现他律与自律的结合。第四，虽然道德的时代特征和政治色彩并不明显，可它一旦形成就具有较高的稳定性，也就是说，同一种道德规范和准则往往为不同时代、不同政治派别的人们所共同遵守。第五，与制度和法律的刚性约束相比，道德是一种柔性约束，违反了道德的人最多只会遭到人们的负面评价或被不约而同地孤立，他们不但不会受到各种形式的处罚，而且人身自由也不会受到限制，当然，要强制剥夺其生命权更是不可能。在这种情况下，缺乏道德意识的人往往不把道德放在眼里。第六，不能低估道德的作用，它调整的范围非常广泛，从程度很轻的损人利己行为到程度极重的违法犯罪行为都无一例外地属于道德的涵盖范围。换言之，如果一个人违反了制度或触犯了法律，他自然而然就违背了道德，或者说他就是一个不道德的人，但如果一个人违背了道德，或者说他被人们视为不道德的人却不一定违反制度或触犯法律。因此，制度和法律所调整的危害行为虽然都比较严重，但范围远比道德要小得多。

① 《韩非子·难三》。

从上述情况看，制度、法律这两种规制联系较为紧密，它们不但要用文本的形式呈现出来让人们照章遵守，而且刚性较强，约束力较大，任何人都不得随意触碰。道德则无须以文字的形式呈现出来，它主要靠部分社会成员的榜样力量和示范带动作用来引导人们的行为，形成一种大众普遍认同的思维方式和行为习惯，由于它受政治的干预较少，调整的范围较大，稳定性较强，因而，它仍然具有其得天独厚的优势。应该说，它们三者从诞生至今，每一种规制的功能都不为其他规制所拥有，因而没有谁能够轻易地取代谁。如果每一个社会成员都完全按照制度、法律和道德的要求行事，那么，社会的有序和谐就有了可靠保障。不幸的是，制度、法律和道德虽然存在的时日已经很长，但是按照制度、法律和道德要求行事的仍然只有一部分社会成员。少数社会成员，特别是那些手中握有政治权力的纵欲主义者，制度、法律和道德对他们没有丝毫的约束作用，因为这些规制本来就不是为他们而设定的。说得更准确些，他们才是这些规制的真正制定者、颁布者、实施者和监督者。他们为何要扮演这些角色？因为他们希望自己的统治能够长治久安，希望自己的快乐日子能够永远延续下去。在此情况下，他们哪里会自己跟自己过不去呢？他们为何要自己设置圈套来把自己套住呢？他们所要约束的是可能跟他们过不去的那些人，他们想要套住的是那些可能给他们制造麻烦并构成威胁的社会成员。基于这种考虑，“和尚动得，我动不得”也就成了活生生的现实，“礼不下庶人，刑不上大夫”也就成了他们逍遥法外的见证。如果这些手中握有政治权力的纵欲主义者也像其他人一样遵章守纪，供他们寻欢作乐的物质利益对象和感官色情对象就成了无源之水、无本之木；如果这些手中握有政治权力的纵欲主义者也像其他社会成员一样规规矩矩、老老实实地按照制度、法律和道德的要求行事，他们在用来满足自己欲望的对象数量上求多、质量（素质）上求优、内容上求全、形式上求变的美好愿望就会化为泡影。因此，所谓的现存规制，其实并不是用来限制他们自由、自在、自主、放荡的生活的，恰恰相反，而是他们用来预防和惩治那些敢于犯上作乱、违背他们个人意志的社会成员的有力手段。

## 二、突破现存规制约束

并非所有的纵欲主义者手中都握有政治权力，他们当中，只有一部分人掌握着政治权力，另一部分人则没有掌握着政治权力。接下来的问题是，没有掌握政治权力的这一部分纵欲主义者要想达到其纵欲的目的，怎么办？在每一个时代和每一个社会，制度、法律和道德都实实在在地存在着。尽管这些制度、法律和道德并非都已达到尽善尽美的程度，但是人们不能无视它们的存在，也就是说，人们的行为还得接受它们的约束。在此情况下，纵欲主义者如果像其他社会成员那样循规蹈矩，不敢越雷池一步，他们在物质利益对象和感官色情对象上所设定的极为苛刻的数量要求、质量（素质）要求、内容要求、形式要求就必然落空。为了达到其要风得风、要雨得雨的纵欲目的，为了不违背自身纵欲的强烈意愿，他们唯一的办法就只有铤而走险，突破现存制度、法律和道德的底线，这样，他们才可以把国家、集体和他人的利益据为己有，从而过上灯红酒绿、醉生梦死的生活。纵欲主义者突破现存规制主要有以下表现：第一，对纵欲主义者来说，制度无疑就是一种阻碍自己行动的绊脚石，是一只使自己难以抵达目的地的拦路虎。如果没有制度，纵欲主义者就可以为所欲为，就可以成为一匹不受约束的脱缰的野马。有了制度，就意味着有了各种各样的框框套套，就意味着有了名目繁多的规定。什么该干，什么不该干；在什么时间干，在什么地方干；干了会产生什么后果，不干会产生什么后果；干出成绩来怎么办，干不出成绩来又怎么办等。所有这一切，对习惯于“老子天下第一”的纵欲主义者而言简直无异于一种枷锁。为了挣脱种种束缚，纵欲主义者往往漠视制度的存在：制度上规定不该干的事情他们偏偏要去干，制度上要求干的事情他们偏偏不去干；制度上要求在某个时间干的事情他们在任何时间都不干，制度上规定在某个地方干的事情他们在任何地方都不干；干了以后会产生良好的后果还是会产生不良的后果，他们一律不关心；是干得出成绩来还是干不出成绩来，通通不属于他们考虑的范围。纵欲主义者最为关注的事情是把那些对他们不利的规定修改为对他们有利的规定，把那些对别人有利的规定修改为对别人不利的规定，如果不按照他们的意图进行修改，那最好是通通废除或取消。这样，他们前进道路上的障碍就会大大减少，他们离纵欲的目标从而也就越来越近。第二，对纵欲主义者来说，法律更是一条捆绑在他们身上让他们活得极不开心的绳索。有了这条绳索，他们随时随地都处于提心吊胆、担惊受怕之中。他们原本想贪污，因为这条绳索的存在而赶紧把伸出去的手缩回来；他们原本想受贿，因为这条绳索的存在而不敢接受别人送上门来的钱财；他们原本想索贿，因为这条绳索的存在而不敢向对方开口或暗示；他们原本想盗窃，因为这条绳索的存在而迅速熄灭了作案的念头；他们原本想抢劫或抢夺，因为这条绳索的存在而不敢贸然行动；他们原本想诈骗，因为这条绳索的存在而使他们不得不把这一打算搁置起来。但是，如果他们真的如此畏惧那些法律文本上写得清清楚楚、明明白白的条款，他们也就与所有的良民百姓没有了任何区别，最主要的是，他们如果真的这样谨小慎微地行事，那么，他们纵欲的动机就只能存在于内心而难以变为现实。由此，在纵欲的动机与法律的威严之间，他们最终还是选择置法律的威严于不顾，义无反顾地走上违法犯罪的道路。这是由他们自身的纵欲本性所决定的。纵欲主义者不是从未产生过侥幸心理，也就是说，他们有时还是寄希望于在神不知鬼不觉的状态下从国家、集体和他人那里弄到一大笔数量可观的钱财来供自己挥霍和享乐，但是，这一“美好”的想法往往无法实现。这样，在按捺不住的纵欲动机的驱使下，他们还是决定以身试法，放开手脚大胆行动。第三，对纵欲主义者来说，道德也是一种碍手碍脚的束缚。与制度和法律相比，道德这种规制虽然比较宽松，但它仍然会对人们的心理产生积极的或消极的影响。纵欲主义者虽然胆大妄为，不达目的誓不罢休，但他们毕竟不是生活在真空中，他们毕竟还要食人间烟火，还要在人来人往的世界上抛头露面。因此，来自他人的正面褒扬，来自他人的负面贬斥，都会有意无意地传到纵欲主义者的耳朵里。所谓“人言可畏”指的就是不能小觑别人的评价，不能无视社会舆论的压力。如果不是一个铁石心肠的人，如果不是一个无动于衷的人，那么他就会在乎来自他人和社会的赞扬或指责，他的心灵就会有所触动，他既能从他人和社会的肯定性评价中获得继续前进的动力，也会因为他人和社会的否定性评价而羞愧不已、无地自容。可见，道德不是可有可无、形同虚设的东西，道德的力量仍然不能忽视。纵欲主义者如果像其他社会成员一样具有辨别真善美和假恶丑的判断能力，并能把接近真善美、远离假恶丑化为自觉的实际行动，对于一切不道德的事情从不染指，对于道德的事情都争先恐后地去践行，那么，纵欲主义者也就与普通人毫无二致了。然而，如果纵欲主义者瞻前顾后，如果纵欲主义者“前怕狼后怕虎”，那么，他们要实现其不可告人的纵欲目标也就成了一句空话。纵欲主义者从不在乎来自他人和社会的任何评价，那些评价对他们来说只是可笑的耳边风，他们根本不予理睬。在纵欲主义者看来，只有吃得可口、穿得体面、住得舒适、行得潇洒、玩得痛快才是硬道理，其他与此无关的一切均无足轻重。

霍尔巴赫说：“人的感情比其他动物的感情更繁多，因为他的本性使他具有为数更多的需要。……一个文明国家的公民有数不清的需要，这些需要是他的想象力受到榜样的指引，受到他所获得的观念的指引，而且常常是受到偏见的指引，随时随刻给他创造出来的，也是他千方百计地设法去满足的。”① 霍尔巴赫

① 北京大学哲学外国哲学史教研室编译：《十八世纪法国哲学》，商务印书馆，1963年版，第645页。

的上述言论包含着如下意思：第一，人的需要繁多。这些需要不但涉及吃穿问题，而且涉及住行问题，甚至还涉及性需求的满足问题。这些需要一旦产生，人们就必须设法加以满足。第二，产生这些需要的原因更多的时候不是来自自身，而是来自外部。来自外部主要有三种渠道：一是榜样的引领。自己本来没有那种需要，因为别人在前面带了头，为了不落后于别人，自己也跟着别人亦步亦趋，于是就产生了这种需要。二是由于某种观念的驱使而使自己产生了某种需要。人们不是从自身的实际情况出发而采取某种行动，而是因为某种观念支配的结果。因而，与其说大多数人是靠思想生活还不如说大多数人是靠观念生活更加准确。三是某种偏见在起作用。既然是偏见，那就意味着不是建立在客观事实基础之上的正确认识，而通常是一种陈见，一种先入为主的先验性的东西。第三，即便如此，当这些形形色色的其实并非必须的需要产生之后，人们还是千方百计地寻找满足的办法，他们往往为此付出沉重的代价。纵欲主义者之所以敢于突破现存规制，很大程度上就是他们不从自身和现实的实际情况出发而完全是盲目行动的结果。老一辈无产阶级革命家陈云同志说："什么是消极现象？例如，大吃大喝，送很贵重的礼品，以及其他种种为谋取小公和个人利益而损害国家利益的不正当手段，这些就是消极现象。"① 陈云对消极现象所做的上述界定表明：消极现象首先是一种不加节制的消费行为，这种消费行为远远超过了一个人现有的经济实力，也就是一个人的消费行为与其经济实力极不相称。其次是消极现象与不正当手段完全可以画上等号。因为二者的内涵都不外乎为了谋求自己的利益或者自己所在的小团体的利益而绝非国家利益或者公共利益。江泽民同志说："奢侈浪费既是消极颓废的表现，也是腐败问题得以产生和蔓延的温床。如果现在再不引起大家的高度重视，不坚决加以整治，后果不堪设想。"② 显然，江泽民已把细小的生活作风问题与重大的政治腐败问题联系在一起，在他看来，如果不防微杜渐，不把具有危害性质的事物扼杀在萌芽状态，一旦让其形成巨大声势，后果就极其严重。总体而言，霍尔巴赫、陈云和江泽民的言论所呈现出来的共同点就是，对于一切突破规制的行为（纵欲主义者的行为也被包括在内），他们都不约而同地流露出深深的忧虑。

---

① 《厉行节约反对浪费——重要论述摘编》，中央文献出版社，2013 年版，第 37 页。

② 《江泽民文选》第 1 卷，人民出版社，2006 年版，第 617 页。

# 第十章　纵欲主义的合理改造

## 第一节　从自然欲望满足向非自然欲望满足转变

### 一、非自然欲望及其满足

人的欲望多种多样，如果根据生物属性和非生物属性则可以将这些名目繁多的欲望划分为自然欲望和非自然欲望两大类别。其中，自然欲望就是人的本能需求，它包括吃、穿、住、行、性等与生俱来的需要，人的自然欲望得不到满足会危及人的身体健康和人的生命存在；非自然欲望就是人的非本能需求，它主要包括社会性和精神性两个方面的需要，非自然欲望得不到满足虽然不会危及人的身体健康和人的生命存在，但从是否具有这类欲望以及这类欲望的满足程度如何，就能够轻而易举地把人和动物区分开来。

动物顺应其生物属性，肚子饿了就要进食，嘴巴渴了就要饮水，产生了性冲动就要去寻找异性以便得到满足。动物的这些行为从本质上说与人的吃喝玩乐等行为没有什么不同，其区别仅仅在于人的要求比动物的要求要高一些，人的欲望对象比动物的欲望对象要精致一些、华丽一些、生动一些。动物没有参与社会交往的动机，没有提升道德水平的打算，没有读书看报的习惯，没有提高文化素养的愿望，人如果也像动物一样，没有参与社会交往的动机，没有提升道德水平的打算，没有读书看报的习惯，没有提高文化素养的愿望，那么，人和动物就几乎可以画上等号，也就是说，人和动物就不存在什么本质区别，人自身的优越性就不能被充分展示出来。动物缺乏社会性方面和精神性方面的需求，那是由动物的生物属性所决定的。人不能缺乏社会性方面和精神性方面的需求，因为人不仅受生物属性的支配，而且还受非生物属性的支配，亦即人还具有人性和神性的特征，人的人性和神性特征主要通过其社会性方面和精神性方面的需求体现出来。

在人的所有欲望中，主要把物质性需求和感官性需求包括在内的自然欲望大概占二分之一，主要把社会性需求和精神性需求包括在内的非自然欲望大概占二分之一。这两种欲望共同构成人的欲望不可分割的组成部分。人的这两类欲望及其满足的程度如何直接决定了人生存和发展的状况。因此，古今中外的很多思想家对于涵盖了社会性需求和精神性需求的非自然欲望的重要性曾经有过不少有见地的论述，这些论述把非自然欲望在欲望中的地位和价值清晰地凸显了出来。

中国自古以来就有“书中自有千钟粟”“书中自有黄金屋”“书中自有颜如玉”的说法。众所周知，书籍是人类进步的阶梯，书籍是精神文化的载体和象征。因此，通过广泛而深入地阅读书籍所获得的快乐绝不亚于吃到了精美可口的食物、住到了窗明几净的房屋、享用到了如花似玉的美人。古人把读书、把对精神食粮的享受提到了令人难以企及的高度，这从另一个侧面说明了他们对于非自然欲望的极大重视。

在西方，伊壁鸠鲁和苏格拉底对非自然欲望及其满足可谓推崇备至。伊壁鸠鲁说：“当我们说快乐是目的的时候，我们说的不是那些花费无度或沉溺于感官快乐的人的快乐。那些对我们的看法无知、反对或恶意歪曲的人就是这么认为的。我们讲的是身体的无痛苦和灵魂的无烦恼。快乐并不是无止境的宴饮狂欢，也不是享用美色，也不是大鱼大肉什么的或美味佳肴带来的享乐生活，而是运用清醒的理性研究和发现所有选择和规避的原因，把导致灵魂最大恐惧的观念驱赶出去。”① “无论你是在醒着的时候还是在睡着的时候，就都不会感到烦恼，而是像神一样生活在人当中。”② “无论拥有多么巨大的财产，赢得多么广的名声，或是获得那些无限制的欲望所追求的东西，都无法解决灵魂的紊乱，也无法产生真正意义上的欢乐。”③ 在上述论述中，伊壁鸠鲁反复提到了“灵魂”和“神”等概念，在这里，“灵魂”和“神”等实际上是与“精神”处于同等意义上的概念，或者说，伊壁鸠鲁一再强调的就是人是否具有精神属性及人的精神境界达到

① 伊壁鸠鲁、卢克来修著，包利民等译：《自然与快乐——伊壁鸠鲁的哲学》，中国社会科学出版社，2004 年版，第 33 页。

② 同上，第 34 页。

③ 同上，第 50 页。

了何种高度的问题。从他的论述中我们得知：第一，真正的快乐其实并不是那种世俗意义上的享乐。物质炫耀和肉体狂欢都只能属于世俗意义上的快乐，这种快乐的层次很低。因为这种快乐无法解除灵魂所受到的困扰。第二，一个人即使拥有世俗世界里所必不可少的食物、衣物、住房、交通工具和异性的数量不多，只要他的身体没有疾病侵袭，只要他的内心没有烦恼驻足，他可能就是最快乐的人。反过来，一个人不但拥有丰厚的物质利益对象，而且拥有诱人的感官色情对象，但他身体长期处于病患状态，一天到晚要连续不断地吃药、打针、输液，还随时随地担心着死神的突然降临，显然，这不仅不是快乐而且简直就是切身的痛苦；或者他烦恼无穷，想当官而不能如愿以偿，想发财却人算不如天算，官司缠身，纠纷不绝，在此情况下，他尝到的不仅不是快乐的感受，而且简直就是寝不安席、食不甘味的生不如死的滋味。第三，一个人只要身体处于健康状态，只要灵魂处于宁静状态，那么，就算没有万贯家财，就算没有美人相伴，他的生活照样悠闲自得，他的日子照样赛过神仙。苏格拉底则是一个既注意到人的社会性需求而又不忽视人的精神性需求的思想家。在社会性需求方面，他说："我每到一处便告诉人们，财富不会带来美德（善），但是美德（善）会带来财富和其他各种幸福，既有个人的幸福，也有国家的幸福。"① 苏格拉底上述关于道德的言论与孔子"德不孤，必有邻"② 及孟子"仁人无敌于天下"③ 的思想无疑具有相通之处。苏格拉底把人们一向固守的"利益决定道德"的错误认识扭转了过来。在他看来，不是利益决定道德，而恰恰相反，是道德决定利益。一个德高望重、处处受人敬仰的人，他必然能够建立起良好的人际关系，他必然会赢得很多朋友。由于有良好的人际关系的支撑，以及朋友们的大力支持，因此，他想要达到什么目的，包括获得一定利益都不是一件困难的事。反之，如果一个人的人际关系非常恶劣，常常处于被他人孤立的状态之中，那么，这个人不要说想发什么大财，就是连办一件微不足道的小事也会处处碰壁。由此可见，道德的力量无比巨大，人的社会性需求任何时刻也不能等闲视之。在精神性需求方面，苏格拉底更是将其奉为圭臬。他说："你只注意尽力获取金钱，以及名声和荣誉，而不注意或思考真理、理智和灵魂的完善，难道你不感到可耻吗？"④ "我不关心大多数人

① 柏拉图著，王晓朝译：《柏拉图全集》第一卷，人民出版社，2002 年版，第 18 页。
② 《论语 · 里仁》。
③ 《孟子 · 尽心下》。
④ 柏拉图著，王晓朝译：《柏拉图全集》第一卷，人民出版社，2002 年版，第 18 页。

关心的事，挣钱、有一个舒适的家、担任文武高官以及参与其他各种活动。”① “先生们，我的儿子长大成人以后，如果他们把金钱或其他任何东西放在良善之前，那么请用我对付你们的办法对付我的儿子；如果他们毫无理由地狂妄自大，那么就像我责备你们一样责备他们，因为他们忽略了重要的事情，自己一无所长而认为自己在某些事上很能干。如果你们肯这样做，那么我本人和我的孩子们在你们手中算是得到公平对待了。”② “灵魂尽可能节制快乐、欲望和悲伤，因为灵魂想到放纵快乐、欲望和悲伤的结果不是像人们所设想的那种微不足道的不幸，例如由于自我放纵而生病或浪费钱，而是一场受害者不知道的最可怕的灾难。”③ 在上述言论中，苏格拉底表达了如下思想：第一，金钱和名誉无足轻重，而真理和灵魂高于一切。因为获得金钱和名誉只是暂时的，而拥有真理和灵魂却可以永存。不仅如此，对金钱和名誉的拼命追逐只能把人们引向世俗和平庸，而追求真理和灵魂则会使人们进入神圣和高贵的境地。因而，那些整天为获得一点蝇头小利和浅薄名声而沾沾自喜的人，其实应当感到惭愧和羞耻，而不应当觉得骄傲和自豪。第二，吃饭、穿衣、升官、发财，这些都是鸡毛蒜皮、俗不可耐的小事，用不着一天到晚把它们挂在嘴上，更用不着把它们当作压倒一切的大事来谋划。只有那些对于真理的获得及对于灵魂的净化具有推动作用的事情，才值得人们坚持不懈地为之奋斗拼搏。第三，过分放纵自己的物质利益欲望和感官色情欲望且设法得到满足的人，他们最终都不会得到什么好的下场，因为与此相关的颓废、堕落和厮杀将会接踵而至。

综上所述，非自然欲望和满足不是一种可有可无的欲望和满足，而是一种与自然欲望和满足并驾齐驱、相提并论的欲望和满足。鉴于此，人们就不应当把所有的时间和精力全部投入到与食、衣、住、行、乐等有关的一切活动上，而应当把其中的一部分时间和精力用于与社会性需求和精神性需求有关的活动之中。

## 二、欲望满足空间的拓展

人既然有自然欲望和非自然欲望两类欲望，人就应该在设法使自然欲望得到满足的同时也设法使非自然欲望得到满足。吴稚晖说：“招呼朋友用什么手续呢?

① 柏拉图著，王晓朝译：《柏拉图全集》第一卷，人民出版社，2002 年版，第 26 页。
② 同上，第 32 页。
③ 同上，第 88 页。

最周到是要恻隐、辞让、是非、羞恶，完全了，招呼才算尽心。这恻隐等四项，还表明这是仁义礼智四根大柱子。人有这四端，便像人有两腿两手的四体一样。这是人皆有之的良心……与吃饭生小孩的欲性分别着，这个叫作理性。"[①]"凡是两手动物戏里的头等名角，应当有清风明月的嗜好，有神工鬼斧的创作，有覆天载地的仁爰。"[②]如果"把这三句江湖尺牍调，再解剖了，剥了他们的皮，赤裸裸使他们的真相，用粗俗话交代明白，便是吃饭、生孩子、招呼朋友"[③]归结起来，就是"（甲）清风明月的吃饭人生观，（乙）神工鬼斧的生小孩人生观，(丙）覆天载地的招呼朋友人生观"[④]。前两种可以叫作"人欲横流的人生观"，后一种可以叫作"天理流行的人生观"。[⑤]从吴稚晖的上述言论中我们得知：首先，他把人的欲望分为两类，一类叫作"欲性"，另一类叫作"理性"。虽然用语不同，但"欲性"的意思实际上就是指自然欲望，而"理性"的含义实际上就是指非自然欲望。在吴稚晖看来，吃饭、生孩子属于人的本能需求范围内的事情，这类事情是人满足其自然欲望的具体体现，而招呼朋友却与此有别。招呼朋友涉及主人是否热情好客、是否先人后已、是否礼让谦和等，这属于道德层面的要求。这些要求与仁义礼智等道德理念密切相关，因而，它们已经不再属于本能需求范围内的事情，而是进入到非本能需求的领域，换言之，它们已经不是自然欲望及其满足方面的活动，而是非自然欲望及其满足方面的活动。既然是非自然欲望及其满足方面的活动，那就是社会性需求方面或精神性需求方面的活动。在此情况下，就不是吃得饱吃不饱、孩子生得出来生不出来的问题，而是对朋友的招呼是否真诚周到尽心的问题。前者直接关涉的是生理上的感受，后者所涉及的则是他人的评价。而生理上的感受是不能取代他人的评价的。吃得不饱对身体有负面影响，孩子生不出来对繁衍子孙后代不利，但是，招呼朋友不到位人家就会说你的为人处事不行。而如果一个人被别人认定为为人处事存在着严重问题，那无论如何就不算一件好事。鉴于此，"欲性"与"理性"同等重要，二者不可偏废。其次，吴稚晖认为，虽然"欲性"与"理性"处于平起平坐的地位，但从实际情况看，人的"欲性"往往比"理性"强烈。人的"欲性"甚至强烈到了

① 钟离蒙，杨凤麟主编：《中国现代哲学史资料汇编》第一集第六册，辽宁大学哲学系，1981 年，第 143 页。

② 同上，第 143 页。

③ 同上，第 143 页。

④ 同上，第 144 页。

⑤ 同上，第 154 页。

可与洪水猛兽相提并论的地步，而“理性”虽然带有某种节制和高尚的成分，但其存在常常难以得到应有的彰显。为此，有必要把“理性”放在更加突出的位置。

纵欲主义者的致命缺陷在于，他们没有给非自然欲望及其满足留下足够的存在空间，也就是说，他们没有进一步向非自然欲望及其满足领域拓展的打算和行为，仍然固守在自然欲望及其满足的圈子内停步不前。他们念念不忘的仍然是吃饭、穿衣、居住、出行、性爱等问题，而这些问题始终没有超出过本能需求的界限。吴稚晖说：“吃饭本身，一毫不鄙陋，一毫无罪恶。”[①] “男女之爱，纯粹只有性欲。”[②] “高尚之夫妇，乃是用他爱来制限性欲之爱，故得高尚。高尚其因，而夫妇其果，否则赤裸裸一对狗男女而已。”[③] 在吴稚晖看来，不管是吃饭还是性爱，这都与道德评价无关，也就是与一个人是高尚还是卑鄙无关，与一个人是善良还是邪恶无关。因此，人们不必动辄就把原本属于非自然欲望及其满足的道德问题强加到属于自然欲望及其满足的食、色问题上，而应当将二者剥离开来。那种给食、色等活动人为地披上一本正经的外衣的人，其实就是不折不扣的伪君子。纵欲主义者把自己的视野和注意力局限在自然欲望及其满足的圈子之内，这实际上等于对非自然欲望及其满足的拒绝和排斥，从而也就等于对社会性和精神性活动的拒绝和排斥。这种固执的拒绝和排斥显然与把灵魂看得重于一切的立场和态度是背道而驰的。

苏格拉底说：“你认为一名哲学家关心与饮食相关的所谓快乐是否正确？”

“肯定不正确，苏格拉底。”希米亚斯说。

“关心性事方面的快乐又怎么？”

“这样做不对，不可能正确。”

“我们会关注的身体的其他方面需要吗？你认为一名哲学家会强调这些需要的重要性吗？我指的是穿漂亮衣裳和鞋子，以及其他身体的装饰品，你认为哲学家会看重这些东西还是轻视这些东西？我指的是在他并非真正需要的范围内去追求这些东西。”

“我想真正的哲学家会轻视它们。”希米亚斯说。

“那么这就是你的基本看法，哲学家并不关心他的身体，而是尽可能把注意

① 钟离蒙，杨凤麟主编：《中国现代哲学史资料汇编》第一集第六册，辽宁大学哲学系，1981 年，第 145 页。

② 同上，第 151 页。

③ 同上，第 151 页。

力从他的身体引开，指向他的灵魂，对吗？”

“对，是这样的。”①

苏格拉底和希米亚斯的上述对话表达了这样一个观点，这就是：作为致力于精神文化活动的哲学家，他们关注和思考的重点并非那些属于自然欲望及其满足范围内的事情，诸如饮食、穿着打扮以及性事等，因为这些活动只与身体有关，而与身体有关的事情又往往与灵魂的塑造相互对立。人们如果过分关注身体，过分看重饮食、穿着打扮以及性事，势必就会大大减少与社会性需求和精神性需求有关的活动。反过来，人们如果全身心投入到与社会性需求和精神性需求相关的活动中，他们就很少有时间和精力来顾及日常的吃喝玩乐之事。二者存在着一定的矛盾性。

美国女文化人类学家本尼迪克特说：“精神就是一切，是永存的。物质当然也是不可缺少的，但那却是次要的，瞬间的。”② 在精神与物质孰轻孰重的问题上，本尼迪克特显然持精神为上、物质次之的立场。精神何以胜于一切？因为精神永存。物质何以次之？因为物质无法永存。由于精神隶属于非自然欲望及其满足领域，物质隶属于自然欲望及其满足领域，因而，精神的重要性就意味着非自然欲望及其满足的重要性，物质的次要性就意味着自然欲望及其满足的次要性。既然如此，那么，把曾经被漠视的精神与一直被重视的物质的关系颠倒过来就显得尤为必要和紧迫，把曾经被漠视的非自然欲望及其满足与一直被重视的自然欲望及其满足的关系颠倒过来也就显得尤为必要和紧迫。

虽然苏格拉底、希米亚斯和本尼迪克特都一直在强调精神的地位也就是非自然欲望及其满足的地位，遗憾的是，这从来就没有引起过纵欲主义者足够的注意并得到过足够的重视。不管精神的地位以及非自然欲望及其满足的地位有多显赫，实际上，要想让纵欲主义者完全放弃物质从而放弃自然欲望及其满足并不可能，要想让纵欲主义者在物质与精神之间、自然欲望及其满足与非自然欲望及其满足之间画上等号也不现实。要让纵欲主义者克服自身的致命缺陷，唯一可行的办法是让其尽力拓展自己欲望及其满足的空间，即从原先的物质世界向着精神世界迈进，从自然欲望及其满足领域向着非自然欲望及其满足领域迈进。至于物质与精神、自然欲望及其满足与非自然欲望及其满足谁主谁次、孰先孰后，则没有必要过分强求。

① 柏拉图著，王晓朝译：《柏拉图全集》第一卷，人民出版社，2002年版，第61页。

② 本尼迪克特著：《菊与刀》，商务印书馆，1990年版，第17页。

## 第二节　从为我满足向为他满足转变

### 一、为他满足的必要性

在社会生活中，主体与主体之间的关系既是一种相互排斥的关系，同时又是一种彼此依存的关系。人们看到了主体与主体之间相互排斥的一面，却往往看不到二者之间彼此依存的一面。人们总是认为，利益之所以越来越少，主要是因为争夺利益的主体越来越多，用来满足欲望的对象或内容之所以越来越少，主要是因为主体的欲望越来越多。因此，自身之外的每一个主体都是使自身利益减少的因素之一，同时也都是使自己的欲望得不到全面和充分满足的根源之一。于是，他们就迁怒于自身之外的主体，认为是他们抢了自己的饭碗，是由于他们的存在才使得自己的生存和发展处境越来越艰难。应该承认这种看法具有一定的合理性。因为从理论上讲，主体越多就意味着欲望越多，如果利益没有得到相应的增加，如果用来满足欲望的对象或内容仍然停留在原有的水平，那么，主体及其欲望的增多势必就会使主体能够分割到的利益减少，从而使用来满足其欲望的对象或内容减少。在利益总量不变的前提下，或者说在用来满足欲望的对象或内容数量不变的情况下，如果主体及其欲望减少，那么，主体所能分割到的利益就会增加，主体用来满足其欲望的对象或内容的数量就会增多，这样，主体欲望的满足就会更加全面和充分。然而，这种看法的片面性也不容忽视。具体体现在：第一，一个人要谋求生存和发展，单靠他自身的力量是无法使这一愿望变成现实的。自然界广袤无垠，处处充满着杀机，不但随时要面临狂风暴雨的侵袭，而且还要频繁受到毒蛇猛兽的威胁。在此情况下，一个人要想独自面对来自自然界的侵袭和威胁就显得力不从心。为了避免狂风暴雨的袭击，这个人就需要建造一个遮风避雨之所，而要建造一个遮风避雨之所，单个人的力量就显得微不足道。此时，如果有一群人为这个人出谋划策、鼎力相助，一幢房屋很快就能建成。当一个人遭到豺狼或老虎的攻击，这个人连逃命恐怕都还来不及，更不要说将豺狼或老虎置于死地。此时，如果有 10 个人甚至 100 个人前来援助，这个人的生命不但能够保全下来，而且豺狼或老虎还会被活活打死。第二，人的欲望种类繁多，而个人用来获得不同欲望对象或内容的知识和技能有限，因此，单靠个人的力量必然无法使这些问题一一得到解决。一个人要吃饭就需要有粮食，而要获得粮食首先就需要劳动者拥有一定的生产知识和劳动技能，其次还需要有土地、种子和农具等生产资料，可以说，获得粮食的诸多因素，一样都不能缺少。而一个人却难以同时具备这些条件，如果能够得到很多人的支持和帮助，事情很快就会得到圆满解决。一个人要穿衣就需要衣物，衣物的制作同样离不开多种要素。首先缝制衣物需要具备一定的剪裁知识和缝制技术，其次还需要有一定数量的棉、麻、丝、绸、缎、皮等材料。而无论是知识、技术还是材料，没有多数人的携手合作也很难完成。吃、穿还仅仅是人的众多欲望中的两种，其他比如说住的欲望、行的欲望、乐的欲望等的满足对象或内容也都不是轻而易举就能获得的。一般来说，如果参与的人数较多，获得的难度就会更小，如果参与的人数较少，获得的难度就会更大。第三，随着社会分工的不断加剧，行业与行业之间的依赖性就越来越大，人与人之间的依赖性从而也就越来越大。在社会分工还比较模糊的时候，一个人除了会种地以外，他还懂得狩猎、捕鱼、缝纫、建房等技术，因此，凭借他个人通晓的技术，他基本上就能维持其简单的生存，他对他人的依存度就较低。当社会分工逐渐变得清晰起来时，个人对他人的依存度就会很高。要是一个人只能够生产螺丝钉，其他任何技术都一窍不通，在此情况下，螺丝钉除了供他本人使用，就会出现大量剩余，剩余下来的螺丝钉如果不拿去销售，对他来说简直就没有丝毫用处。而他迫切需要的，是食物、衣物、住房、交通工具、异性等，如果没有人能够提供这些用来满足其欲望的对象或内容，那么，他就只能守着那一堆螺丝钉或守着用螺丝钉换来的一沓钞票干瞪眼。由此可见，只看到人与人之间相互排斥的一面而看不到他们之间彼此依存的一面不仅有失全面而且有失客观。

霍尔巴赫是为数极少的能够看到人与人之间彼此依存的关系以及他人的重要性的思想家之一，他说："正是由于不认识自己，不认识自己和同类之间的必然关系，人才不认识自己对别人应尽的义务；他丝毫没有感到，自己要得到幸福，没有别人是不行的。他也看不出对自己应当做哪些事情，看不出为了使自己确保幸福必须避免哪些过分的行为，看不出为了自己的幸福必须制服或保持哪些感情；总之，他并不认识自己的真正的利益。这样，便产生了他的生活无节，放纵无度，种种可耻的肉欲，以及其他一切有损自己的生命和长远幸福的恶习。"①"人凭着本性，就不仅应当爱自己，而且还应当爱一切协助他取得幸福的东西；由此可见，人为了自己的利益，应当爱其他的人，因为他们是他的存在、他的保

① 北京大学哲学系外国哲学史教研室编译：《十八世纪法国哲学》，商务印书馆，1963年版，第573页。

存、他的快乐所必需的。”“爱别人，就是爱那些使我们自己幸福的手段，就是要求他们生存、他们幸福，因为我们发现我们的幸福与此相联系。这就是把我们的利益与我们所交往的人们的利益混合在一起，以便为共同的福利而工作。”① “社会对于人的幸福是有益的和必需的；人不能独自使自己幸福；一个软弱而又充满各种需要的生物，在任何时刻都需要它自己所不能提供的援助。只有靠它的同类的帮助，它才能抵御命运的打击，才能补偿它不得不尝到的肉体上苦难。”② 把霍尔巴赫的上述言论归结起来，我们发现他表达了如下见解：第一，人们的认识一直存在着严重偏差。导致认识发生偏差的原因既可能与人的自私本性有关，也可能与主体对他人持有某种陈见有关。在这两种情况下，人们看问题就难免陷入片面性和主观性的境地。第二，由于看不到他人给自己带来的种种无形的好处，因而，主体总是要求于别人的甚多而给与别人的甚少。与此相联系，主体总是把责任推给别人而把权利留给自己，总是把过错推给别人而把功劳留给自己。在对人对己的态度上主体表现也相当明显，对别人过分苛刻而对自己极为宽容。第三，由于看不到人与人之间彼此依存的关系，因而，主体不仅不会对他人的付出表示起码的尊重或者感恩，而且还往往把他人视为仇敌。接下来，最大限度地垄断一切利益，不择手段地获取用来满足欲望的对象或内容就在情理之中。第四，单个人的生命过于脆弱，而命运又往往神秘莫测，在此情况下，如果没有多个主体的联合，如果人们不团结起来，如果每一个人都是以单枪匹马、孤军奋战的形式出现，那么，面对强大而险恶的自然力，人们不但会被各个击破，而且最终不得不败下阵来。

既然人与人之间是一种你离不开我我离不开你的彼此依存的关系，既然他人在主体的生存和发展过程中发挥了举足轻重的作用，那么，主体在处理问题时，就必须破除原先非此即彼或非彼即此的思维定式，而应用亦此亦彼的思维取而代之；主体在为自己谋取利益的同时，就不能忘记为他人谋取利益，主体在满足自身欲望的同时，就不能无视他人欲望的满足。

## 二、不同主体之间彼此依存

在主体生存和发展目标既定的前提下，在主体数量众多的情况下，主体与主

① 北京大学哲学系外国哲学史教研室编译：《十八世纪法国哲学》，商务印书馆，1963 年版，第 650 页。

② 同上，第 650 页。

体之间的存在主要有两种形式：一是不同主体之间不能并存；二是不同主体之间能够并存。其中，不同主体之间不能并存具体表现为此主体存在彼主体就不能存在，彼主体存在此主体就不能存在，二者是一种有你就无我、有我就无你的排斥关系或者对立关系。不同主体之间能够并存具体表现为此主体与彼主体共同存在，他们之间并行不悖，是一种井水不犯河水的共荣共生关系。而无论是不同主体之间不能并存的状态，还是不同主体之间能够并存的状态，其根源都无一例外地指向利益，指向用来满足欲望的对象或内容。换言之，不同主体之间的关系实质上就是利益关系，由于利益关系不同，因而主体与主体在对待用来满足欲望的对象或内容上所表现出来的态度也就不同。对非现存利益缺乏创造意愿和行为，只把注意力集中在分割现存利益上的主体，在不同主体之间是不能并存还是能够并存的问题上，他们肯定持不同主体之间不能并存的立场。从这一立场出发，他们就把一个主体的欲望得到满足建立在另一个主体的欲望得不到满足的基础之上，就把一个主体获得用来满足欲望的对象或内容建立在另一个主体不能获得用来满足欲望的对象或内容的基础之上。通俗地说，就是把一个人的幸福建立在另一个人的痛苦之上。既对非存在利益具有创造意愿和行为，而又对现存利益持一种共同分享态度的主体，在不同主体之间是不能并存还是能够并存的问题上，他们肯定持不同主体之间能够并存的立场。从这一立场出发，他们在使自身的欲望得到满足的同时也希望他人的欲望同样得到满足，他们在获得用来满足自身欲望的对象或内容的同时，也希望他人同样获得用来满足其欲望的对象或内容。在此情况下，他们的目标就是共同幸福或互利共赢。

主体与主体之间的存在究竟以什么形式出现才比较恰当和合理，中外思想家们曾做过有益的探讨。孔子说："夫仁者，己欲立而立人，己欲达而达人。"[①] 这显然是持不同主体之间能够并存的立场。在孔子看来，利益虽然有限，但不同主体之间仍然可以共同分享，不一定要采取你争我夺、彼此残杀的方式才能使利益问题得到妥善解决。一个主体的日子过得美满丝毫不会影响另一个主体的日子也过得美满，他们之间照样可以相安无事地友好相处。这应视为正面立论。"其恕乎！己所不欲，勿施于人。"[②] 在这里，孔子又从反面阐明了不同主体之间因为各自心理情感和生活体验的相通而不愿意加害于他人。不同主体之间尽管存在着这样那样的区别，但当主体自身的利益遭到其他主体的侵犯或损害时，主体本人

① 《论语・雍也》。

② 《论语・卫灵公》。

会感到痛苦，同样，要是另一个主体的利益也遭到侵犯或损害，想必该主体也不会感到快乐。孔子通过类推的方式所做的理论阐释实际上与“将心比心”和“换位思考”等通俗说法的意思如出一辙。孟子说：“君子所以异于人者，以其存心也。君子以人存心，以礼存心。仁者爱人，有礼者敬人。爱人者，人恒爱之；敬人者，人恒敬之。”[①] 孟子的表述虽然与孔子有别，但他所强调的仍然是不同主体之间的相互依存性。在孟子看来，不同主体之间存在着一定的对应性，这种对应性通过主体之间的情感就能体现出来。而情感又往往存在着一定的对等性和平衡性。无论是爱还是恨，无论是尊重还是蔑视，都不会单独在一个主体的内心存在，而会在两个主体或多个主体的内心同时存在。如果某种情感只在一个主体的内心存在，而不在另一个主体的内心存在，那显然就是两个主体之间情感的不对等或者失衡。主体之间所表现出来的这种非对应性关系在正常情况下不会出现，即使出现也是难以持久的。戴震说：“遂己之欲者，广之能遂人之欲；达己之情者，广之能达人之情。道德之盛，使人之欲无不遂，人之情无不达，斯已矣。”[②] “遂己之欲，亦思遂人之欲，而仁不可胜用矣；快己之欲，忘人之欲，则私不仁。”[③] 戴震是直接提到“欲”这一概念的思想家，他对不同主体之间能够并存的关系做了具有里程碑意义的思考，对不同主体之间的欲望和感情等问题也做了精辟的论述。在戴震看来，那种只关心自身欲望满足得如何而不过问他人的欲望满足得如何的人是极其狭隘的人，那种只希望别人对自己投入感情而不对他人投入相应感情的人是极其霸道的人，这样的人在社会生活中绝对不受欢迎。因为任何社会的人际关系都崇尚礼尚往来，都是以“投我以桃，报之以李”来作为人们之间交往的共同基础的。如果有人肆意动摇这一基础，那他就是在人为地破坏人与人之间彼此依存的关系，这样的行为实际上就是一种不道德的行为。戴震认为，人要谋求生存和发展本来是天经地义的事情，如果某一主体从其自然本性出发而谋求生存和发展，同时又不排斥和阻碍其他主体也从自然本性出发而谋求生存和发展，那么，该主体的生存和发展就不会遭到其他主体的反对和抵抗。反过来，如果该主体排斥和阻碍了其他主体的生存和发展，那么他自身的生存和发展也肯定不会一帆风顺。戴震能够把欲望、感情等问题与道德紧密联系起来深入揭示人与人之间的复杂关系，已经达到了他人难以企及的高度，这确实难能可贵。霍尔

① 《孟子·离娄下》。
② 戴震著：《疏证·才》。
③ 戴震著：《原善》下卷。

巴赫说："饥饿是人的一种自然需要，满足这种需要的欲望是一种自然而且必要的感情，对食物进行选择，取用食物时有所节制，则是理性的结果；暴饮暴食是违背理性的行为；夺去另一个人所需要的、并且属于他的食物，乃是一种不义；把属于自己的食物分给另一个人，则是一件行善的行为，称为美德。一个人之为好人、有理性的人、道德的人，并不是当他没有感情的时候，而是当他的感情有益于他自己以及与他共处的侪辈的时候。"① 霍尔巴赫的上述分析可谓入木三分。霍尔巴赫以人们司空见惯的食物为例来说明隐藏于其后的深刻道理。他不但清晰地区分了何为理性行为、何为非理性行为，而且还准确地阐明了何为道德的举止值得大力提倡、何为不道德的举止应该受到严厉谴责。要做一个理性的人就必须有所节制，毫无节制只能是非理性的表现；要成为一个道德的人就应当尽可能地给予别人好处，损害别人的利益除了表明这个人不道德以外，不可能还有更为合适的解读。霍尔巴赫最后得出的结论是，真正的好人既要不乏理性又应当具有高尚的品质，人与人之间理想的关系不是互相伤害的排斥关系而是彼此关爱的依存关系。

纵欲主义者由于从自私的本性出发来看待问题，他们总是把为己置于首位，把自身利益的得失看得无比重要，把用来满足其欲望的对象或内容视为关乎其生死存亡的大事，因而，他们从不考虑非现存利益的创造问题，对于现存利益则始终持一种拼命占有和疯狂攫取的态度，这样，他们把不同主体之间的关系视为相互排斥的敌对关系也就不足为奇。如果他们能够认识到不同主体之间还有彼此依存的一面，他人的存在不仅没有对自己构成威胁，反而自己还得到了不少好处，那么一度被扭曲的人际关系就会慢慢地恢复过来。

## 第三节　从重享乐向重劳动转变

### 一、劳动的永恒价值

人与欲望相生相伴，欲望贯穿于人从出生到死亡的全部过程。人有欲望并不可怕，人设法使自身的欲望得到满足也很正常。人的欲望一旦消失，也就意味着人的生命已经终结。因此，欲望及其满足是每一个生命个体在其生命存续期间不

① 北京大学哲学系外国哲学史教研室编译：《十八世纪法国哲学》，商务印书馆，1963年版，第645页。

得不面对的现实。而如何才能使这一问题得到有效解决，却是摆在每一个生命个体面前的艰巨任务。通过考察我们得知，这个艰巨的任务既不是欲望本身，也不是满足本身，而是用来满足欲望的对象或内容，正是由于用来满足欲望的对象或内容难以获得，人们才时时处处充满着痛苦和烦恼。在人既然生下来就得活下去已经成为不容置辩的事实的前提下，他们唯一的出路就是千方百计地寻找一切可以用来满足其欲望的对象或内容。在用来满足其欲望的现存对象或内容即将绝迹的情况下，非现存对象或内容的创造就被提到了议事日程，或者说非现存对象或内容的创造就成为人们赖以谋生的唯一出路，而要创造出一定数量的非现存对象或内容，不付出巨大的体力和脑力又是难以奏效的。这样，劳动就历史地成了人们别无选择之时的唯一手段。劳动作为谋生的唯一手段倒是不足为奇，问题是，劳动并不像人类的其他活动那样容易和轻松。持续不断的劳动不仅需要耗费人的体力，而且需要耗费人的脑力，这种耗费既不像吃饭那么简单，也不像睡觉那么惬意，更不像听音乐那么令人愉快。从某种意义上讲，为了谋生而进行的劳动是一件苦不堪言的事情。因为任何非现存对象或内容的创造都需要经历一个漫长的过程，在这个过程的每一个环节都需要投入大量的体力和脑力。有时即使投入了大量的体力和脑力，也并不意味着就能收到良好的效果。例如，在粮食作物的种植过程中，由于干旱、洪水、蝗虫等自然灾害的降临而造成减产甚至绝收的现象可谓比比皆是。如果遭遇此类情况，人们付出的体力和脑力就会白白流失。由于付出的劳动代价很大，而收获到的非现存对象或内容很少，因而人们就不得不忍饥挨饿，艰难度日。即便如此，劳动仍然是人们生存下去的唯一希望，因此，就算困难重重，前途渺茫，人们也不会轻易放弃劳动这种人类特有的活动。

古今中外的许多思想家对劳动的重要意义都有过不少论述。韩非子指出："侈而惰者贫，而力而俭者富。"① 在韩非子看来，好吃懒做的结果只能导致用来满足欲望的对象或内容无法被创造出来，要是再加上挥霍浪费和奢侈腐化，那么，贫穷日子就会接踵而至。因为它背离了开源节流、增收节支的理财原则。反之，一个人如果不但勤劳朴素，而且节俭有加，那么，这就刚好与开源节流、增收节支的理财原则相符，富裕生活当然也就指日可待。墨子说："赖其力者生，不赖其力者不生。君子不强听治，即刑政乱；贱人不强从事，即财用不足。"②墨子把劳动提到关乎生存大计的高度，这是非常了不起的认识。墨子认为，不管

① 《韩非子·显学》。
② 《墨子·非乐上》。

从事什么职业，只要尽心尽力地干好自己的本职工作，就是参与了社会劳动，就有理由获得属于自己的一份劳动报酬。这不仅不会被活活饿死，而且还会活得理直气壮、堂堂正正。墨子接着说：“王公大人，蚤朝晏退，听狱治政，此其分事也。士君子竭股肱之力，亶其思虑之智，内治官府，外收敛关市、山林、泽梁之利，以实仓廪府库，此其分事也。农夫蚤出暮入，耕稼树艺，多聚叔粟，此其分事也。妇人夙兴夜寐，纺绩织纫，多治麻丝葛绪綑布縿，此其分事也。”① 在这里，墨子正面阐明了各个阶层的人应尽的分内职责：身居社会上层的高官应该尽到为民办事之责；普通官吏则应尽忠职守，加强社会事务的管理；耕田种地的农夫只有精耕细作才会迎来五谷丰登之日；就是那些主要从事家务劳动的妇女，也并不意味着就可以懒懒散散、得过且过。一言以蔽之，每个人都应各司其职、各尽其能。而摆在眼前的事实却远远地超出了墨子的想象，墨子对此表达出了自己深深的忧虑。忧虑的原因在于当时社会的大多数人都沉浸在对于音乐的纵情享受之中。“今惟毋在乎王公大人，说乐而听之，即必不能蚤朝晏退，听狱治政，是故国家乱而社稷危矣！今惟毋在乎士君子，说乐而听之，即必不能竭股肱之力，亶其思虑之智，内治官府，外收敛关市、山林、泽梁之利，以实仓廪府库，是故仓廪府库不实。今惟毋在乎农夫，说乐而听之，即必不能蚤出暮入，耕稼树艺，多聚叔粟，是故叔粟不足。今惟毋在乎妇人，说乐而听之，即必不能夙兴夜寐，纺绩织纫，多治麻丝葛绪綑布縿，是故布縿不兴。”② 显然，如果每一个应当劳动和能够劳动的社会成员都放下了手中的活，通通围坐在一起目不转睛地倾听音乐（姑且不论这种音乐是否有益于人的身心健康），那么，一切正在进行的工作就将被搁置下来，以致半途而废。墨子对这种风气显然持批判态度。作为小生产者的代表，墨子赋予了劳动特别是生产劳动以高尚的意义，认为劳动是人与动物相区别的重要标志，从而也就是人确立其地位和价值的依据。墨子十分重视劳动，提出了人与动物的最大区别就在于人能够自觉地从事维持自身生存的生产劳动。劳动是人类必需的活动，它并不低贱。只有全体社会成员都尽到自己的劳动职责，国家才会和谐稳定、长治久安，人民才会丰衣足食、幸福安宁。墨子还把强取别人劳动果实的行为看成一种不义或不道德的行为。他说：“今有人于此，入人之场园，取人之桃李瓜姜者，上得且罚之，众闻且非之，是何也？曰：不与

① 《墨子·非乐上》。

② 《墨子·非乐上》。

其劳获其食，已非其有所取之故。”[①] 正是这种损人利己的行为才造成了社会的混乱无序。吴稚晖认为，应当把吃饭与道德挂起钩来，吃饭有个标准：“(一)是吃饭要用自己的劳力换来才是。（二）是我的吃饭，若把阻碍别人的吃饭得来，就不对了。(三) 是花了劳力吃不到饭，还是不愿意夺别人的饭来吃，也便算作难能可贵。(四) 是能想出许多饭来给人吃，自然最好。但反过来，夺了许多人的饭，给我亲爱的去不劳而吃，那就更不对。”[②] “劳力即为生命的一部分。吃饭不用自己劳力，一定牺牲别人的劳力，供养自己，即犯了第二条的阻碍别人吃饭，间接消耗人家一部分的生命，无异同类相残，故第一条便是救济第二条。”[③] 吴稚晖的上述言论包含了如下意思：第一，吃饭和道德从表面上看虽是毫不相干的两件事情，实际上它们之间仍然存在着某种关联，这就是属于自然欲望满足范围的吃饭，其间也不可避免地包含着非自然欲望中的道德或不道德因素。如果自食其力，那是符合道德要求的；如果不劳而获，那就背离了道德要求。因为自己享用的劳动成果如果并非自己所为，肯定就是占有了他人劳动成果的结果，而侵占他人的劳动成果当然就偏离了道德的正常轨道。第二，安分守己、与世无争以及一切设身处地为他人着想为他人谋利的行为都值得推崇并应大力提倡。因为它体现出舍己为人、助人为乐等崇高的道德风尚。很明显，吴稚晖对不劳而获者持批评和贬斥态度，而对自食其力的行为却大加赞赏和褒扬。孟德斯鸠说：“有些地方之变成适于人居，是由于人们的勤劳所致，也必须有这种勤劳，才能保持生存；这些地方要求适中的统治。”[④] 很明显，孟德斯鸠持的是一种劳动能够创造幸福生活的立场。孟德斯鸠认为，即使是人们习以为常的环境，也并非天生就适合他们居住。因为纯粹的自然界可能是粗劣而荒凉的，如果人们按照他们的主观意志及审美要求进行必要的加工和修饰，将其变为人化的自然，那无疑会更适于人类的生存。而要达到这一目的，体力和脑力的投入是必不可少的。爱尔维修说：“一般地只有靠过度的劳动才能满足其迫切经常的需要。……如果习惯使劳动变得容易起来，如果我们总是毫不费力地做每天照例做的事情，如果每一种取得快乐的手段都能算是一种快乐，那么一笔中等的财产既然迫使人去劳动，也就使人享受着幸福，因为劳动总是以最为愉快的方式填满一个已满足

① 《墨子·天志下》。

② 钟离蒙，杨凤麟主编：《中国现代哲学史资料汇编》第一集第六册，辽宁大学哲学系，1981 年，第 145 页。

③ 同上，第 146 页。

④ 《西方哲学原著选读》下卷，商务印书馆，1982 年版，第 49 页。

的需要与一个重新产生的需要之间的那段时间，因而填满那被认为在人们的幸福方面最不平等的每天 12 个仅有的小时。”① 爱尔维修所强调的仍然是劳动能给人带来幸福。除此而外，他还表达了把劳动变成一件愉快事情的良好愿望，并且希望诞生一种能够有效抑制贪婪自私行为的法律，以保证人们的合法权益不受侵害。马尔萨斯说：“上帝下了这样的命令：在人类尚未向大地投入大量劳动和才智以前，大地不得向人类提供食物。”② 这是从另一种角度对于实行强制劳动责任的特殊表述。依马尔萨斯之见，对于那些一向好吃懒做、贪图享受的人，最好的办法就是不要再给他们提供任何可供消费的食物，不给他们丝毫的仁慈和同情，要让他们深切地体会到饥饿的痛苦滋味，感受好逸恶劳所导致的严重后果。只有这样，那些人才会老老实实地回到自己的岗位上来尽心尽力地工作。恩格斯在《劳动在从猿到人的转变中的作用》中，对人类的起源和演变历史过程做了详细考察，他说：“政治经济学家说：劳动是一切财富的源泉。其实，劳动加上自然界才是一切财富的源泉，自然界为劳动提供物料，劳动把物料转变为财富。但是，劳动还远不止是如此。它是一切人类生活的第一个基本条件，而且达到这样的程度，以至于我们在某种意义上必须说：劳动创造了人本身。”③ 他接着说：“手不仅是劳动器官，它还是劳动的产物。”④ “语言是从劳动中并和劳动一起产生出来的，这个解释是唯一正确的，拿动物来比较，就可以证明。”⑤ “首先是劳动，然后是语言和劳动一起——它们是两个最主要的推动力，在它们的影响下，猿脑就逐渐地过渡到人脑；人脑和猿脑虽然十分相似，但要大得多和完善。”⑥ “人类社会区别于猿群的特征又是什么呢？劳动。”⑦ “一句话，动物仅仅利用外部自然界，简单地用自己的存在在自然界中引起改变；而人则通过他所做出的改变来使自然界为自己的目的服务，来支配自然界。这便是人同其他动物的最后的本质的区别，而造成这一区别的也是劳动。”⑧ 劳动的巨大作用毋庸置疑：因为劳动，用来劳动的重要器官——手产生了；因为劳动，语言这种交流思想感情的

① 北京大学哲学系外国哲学史教研室编译：《西方哲学原著选读》下卷，商务印书馆，1982 年版，第 186 页。

② 马尔萨斯著，周进编译：《人口论》，北京出版社，2008 年版，第 132 页。

③ 恩格斯著，于光远等译编：《自然辩证法》，人民出版社，1984 年版，第 295 页。

④ 同上，第 297 页。

⑤ 同上，第 298 页。

⑥ 同上，第 299 页。

⑦ 同上，第 300 页。

⑧ 同上，第 304 页。

重要工具产生了；因为劳动，猿变成了人。劳动既然如此重要，那就应当把人们劳动的主动性、积极性和创造性充分调动起来。

韩非子、墨子、吴稚晖、孟德斯鸠、爱尔维修、马尔萨斯和恩格斯的上述有关劳动的论述表明，劳动对人类的生存和发展具有不同寻常的意义。只要人类存在一天，用来创造非现存的欲望满足对象或内容的劳动就会存在一天；只要人类永不消亡，用来创造非现存的欲望满足对象或内容的劳动就永远不会消亡。

## 二、把享乐的来源置于首位

由于享乐与劳动的关系是结果与原因的关系，因而，在没有原因就没有结果的前提下，不从事劳动当然也就无法享乐。人们在吃饱的基础上要求吃得可口，在穿暖的基础上要求穿得漂亮，在住得安稳的基础上要求住得舒适，在行得方便的基础上要求行得快捷，在玩得开心的基础上要求玩得尽兴。所有这一切都是人们从生存层面向发展层面迈进的正常而合理的诉求。但是，如何才能使这些诉求变为现实，如何才能让人们顺利地从生存层面上升到发展层面，这就不得不求助于劳动。如果没有必要的劳动，人们不但无法吃得可口而且连吃饱的目标都难以达到；如果没有必要的劳动，人们不但无法穿得漂亮而且连穿暖的目标都难以实现；如果不投入一定的体力和脑力，人们连住得安稳都不可能，更不要说住得舒适了；如果不投入一定的体力和脑力，人们连玩得开心都不可能，玩得尽兴就更是天方夜谭了。只要人们真正付出了一定的体力和脑力，只要人们实实在在地参与了劳动，那么，就会产生一定数量的劳动成果，人们用来满足其欲望的对象或内容就会被创造出来，在此情况下，人们究竟是吃得油腻丰盛一些还是吃得清淡简单一些也就不成其为问题，人们是天天都穿得花枝招展还是要等到喜事降临才刻意收拾打扮一番也就不成其为问题，人们是一年四季都享受舒适的居住环境还是要等到外出游玩才去潇洒一回也就不成其为问题，人们是随时都在乘坐豪华的交通工具还是要遇到特殊情况才去体验一把也就不成其为问题，人们是三百六十五天都喜气洋洋还是逢年过节才偶尔放松一下也就不成其为问题。总之，只要把享乐的来源问题解决了，亦即把原因问题解决了，作为结果的享乐问题自然而然也就会得到解决。

尽管劳动与享乐之间的关系是一种因果关系，尽管劳动为享乐之源的道理人人都能理解，但还是有不少人仍然没有把劳动当成一件大事来抓。纵欲主义者就属于这一类人，他们明知要通过劳动才能创造出劳动果实，明知要付出一定的体力和脑力才会获得用来满足欲望的对象或内容，但他们偏偏不愿意参加劳动，死活也不会为自己的享乐生活付出任何代价，这就是他们与生俱来的弱点。他们既然不愿意劳动，那么他们是否在别人为谋求生存而打拼时就很逍遥自在呢？回答是否定的。身为皇帝的唐玄宗在食、衣、住、行、乐等方面的满足应当说已经达到了无以复加的地步，但并不意味着他的日子就过得非常充实有趣，相反，他时时刻刻都陷入空虚、寂寞和无聊之中。据史料载："唐开元中，泰阶平，四海无事。玄宗在位岁久，倦于旰食宵衣，政元小大，始委于丞相，稍深居游宴，以声色自娱。先是元献皇后武淑妃皆有宠，相次即世。宫中虽良家子千万数，无悦目者。上心忽忽不乐，时每岁十月，驾幸华清宫，内外命妇，焜耀景从，浴日余波，赐以汤沐，春风灵液，澹荡其间。上心油然，若有所遇，顾左右前后，粉色如土，诏高力士潜搜外宫，得弘农杨玄琰女于寿邸，既笄矣。鬓发腻理，纤称中度，举止闲冶，如汉武帝李夫人。别疏汤泉，诏赐澡莹。既出水，体弱力微，若不任罗绮。光彩焕发，转动照人。上甚悦。进见之日，奏《霓裳羽衣曲》以导之；定情之夕，授金钗钿合以固之。又命戴步摇，垂金明珥。册为贵妃，着后服用。由是冶其容，敏其词，婉娈万态，以中上意。上益嬖焉。时省风九州，泥金五岳，骊山雪夜，上阳春朝，与上行同辇，止同室，宴专席，寝专房。虽有三夫人，九嫔，二十六世妇，八十一御妻，暨后宫才人，乐府伎女，使天子无顾叮意。自是六宫无复进幸者。非徒殊艳尤态独能致是，盖才智明慧，善巧便佞，先意希旨，有不可形容者焉。叔父昆弟皆列位清贵，爵为通侯。姊妹封国夫人，富埒王宫，车服邸第，与大长公主侔矣，而恩泽势力，则又过之，出入禁不问，京师长吏为之侧目。故当时谣咏有云：'生女勿悲酸，生男勿喜欢。'"① 爱尔维修也专门对不劳而食者的感受进行过考察，他说："因此处境小康的人们在每天满足自己的需要的10个或12个小时里，是能够同等幸福的。至于另外的10个或12个钟头（*实际上，大多数人的幸福或不幸，主要系于这10个或12个小时使用的是否巧妙。——原注*），是处在一个得到满足的需要和重新产生的需要之间的，是无法肯定人们能否再享同样的幸福的；这些时间是否人人都用于同样的用途呢？是否几乎人人都用来劳动，就是说，都用来取得满足自己的需要所必需的金钱呢？然而，奔驰的驿卒，赶车的马夫，记账的店伙，虽然处在不同的情况中，却都是奔赴这个同样的目标。因此在这个意义之下他们是同样地使用他们的时间。""有人会说：可是，游手好闲的富豪难道是这样？他的财富使他不必劳

① 陈鸿著：《长恨歌传》（一作《长恨传》）。

动就得到他所需要的一切，得到他的一切娱乐。这一点我同意。他因此更幸福吗？不，自然并不加惠于他，使他的食、色等需要增多。那么，这个富豪是否以一种更愉快的方式填补一个已满足的需要与一个重新产生的需要之间的空档呢？我对这一点怀疑。”① “他总是在不安，总是在活动，总是坐着四轮马车跑来跑去：这是一只靠转笼子排遣无聊的松鼠。为了幸福，游手好闲的富豪不得不等待自然在他身上使某种需要重新产生。” “因此填补他身上一种重新产生的需要与一种已满足的需要之间的空档的，乃是游手好闲的厌倦无聊。”② 由此可见，并非过上那种衣来伸手、饭来张口的生活就是一种令人羡慕的生活。过那种生活的人虽然暂时逃避了从事劳动所需要付出的体力和脑力的艰辛，虽然别人在顶风冒雪地干活的时候他们可以躲在清静的房间里打发时光，但由于无事可做，因而这些人往往感到度日如年，如坐针毡。恰恰相反，那些一天到晚忙个不停的人们，他们由于要抓紧时间完成自己的劳动任务，因而，时间对他们来说不但极其宝贵，而且转瞬即逝。他们连歇息的机会尚且都没有，空虚、寂寞和无聊的感觉就更不会在他们的生活中出现。爱尔维修不但考察了一部分人陷入空虚、寂寞和无聊境地的原因，而且他还对另一部分人的生活进行了专门考察。通过考察他发现，人们的快乐可以分为两类：“一类是官能的快乐。它们的基础是肉体的需要。这些快乐是任何人都能尝到的；人们在享受它们的时刻，是同等幸福的。但是这些快乐维持的时间不久。” “另一类是预期的快乐。在这些快乐当中，我把一切满足肉体需要的手段都算进去。这些手段总是通过预料变成了现实的快乐。我拿起刨子；我会感到什么呢？一切与工钱相联系的预期的快乐。然而，这一类快乐对于富豪来说是不存在的：他不劳动，单靠银柜换取他的一切欲望对象。他什么都不用干就能取得这些东西；他也容易对这些东西发生厌倦。”③ “游手好闲的财主有千万个厌倦无聊的时刻，这些时刻匠人和工人则尝着永远在重新产生的预期的快乐。”④ 显然，爱尔维修在把无所事事者与艰辛劳作者进行了一番仔细的对比之后，他发现了那些艰辛劳作者产生快乐感受的原因。在爱尔维修看来，这种快乐不是暂时的而是持久的，不是现实的而是预期的。由于艰辛劳作者在付出体力和脑力的时候，头脑中始终在想象着劳动背后的幸福情景的降临，因而他劳动的压力和强度就会大大减轻。此时，不是说他自己没有实际感受到劳作的种种艰

① 北京大学哲学系外国哲学史教研室编译：《十八世纪法国哲学》，商务印书馆，1963 年版，第 528 页。
② 同上，第 529 页。
③ 同上，第 529 页。
④ 同上，第 530 页。

难，而是因为精神上或者心理上对未来美好生活的向往使他乐于把更多的力量投入到眼前的劳动之中。因为一旦他本人的劳动行为换来了劳动报酬，那么，一切与食、衣、住、行、乐等有关的欲望也就有了满足的希望。

虽然劳动能够使人们的生活过得充实乃至忙碌，但是，劳动毕竟不等于休息和娱乐，因此，要想在短期内扭转人们好逸恶劳的倾向，要想使劳动成为人们自觉自愿的行为习惯，显然还有一段漫长的路要走。如果不是万不得已，如果不是生活所迫，如果不是用来满足欲望的对象或内容需要通过劳动这一手段才能获得，选择休息和娱乐的人肯定要比选择劳动的人多得多。从劳动的演变历程看，劳动被分为体力劳动和脑力劳动之初，它们之间的界限非常清晰，后来二者渐渐地模糊起来，也就是形成了一种相互融合的态势，体力劳动中包含有脑力劳动，脑力劳动中又夹杂着体力劳动，难以找到一种纯粹的体力劳动或纯粹的脑力劳动的具体工种。在主从关系上，最初以体力劳动为主，脑力劳动为辅，后来逐渐演变为以脑力劳动为主，体力劳动为辅。由于科技的不断进步，以及随之而来的劳动工具的发明、更新和应用，人们逐渐从原先的背、挑、扛、提、抬、挖、抱等繁重的体力劳动中解脱出来，代之以比较轻松的手工劳动。挖掘机、起重机、汽车、火车、轮船等现代化机器的应用在很大程度上不但取代了人们的劳作，而且劳动的效率实现了成百上千倍的增长。这样，人们就可以腾出更多的剩余时间和精力来从事脑力劳动，人们休息和娱乐的机会从而就会大大地增加。这无疑是人类文明的标志。尽管如此，劳动作为人们生存和发展的手段仍然不会立即消失，因为机器虽然取代了部分体力劳动，但脑力劳动依然存在，而且随着社会的发展，脑力劳动的作用会更加凸显出来并占据绝对优势，机器虽然能够使劳动效率得到巨大提高，但机器仍然需要拥有高科技知识和能够熟练操作的人员掌控，在此情况下，劳动将会伴随着人类的始终，或者说劳动将与人类共存亡。因此，树立劳动意识，强化劳动观念，身体力行地从事各种各样的劳动仍然是人们义不容辞的责任，同时，劳动的前景将会变得更加美好也是难以逆转的趋势。爱尔维修对此不但寄予了厚望，最重要的是他还把劳动与幸福紧密地联系了起来，他说："忙碌的人就不是这样。劳动与工资的观念在他的心里与幸福的观念联系在一起；忙碌与幸福变成了一回事。每砍一斧头，都使木匠想起一天的工资应当为他带来的那些快乐。"①"忙碌是一种任何时刻都尝得到的快乐，但是这种快乐游手好闲的权贵和财主是不知道的。因此尽管人们存着偏见，以为财富即是幸福，我们富

① 北京大学哲学系外国哲学史教研室编译：《十八世纪法国哲学》，商务印书馆，1963年版，第530页。

有的程度并不是我们幸福的程度。而在任何情形之下，都像我说过的那样，可以凭着一种适度的劳动满足自己的一切需要，那些生活高于赤贫、不像游手好闲的财主们那样容易厌倦无聊的人们，乃是尽可能幸福的。”“因此人们虽然在财富和地位方面不平等，在幸福方面是可以平等的。”①

## 第四节　从事后抑制向事前引导转变

纵欲主义的产生和存在由来已久，在某些特殊的历史时期它甚至还呈现出迅速蔓延、扩张乃至压倒一切的势头，如何才能有效地遏制住这种不良势头，将危险性的倾向扼杀在萌芽状态，这需要社会各个方面的共同努力。其中，最为关键的是就对待欲望及其满足的态度问题进行必要的引导，使人们形成理性的认知。如果不加以引导，放任自流，等到形势已经非常严峻的时候再考虑将其消除，不但会面临诸多困难，而且还将付出沉重的代价。

### 一、事前引导的关键或核心

人产生欲望并寻求满足，这是天经地义的事情。人产生欲望是不以人的主观意志为转移的，也就是说，欲望不是你需要它出现它就出现，你不需要它出现它就不出现，也不是你需要它早出现它就早出现，你需要它晚出现它就晚出现，也不是你需要它在此地出现它就在此地出现，你需要它在彼地出现它就在彼地出现的言听计从的存在物。欲望的产生无法进行人为的控制，既不受时间的限制，也不受空间的限制。肚子饥饿、嘴巴干渴、性欲产生，这些都是自然而然地发生的事情，不管你愿不愿意满足，不管你能不能够满足它都已经发生，它都需要得到应有的满足。一旦得到适当的满足，欲望就会停歇下来，暂时处于休眠的状态。此时，即使你主观上想再次满足甚至多次满足，都会力不从心。但是，过了一段时间，肚子又开始饥饿，嘴巴又开始干渴，性欲又开始产生，你又得千方百计去加以满足。再次满足之后，又能停歇一段时间。然后，新的欲望又重新产生，又需要重新得到满足。上述欲望和满足属于自然欲望和满足的范围。这些欲望得不

① 北京大学哲学系外国哲学史教研室编译：《十八世纪法国哲学》，商务印书馆，1963 年版，第 430—431 页。

到满足，轻则会影响人的身体或心理健康，重则会危及人的生命存在。因此，自然欲望和满足是最为紧急的欲望和满足，是最为基础的欲望和满足，是最为普遍的欲望和满足。然而，要取得用来满足自然欲望的对象或内容并不是一件轻而易举的事，它需要欲望主体付出艰辛的努力和巨大的代价。如果由于某种原因而使自然欲望的满足对象或内容没有得到，那么后果就会不堪设想。属于非自然欲望和满足领域内的聚会、读书、看报、唱歌、跳舞、绘画、创作、研究等虽然没有自然欲望和满足那么紧急、那么基础、那么普遍，但对其仍然不能掉以轻心。一个人一天不聚会、不读书、不看报、不唱歌、不跳舞、不绘画、不创作、不研究无关紧要，十天不聚会、不读书、不看报、不唱歌、不跳舞、不绘画、不创作、不研究也无伤大雅，但是，如果这个人一年、十年，甚至整个一生都不涉足这些社会性活动和精神性活动恐怕就不行。虽然他的身体不会受到什么伤害，心灵也不会受到什么打击，生命也完全可以毫发未损地保全下来，但他的欲望和满足就不全面，他的社会生活和精神生活就是一片空白。从这个意义上讲，属于非自然欲望和满足领域内的这些欲望也需要得到相应的满足。其特殊之处在于，你可以在众多需要得到满足的欲望中按照情况的轻重缓急来进行合理安排，时间上可以提前或推迟，空间上可以在此地或彼地。无论是自然欲望和满足还是非自然欲望和满足，总之，人的一生就是这样在欲望和满足不断交替出现的过程中度过的。

与欲望和满足是否全面紧密联系在一起的是欲望满足的程度。程度不仅仅指一次欲望的满足状况，而主要是就较长时期或人的一生而言的。一个人不是产生了一次欲望并把这次欲望满足了就了事的。较长时期或人的一生究竟有多少次欲望，这些欲望是否都一一得到了满足，谁都无法说清楚。在所有欲望中，属于自然欲望的次数究竟有多少，它们是否都一一得到了满足；属于非自然欲望的次数究竟又有多少，它们是否也都一一得到了满足，这也是无法准确统计出来的。尽管如此，欲望满足的程度仍然客观地存在着。换言之，哪些人的欲望得到了超常满足，哪些人的欲望得到了一般满足，哪些人的欲望得到了基本满足，哪些人的欲望没有得到满足，这种差别是显而易见的。由于用来满足欲望的对象或内容需要通过劳动才能创造出来，因而，并不是所有的人的欲望都能得到同等程度的满足。说欲望的满足程度与劳动有关，并不意味着欲望满足对象或内容分割的数量就与劳动投入的多少成正比。那些劳动投入较多的人，他们分割到的欲望满足对象或内容并不一定就多，甚至还远远低于正常水平；而那些劳动投入较少或简直就没有劳动投入的人，他们分割到的欲望满足对象或内容并不一定就少，甚至还远远高于正常水平。究其原因，主要与社会制度、主体是否掌握着政治权力及主体的价值取向等因素有关。如果社会制度相对科学、合理和规范，如果政治权力寻租的空间有限或者为零，如果每一个社会成员都有一个正确的价值取向，那么，欲望满足的程度问题就容易得到解决。然而，实际情况并非如此。社会制度有失科学、合理和规范，政治权力寻租的空间很大，社会成员的价值取向令人担忧等是大多数时代和大多数社会的常见现象。这样，欲望满足的程度问题就很难得到有效解决。那些不但从事着艰辛劳作，而且欲望满足对象或内容又严重缺失的人，其欲望的满足程度往往很低，但他们又没有更好的办法来使自己的欲望得到更为充分的满足；而那些不但没有从事任何劳作，而且欲望满足对象或内容还出现大量剩余的人，其欲望的满足程度总是很高，但他们并不知足，仍然在想方设法地敛财聚物，以使自己过上更加穷奢极欲的生活。这种局面的存在所导致的结果当然不会是社会的有序和谐和人民的富裕幸福，而只会是矛盾冲突层出不穷和纷争厮杀连绵不断。因为贫富悬殊和两极分化不可能长期持续下去。那些因投入过多而产出过少从而使自身欲望没有得到应有满足的主体，他们不会任这种不公平的现状长期存在下去而坐视不管，他们势必要通过各种方式来改变这种不利处境；而那些因投入过少而产出过多从而使自身欲望得到超常满足的主体，必然不会心甘情愿地把现存的欲望满足对象或内容拱手交出来，他们会做垂死的拼命的挣扎。如果二者之间就这样互不相让、互相僵持，那么，社会的和平安宁就失去了保障，人民的安居乐业也就无从谈起。

无论是欲望满足的全面性问题还是欲望满足的充分性（程度）问题，其实最为根本的就是人们对待欲望及其满足的态度问题。纵欲主义者在欲望满足是否全面的问题上，其态度无疑是片面的，他们只有自然欲望需要得到满足，非自然欲望并不需要得到满足，也就是物质性欲望和感官性欲望需要得到满足，社会性欲望和精神性欲望不需要得到满足；在欲望满足是否充分的问题上，他们不仅已经很充分甚至还可以说达到了超常的水平，无论是在物质利益对象方面还是在感官色情对象方面，他们都达到了无以复加的程度。这样，要想预防纵欲主义蔓延、扩张乃至压倒一切的危险势头，要想铲除纵欲主义者得以生存并不断壮大的土壤，就必须就人们对待欲望及其满足的态度问题做一些必要而有益的引导。

伊壁鸠鲁和爱尔维修的思想具有很大的启发性，他们的论述对于在欲望及其满足的态度问题上还一直处于迷茫状态的人们具有重要的借鉴意义。伊壁鸠鲁说：“我们必须对我们的每个欲望都问这样的问题：如果我获得了欲望的对象，我会怎么样？如果我没有获得的话，我又会怎么样？”① “奢侈的财富对于男人和女人毫无意义，就像水对于已经倒满水的杯子毫无意义一样。它们都是无用的和毫无必要的。”② 伊壁鸠鲁无疑是在提醒和告诫人们，在欲望及其满足的态度问题上不能永不知足。欲望没有得到满足时就应设法得到满足，一旦满足了就应适可而止，不能永不止步，欲壑难填。须知，一切多余的东西都是没有意义的。“当我们看到别人的财富和捞到的东西那么多时，只要记住我们并不受这些欲望的干扰，也不会为满足这些需求而当牛当马，我们就可以获得很大的满足。”③ “能带来宁静的最佳办法就是简单的生活方式；它不要人忙忙碌碌，它不要求我们从事令人不快的工作，它不会硬要我们做那些力所不及的事情。”④ “一个把自己调整到满足于简单的生活所需的贤人，能够更好地明白如何给予而不是索取——他找到了如此巨大的自足之宝藏。”⑤ 在这里，伊壁鸠鲁主要是给在欲望及其满足的态度问题上仍然不得要领的人们指出一条走出迷雾的捷径。在伊壁鸠鲁看来，比较既是产生幸福的缘由，也是产生痛苦的根源，但更多的是产生痛苦的根源。由于人们总是倾向于把自己与那些在金钱或物质财富上超过自己的人进行一番比较，因而，当他们发现自己远远不如别人时，他们就觉得无地自容，羞愧难当，甚至会产生轻生的念头。伊壁鸠鲁认为这些人是极其愚蠢的。他们只看到别人貌似风光的一面，却没有看到别人为了积累那一点可怜的金钱和物质财富而过着不为人知的难以启齿的非人的生活。伊壁鸠鲁主张过一种简单的生活，这种生活完全可以不受任何人的摆布和使唤，一切按照自己的意愿行事，显然，这与孟子“无为其所不为，无欲其所不欲”⑥ 的思想是完全一致的。如果更进一步，能够做到放下一切不中用的包袱，丢掉一切不必要的累赘，那境界就会迅速上升，不是个君子至少也是个贤人。爱尔维修说：“嫌厨子菜做得不好的时候，把肚子饿它一饿，做做体操，把散步时间延长一些，岂不就觉得凡是不会引人恶心的菜都很可口吗？”⑦ 爱尔维修显然是在用一种很轻松的口气向那些在欲望及其满足的态度问题上要求很高、横挑鼻子竖挑眼的人提出可行性建议，让他们重新回

① 伊壁鸠鲁、卢克来修著，包利民等译：《自然与快乐——伊壁鸠鲁的哲学》，中国社会科学出版社，2004年版，第50页。

② 同上，第54页。

③ 同上，第54页。

④ 同上，第54页。

⑤ 同上，第47页。

⑥ 《孟子·尽心上》。

⑦ 北京大学哲学系外国哲学史教研室编译：《十八世纪法国哲学》，商务印书馆，1963年版，第444页。

到平民化的生活中来，这一建议不仅易于让人接受而且还具有一定的建设性。

不但西方的思想家们在欲望及其满足的态度问题上表达了许多真知灼见，中国共产党和国家领导人在与欲望及其满足的态度问题方面有关的论述中对一些初露端倪的现象也有深刻的洞察和深邃的思考，他们从政治高度向党员特别是领导干部发出警告，要求包括所有党员和领导干部在内的全国各族人民要自觉践行艰苦奋斗精神，远离一切奢侈享乐的生活作风。江泽民同志说："艰苦奋斗，事业必成；贪图享受，自毁前程。"① 江泽民把艰苦奋斗与贪图享受所导致的两种截然不同的后果进行了对比。通过对比，人们就能明辨是非，从而知道要选择积极健康的生活方式，摒弃消极颓废的生活方式。胡锦涛同志说："应该看到，这些年来，拜金主义、享乐主义和奢靡之风在党员队伍和干部队伍中有滋长蔓延之势，艰苦奋斗的优良作风在一部分党员、干部那里被淡忘了，在少数人那里甚至被丢得差不多了。大量事实表明，在新的历史条件下，能不能坚持发扬艰苦奋斗的优良作风，能不能经得起权力、金钱、美色的诱惑，对每个党员特别是领导干部是一个很现实的考验。我们讲艰苦奋斗，当然不是要人们去过清教徒式、苦行僧式的生活，也不是要否定合理的物质利益，而是要大力提倡艰苦奋斗、自强不息、与时俱进、开拓创新的精神，要求每个领导干部始终保持共产党人的本色。"② 胡锦涛的论述指出了少数党员及领导干部在生活作风和精神面貌上存在的问题，他特别强调人们在权力、金钱和美色面前容易犯错误，容易误入歧途，因此必须警钟长鸣，不得有稍微的懈怠。他同时肯定了人们正常的物质利益和必要满足，他希望人们在遵纪守法的前提下把自己的生活过得更加美满幸福。习近平同志说："今天，衡量一名共产党员、一名领导干部是否具有共产主义远大理想，是有客观标准的，那就要看他能否坚持全心全意为人民服务的根本宗旨，能否吃苦在前、享受在后，能否勤奋工作、廉洁奉公，能否为理想而奋不顾身去拼搏、去奋斗、去献出自己的全部精力乃至生命。一切迷惘迟疑的观点，一切及时行乐的思想，一切贪图私利的行为，一切无所作为的作风，都是与此格格不入的。"③ 习近平与江泽民、胡锦涛的思想既一脉相承而又有所创新，他在吃苦与享受、勤奋与懒惰、廉洁与腐败、理想与现实等关系问题上提出了一系列新的思想主张，这些思想主张不但对于当前的党风廉政建设和反腐败斗争具有重大的指

---

① 《江泽民文选》第3卷，人民出版社，2006年版，第197页。

② 《十六大以来重要文献选编》（上），中央文献出版社，2011年版，第82页。

③ 《厉行节约反对浪费——重要论述摘编》，中央文献出版社，2013年版，第54页。

导意义，而且对于人们在新的历史条件下形成艰苦奋斗、廉洁自律、克己奉公、不懈拼搏的良好精神风貌也具有重要的导向作用。

## 二、事后抑制的沉重代价

“凡事预则立，不预则废。言前定则不跲，事前定则不困，行前定则不疚，道前定则不穷。”① 在对待欲望及其满足的态度问题上，应当防患于未然，不能等“亡”了“羊”才来“补牢”，那时，羊已经丢失，损失已经造成，悔之晚矣。首先，在欲望及其满足的类别选择上，人们应力戒片面，不但要重视自然欲望及其满足，而且还不能轻视非自然欲望及其满足，不但要重视物质性欲望及其满足和感官性欲望及其满足，而且还不能轻视社会性欲望及其满足和精神性欲望及其满足。其次，在欲望及其满足的程度上，人们应从自身的实际情况出发，在制度、法律和道德许可的范围内行事，只要条件允许，应尽量实现充分的满足。除非违法乱纪，除非条件不允许，人们才不得不节衣缩食、省吃俭用。如果既没有逾越制度、法律和道德的底线，条件又已经完全具备，在此情况下，主体还要刻意奉行僧侣主义，过清教徒式和苦行僧式的生活，那显然就没有必要。因为这种生活严格说来对人的身心健康不利，同时也违背了人性本身的需要。道理虽然简单明了，但并不是所有人都依此行事。纵欲主义者就是与此背道而驰的一类人。在纵欲主义者那里，就欲望及其满足的类别而言，他们只重视自然欲望及其满足，对非自然欲望及其满足并不重视，只重视物质性欲望及其满足和感官性欲望及其满足，对社会性欲望及其满足和精神性的欲望及其满足并不重视。就欲望及其满足的程度而言，他们不分青红皂白地寻求超常满足。他们不但无视一切制度、法律和道德的约束，而且也不过问那些物质利益对象和感官色情对象的来源，不管那些对象是否为他们的劳动所得。在纵欲主义已经产生并持续存在的情况下，能否通过某种方式来加以解决这类问题呢？回答是肯定的，不过付出的代价会非常沉重。这主要表现在：第一，由于纵欲主义者在欲望及其满足的态度上没有形成理性的认知，因而他们总是认为欲望及其满足的类别全面不全面对他们来说无所谓，有没有非自然欲望及其满足对他们来说无关紧要，有没有社会性欲望及其满足和精神性欲望及其满足对他们来说无足轻重。而在自然欲望及其满足方面他们会豁出性命并尽一切可能达到极端化程度，在物质性欲望及其满足和感

① 《礼记·中庸》。

官性欲望及其满足方面非达到无人能及的地步不可。正是在这种非理性认知的支配下，纵欲主义者才全然不考虑获取物质利益对象和感官色情对象的手段是否正当，也不管这些手段是否符合制度、法律和道德的要求，更不管这些手段是否会产生恶劣的后果。他们最为关注的，是纵欲的目的能否实现，是自身的生活能否远远地高人一筹，是物质利益对象和感官色情对象的数量是否多、质量（素质）是否优、内容是否全、形式是否新等。除此之外的一切均不在他们的关心范围。这样，制度、法律和道德就面临着前所未有的威胁和挑战。第二，由于纵欲主义者在欲望及其满足的态度问题上存在着巨大偏差，因而，在欲望及其满足的类别上，他们总是认为只有自然欲望及其满足才最有价值，非自然欲望及其满足一钱不值；只有物质性欲望及其满足和感官性欲望及其满足才最为重要，社会性欲望及其满足和精神性欲望及其满足毫无意义。在欲望及其满足的程度上，他们认为普通人在物质利益对象和感官色情对象上只达到正常水平是可笑的，而在正常水平以下则是可怜甚至是可悲的。在纵欲主义者眼里，物质性欲望及其满足和感官性欲望及其满足不达到正常水平之上的人简直就没有活下去的必要和资格。在这种错误观念的驱使下，他们无所不用其极，能够达到高档享受的他们绝不满足于一般，能够达到极致享受的他们绝不停留于普通。他们把物质利益对象和感官色情对象在数量上达到最多、在质量（素质）上达到最优、在内容上达到最全、在形式上达到最新视为人生成功的象征，而把物质利益对象和感官色情对象在数量上达不到最多、在质量（素质）上达不到最优、在内容上达不到最全、在形式上达不到最新视为人生失败的标志。这样，世俗化、形而下的价值取向就慢慢形成并呈现出燎原之势，一群不明真相的追随者在他们身后盲目地跟风，最终的结果不是债台高筑就是头破血流。第三，由于纵欲主义者在欲望及其满足的态度问题上存在着变态心理，因而在欲望及其满足的类别上，他们总是社会不良风气的始作俑者。纵欲主义者只关注自然欲望及其满足，其他人也跟着只关注自然欲望及其满足，纵欲主义者不关注非自然欲望及其满足，其他人也跟着不关注非自然欲望及其满足；纵欲主义者只对物质性欲望及其满足和感官性欲望及其满足感兴趣，其他人也跟着只对物质性欲望及其满足和感官性欲望及其满足感兴趣，纵欲主义者对社会性欲望及其满足和精神性欲望及其满足不感兴趣，其他人也跟着对社会性欲望及其满足和精神性欲望及其满足不感兴趣。最值得警惕的是，纵欲主义者喜欢谈论什么话题，其他人也跟着喜欢谈论什么话题，纵欲主义者出现什么引人注目的举措，其他人也跟着出现什么引人注目的举措。在欲望及其满足的程度上，纵欲主义者在物质利益对象和感官色情对象上一门心思地追求数量最多、质量（素质）最优、内容最全、形式最新，其他人也跟着在这两个方面追求数量最多、质量（素质）最优、内容最全、形式最新。由于纵欲主义者开了恶劣的先河，因而一群糊里糊涂、不明是非的人就前呼后拥地追捧。随着追捧人数的不断增加，纵欲主义者的虚荣心和自豪感也就得到了极大的满足。这样，社会应有的风清气正的良好风气渐渐地淡出了人们的视野，取而代之的是污浊不堪的不良风气。

尽管要消除纵欲主义确实面临着重重困难，但是，把纵欲主义的危害降到最低限度的可能和希望依然存在，即使纵欲主义已经产生并持续存在，只要把理论研究和行动方案结合起来，使社会各个方面形成强大合力，纵欲主义最终仍然会慢慢销声匿迹。纵欲主义赖以存在的基础主要集中在人们对待欲望及其满足的态度问题上，如果这一问题得到了有效解决，那么纵欲主义存在的基础就会发生动摇，进而就会逐渐崩溃。而要实现这一目标，最重要的就是要对纵欲主义的本质有一个清醒而深刻的认识。伊壁鸠鲁说："在所有的欲望中，有的是自然的和必要的，有的是自然的但不是必要的；有的既不是自然的也不是必要的，而是由于虚幻的意见产生的。"①（伊壁鸠鲁认为，自然的和必然的欲望是去除痛苦的，比如渴的时候想要喝水；自然的但不是必然的欲望只不过是种类变化的快乐，而不是为了去除痛苦的，比如奢侈的宴饮。那些既不是自然的也不是必然的欲望的例子是：戴上王冠，被塑立雕像。——第欧根尼·拉尔修注）伊壁鸠鲁把欲望根据其地位的高低和所起作用的大小分为三个不同的层次：第一层次是既是自然同时又是必要的欲望，处于这一层次的欲望如果得不到满足身体就会产生痛苦；第二层次是虽是自然的但不是必要的欲望，处于这一层次的欲望如果得不到满足身体不会产生痛苦，更不至于危及生命，而如果得到一定程度的满足，则会增添一些生活的乐趣；第三层次是既不属于自然而又不属于必然的欲望，处于这一层次的欲望纯属多余。因为这类欲望如果得不到满足不仅对身体没有任何损害，而且也不会增添任何乐趣。纵欲主义者却对此类欲望及其满足乐此不疲，因为在纵欲主义者看来它意味着人生的成功，或者能够显示出自己与众不同甚至高人一等。伊壁鸠鲁对其中的原因进行了深入剖析：这是纵欲主义者被一种"虚幻的意见"所误导的结果。何为"虚幻的意见"？依笔者之见，就是错误的观念，就是对待欲望及其满足的一种不正确的态度。之所以说它不正确，主要是因为此类欲望及

① 伊壁鸠鲁、卢克来修著，包利民等译：《自然与快乐——伊壁鸠鲁的哲学》，中国社会科学出版社，2004年版，第41页。

其满足对人的实际生活没有任何用处，对人的自然欲望及其满足与非自然欲望及其满足没有任何价值，对人的物质性欲望及其满足和感官性欲望及其满足与社会性欲望及其满足和精神性欲望及其满足没有任何意义。一句话，让纵欲主义者一度引以为骄傲和自豪的这类欲望及其满足在普通人看来一钱不值。

《吕氏春秋》所述及的情形与伊壁鸠鲁的见解具有惊人的相似之处。“今有人于此，断首以易冠，杀身以易衣，世必惑之。是何也？冠，所以饰首也，衣，所以饰身也，杀所饰要所以饰，则不知所为矣。世之走利有似于此。危身伤生、刈颈断头以徇利，则亦不知所为也。”① 上述言论涉及的仍然是人们对待欲望及其满足的态度问题。具体地说，就是一部分人在欲望及其满足问题上犯了主次不分、本末倒置的严重错误。何为根本，何为非根本，什么东西应当努力追求并竭力保持，什么东西即使马上放弃也不必遗憾和后悔，纵欲主义者对此显然缺乏一个谁是谁非的判断标准。这与俗语“留得青山在，不愁没柴烧”的立场刚好相反。青山与柴之间的关系，其实就是主与次之间的关系，就是本与末之间的关系。前者带有根本性质，值得人们去努力追求并竭力保持，后者不带有根本性质，人们即使马上放弃也不必感到遗憾和后悔。

为了让人们在对待欲望及其满足的态度问题上有一个科学的认识，从而使纵欲主义不至于形成蔓延、扩张乃至压倒一切的势头，胡锦涛同志不但阐明了加强思想道德建设的必要性和重要性，而且还为他们敲响了让其不误入歧途的警钟。胡锦涛同志指出：“各级领导干部要自觉加强思想道德修养，模范遵守社会公德、职业道德、家庭美德，讲操守，重品行，注意防微杜渐，坚决抵制腐朽没落思想观念和生活方式的侵蚀；要注意培养健康的生活情趣，保持高尚的精神追求，明辨是非，克己慎行，正确选择个人爱好，提高文化素养，摆脱低级趣味，决不能沉溺于灯红酒绿、流连于声色犬马；要慎重对待朋友交往，坚持择善而交，多同普通群众交朋友，多同基层干部交朋友，多同先进模范交朋友，多同专家学者交朋友，注意净化自己的社交圈，对那些怀着个人目的来拉拉扯扯的人要保持高度警惕，更不能为了贪图享乐而去‘傍大款’。”② “要认认真真察民情，诚诚恳恳听民意，实实在在帮民富，兢兢业业保民安。坚决反对铺张浪费和大手大脚，坚决反对拜金主义、享乐主义和奢靡之风。”③ 胡锦涛的谆谆告诫可谓语重心长。

---

① 《吕氏春秋·审为》。

② 《十六大以来重要文献选编》（下），中央文献出版社，2011 年版，第 878 页。

③ 《厉行节约反对浪费——重要论述摘编》，中央文献出版社，2013 年版，第 48 页。

可以说，这些告诫对于那些仍然在人生的十字路口徘徊不前的人们无疑是一剂清醒剂，对于那些尚未形成正确的世界观、人生观、价值观的人们具有重要的警示作用。习近平同志说："现在，有些形式主义、官僚主义的东西，有些铺张浪费、豪华奢侈的东西，上上下下都有些表现，我们不能安之若素、司空见惯、见怪不怪。"① 习近平显然觉察到了目前社会上存在的一些不良现象。他对这些不良现象的态度毫不含糊，就是无论如何也不能任其演变发展，不能视而不见，听而不闻。如果采取大事化小、小事化了的态度，如果认为情况还没有严重到必须立即行动起来的程度，那么，形势将会变得越来越严峻。到了那时，人们就会陷于被动应付的状态之中，因此，在这种现象尚未形成气候之时，要防微杜渐，抓早抓小；如果这种现象已经具备了一定规模，就不能犹豫不决，不加管控，而应采取有力措施把这些不良现象的嚣张气焰打下去，使其无法变成现实。只有这样，正气才能最终战胜并压倒邪气，积极健康的社会风尚才能最终树立起来。

综上所述，要使由来已久的纵欲主义不至于死灰复燃或重新反弹，就要让人们在对待欲望及其满足的问题上形成正确的态度。如果纵欲主义在一定范围内已经形成了较大影响，也不必为此而惊慌失措、手忙脚乱，而应沉着冷静，从理论上深入研究它的生存土壤、它的表现形式、它的主要根源、它的突出特征、它的内在本质、它面临的困境、它的不利后果，最终对其进行必要的合理改造。社会各界也要齐心协力，共同采取强有力的措施，使其失去自己的容身之所。

① 《厉行节约反对浪费——重要论述摘编》，中央文献出版社，2013 年版，第 52 页。

# 主要参考文献

（1）《周易》。
（2）《诗经》。
（3）《论语》。
（4）《孟子》。
（5）《礼记》。
（6）《老子》。
（7）《庄子》。
（8）《墨子》。
（9）《荀子》。
（10）《韩非子》。
（11）《列子》。
（12）《吕氏春秋》。
（13）《管子》。
（14）司马迁著：《史记》。
（15）王充著：《论衡》。
（16）班固撰：《汉书》。
（17）范晔撰：《后汉书》。
（18）李百药著：《北齐书》。
（19）魏收撰：《魏书》。
（20）房玄龄著：《晋书》。
（21）干宝著：《全晋文》。
（22）李延寿著：《南史》。
（23）班固撰：《白虎通义》。

（24）司马光撰：《资治通鉴》。
（25）毕沅著：《续资治通鉴》。
（26）刘向著：《列女传》。
（27）欧阳修、宋祁著：《新唐书》。
（28）沈约等著：《宋书》。
（29）张廷玉等著：《明史》。
（30）欧阳修著：《新五代史·伶官传序》。
（31）王符著：《潜夫论》。
（32）王肃著：《孔子家语》。
（33）秦醇著：《赵飞燕别传》。
（34）蔡邕著：《独断》。
（35）鲁褒著：《钱神论》。
（36）朱敬则著：《陈后主论》。
（37）李翱著：《平赋书》。
（38）李翱著：《复性书》。
（39）张载著：《正蒙》。
（40）王安石著：《上皇帝万言书》。
（41）王安石著：《性情》。
（42）王安石著：《夔说》。
（43）王安石著：《乞制置三司条例》。
（44）周敦颐著：《通书》。
（45）李觏著：《安民策》。
（46）戴震著：《疏证》。
（47）戴震著：《原善》。
（48）陈鸿著：《长恨歌传》（一作《长恨传》）。
（49）王夫之著：《读四书大全说》。
（50）《吴稚晖全集》第1编，九州出版社，2013年版。
（51）柏拉图著，王晓朝译：《柏拉图全集》第一卷，人民出版社，2002年版。
（52）伊壁鸠鲁、卢克来修著，包利民等译：《自然与快乐》，中国社会科学出版社，2004年版。
（53）北京大学哲学系外国哲学史教研室编译：《十八世纪法国哲学》，商务印书馆，1963 年版。

（54）休谟著，关文运译：《人性论》，商务印书馆，1980 年版。

（55）霍布斯著，黎恩复、黎廷弼译：《利维坦》，商务印书馆，1985 年版。

（56）北京大学哲学系外国哲学史教研室编译：《西方哲学原著选读》上卷，商务印书馆，1981 年版。

（57）北京大学哲学系外国哲学史教研室编译：《西方哲学原著选读》下卷，商务印书馆，1982 年版。

（58）斯宾诺莎著，贺麟译：《伦理学》，商务印书馆，1962 年版。

（59）罗素著，肖巍译：《伦理学和政治学中的人类社会》，中国社会科学出版社，1992 年版。

（60）约翰·斯特劳斯·穆勒著，刘富胜译：《功利主义》，光明日报出版社，2007 年版。

（61）马尔萨斯著，周进编译：《人口论》，北京出版社，2008 年版。

（62）安·兰德著，冯涛译：《致新知识分子》，新星出版社，2005 年版。

（63）本尼迪克特著：《菊与刀》，商务印书馆，1990 年版。

（64）F. 培根著，东旭等译：《培根论说文集》，海南出版社，1995 年版。

（65）施太格缪勒著，王炳文等译：《当代哲学主流》，商务印书馆，1989 年版。

（66）冯友兰著：《三松堂全集》，河南人民出版社，1986 年版。

（67）张东荪著：《道德哲学》，中华书局，1931 年版。

（68）《现代西方著名哲学家述评》，三联书店，1980 年版。

（69）韦庆远主编：《中国政治制度史》，中国人民大学出版社，1989 年版。

（70）罗国杰主编：《中国伦理思想史》上卷，中国人民大学出版社，2008 年版。

（71）《马克思恩格斯选集》第 1 卷，人民出版社，1995 年版。

（72）《马克思恩格斯选集》第 4 卷，人民出版社，1995 年版。

（73）《马克思恩格斯全集》第 3 卷，人民出版社，1972 年版。

（74）《马克思恩格斯全集》第 23 卷，人民出版社，1972 年版。

（75）《马列著作选读》——政治经济学，人民出版社，1977 年版。

（76）恩格斯著，于光远等译编：《自然辩证法》，人民出版社，1984 年版。

（77）《毛泽东文集》第 7 卷，人民出版社，1999 年版。

（78）《周恩来选集》下卷，人民出版社，1984 年版。

（79）《江泽民文选》第 1 卷，人民出版社，2006 年版。
（80）《江泽民文选》第 3 卷，人民出版社，2006 年版。
（81）《论党的建设》，中央文献出版社，2001 年版。
（82）《厉行节约反对浪费——重要论述摘编》，中央文献出版社，2013 年版。
（83）《十四大以来重要文献选编》（中），中央文献出版社，2011 年版。
（84）《十六大以来重要文献选编》（上，下），中央文献出版社，2011 年版。
（85）蔡贞明著：《欲望论》，西南交通大学出版社，2010 年版。
（86）百度百科。